中 文 版

CorelDRAW X6
从入门到精通

麓山文化　编著

机械工业出版社

本书是一本中文版 CorelDRAW X6 的案例教程，全书通过 6 大平面设计类型＋56 个大型综合实例＋260 个课堂小案例＋840 分钟高清视频教学，循序渐进地讲解了 CorelDRAW X6 各项功能和在平面设计中的应用技巧。

全书共 14 章，可分为基本功能和商业案例两个部分，第 1 章~第 8 章为基本功能部分，全面讲解了 CorelDRAW X6 各项工具和功能的操作方法和使用技巧，内容包括软件界面、视图工具、图形绘制、图形编辑、轮廓和填充、对象操作、文本处理、交互式特效、位图编辑、位图特效和打印输出等；第 9 章~第 14 章为商业案例部分，以 42 个大型经典商业案例，分门别类地讲解了使用 CorelDRAW X6 进行 VI 设计、插画设计、海报设计、广告设计、折页设计和包装设计的方法和技巧。

本书案例丰富，讲解深入，每个知识点都配有专门的课堂举例。读者不但可以系统、全面学习 CorelDRAW 基本知识和基本操作，还可以通过大量精美范例，拓展设计思路，全面接触 CorelDRAW 各类行业应用方法，积累实战工作经验。

为了提高读者的学习兴趣和效率，本书配有多媒体教学光盘，内容包括本书 270 多个实例的语音视频教学，视频总长达 14 个小时。

本书既适用于 CorelDRAW 初学者，也适用于中高层次的平面设计爱好者和专业设计人员阅读参考，也可以作为职业院校相关专业教材。

图书在版编目（CIP）数据

中文版 CorelDRAW X6 从入门到精通/麓山文化编著. —2 版—北京：机械工业出版社，（2016.1重印）

ISBN 978-7-111-40877-2

Ⅰ．①中…　　Ⅱ．①麓　　Ⅲ．①图形软件　　Ⅳ．①TP391.41

中国版本图书馆 CIP 数据核字(2012)第 301184 号

机械工业出版社（北京市百万庄大街 22 号　邮政编码 100037）
责任编辑：曲彩云
印　　刷：北京兰星球彩色印刷有限公司
2016 年 1 月第 2 版第 2 次印刷
184mm×260mm・23.75 印张・585 千字
5001－7000 册
标准书号：ISBN 978-7-111-40877-2
　　　　　　ISBN 7-89433-765-8（光盘）
定价：78.00 元（含 1DVD）
凡购本书，如有缺页、倒页、脱页，由本社发行部调换
销售服务热线电话（010）68326294
购书热线电话（010）88379639　88379641　88379643
编辑热线电话（010）68327259
封面无防伪标均为盗版

前 言

PREFACE

· 关于 CorelDARW

近年来，平面广告设计已经成为热门职业之一。在各类平面设计和制作中，CorelDraw 是使用最为广泛的软件之一，因此很多人都想通过学习 CorelDRAW 来进入平面设计领域，成为一位令人羡慕的平面设计师。

CorelDRAW 是目前使用最普遍的矢量图形绘制及图像处理软件之一，该软件集图形绘制、平面设计、网页制作、图像处理功能于一体，深受平面设计人员和数字图像爱好者的青睐。同时，它还是一个专业的编排软件，其出众的文字处理、写作工具和创新的编排方法，解决了一般编排软件中的一些难题。

· 本书特色

本书是一本快速实现从入门到精通、从新手到高手的 CorelDRAW X6 经典案例教程，以精辟的语言、精美的图示和范例，全面深入地讲解了 CorelDRAW X6 的各项功能和在平面设计中的应用技巧。只要读者能够耐心地按照书中的步骤完成每一个实例，就能全面掌握 CorleDRAW X6 这一最新版本设计工具，并深入了解现代商业平面设计的设计思想及技术实现的完整过程，从而获得举一反三的能力，以轻松完成各类平面设计工作。

总的来说，本书具有以下特色：

零点快速起步 软件技术全面掌握	本书从操作界面和基本操作讲起，由浅入深，逐渐深入，对软件功能进行了全面讲解，帮助读者深入掌握 CorelDRAW X6 这一设计利器
案例贴身实战 技巧原理细心解说	本书每个知识点都配有课堂举例，直观、生动演示每个技术核心，每章最后配有实战演练，全面巩固提高本章所学内容。在一些重点和要点处，还添加了大量的提示和技巧讲解，帮助读者理解和加深认识，使读者能够真正掌握，以达到举一反三、灵活运用的目的
六大设计类型 行业应用全面接触	本书实例涉及 VI 设计、插画设计、海报设计、广告设计、折页设计、包装设计共六大常见平面设计类型，读者可以从中积累相关经验，拓展设计思路，以快速适应灵活多变的平面行业制作要求
270 个制作实例 设计技能快速提升	本书讲解的平面设计案例，全部来源于实际商业项目，饱含一流的创意和智慧。这些精美案例全面展示了如何在平面设计中灵活使用 CorelDRAW 的各种功能。每一个案例都渗透了平面广告创意与设计的理论，为读者了解一个主题或产品应如何展示提供了较好的"临摹"蓝本
高清视频讲解 学习效率轻松翻倍	本书配套光盘收录全书 270 多个实例，长达 14 小时的高清语音视频教学，可以在家享受专家课堂式的讲解，成倍提高学习兴趣和效率，无后顾之忧

· 版权声明

本书内容所涉及的公司及个人名称、作品创意、图片和商标素材等，版权仍为原公司或个人所有，这里仅为教学和说明之用，绝无侵权之意，特此声明。

· 后续服务

本书由麓山文化编著，具体参加编写的有：陈运炳、申玉秀、李红萍、李红艺、李红术、陈云香、陈志民、陈文香、陈军云、彭斌全、林小群、刘清平、钟睦、江凡、张洁、刘里锋、朱海涛、廖博、喻文明、易盛、陈晶、张绍华、黄柯、何凯、黄华、陈文轶、杨少波、杨芳、刘有良等。

由于作者水平有限，书中错误、疏漏之处在所难免。在感谢您选择本书的同时，也希望您能够把对本书的意见和建议告诉我们。

联系邮箱：lushanbook@gmail.com

编者

目　录

CONTENTS

第 3 章 图形编辑 ·······70

第 4 章　交互式特效 ……………………… 108

中文版 CorelDRAW X6 从入门到精通

第5章 文本编辑 ·················139

第 6 章　位图编辑 ···········167

第7章　滤镜特效 ···································196

第 8 章 文件输出 ··242

 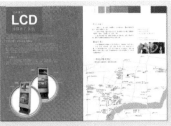 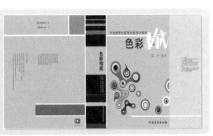

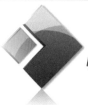

第 1 章

CorelDRAW X6 快速入门

本章导读：

　　CorelDRAW 是一款创意非凡的矢量绘图软件，它能够将人们脑海中的理念转换为可视化的具有专业效果的作品，因而深受广大设计师推崇和青睐。

　　本章作为全书的开篇，首先对 CorelDRAW X6 的基本概况、工作环境和基本操作做一个简单的介绍，使读者对 CorelDRAWX6 有一个全面的了解和认识，为后面的深入学习打下坚实的基础。

本章重点：

◆ 初识 CorelDRAW X6　　　◆ 认识 CorelDRAW X6 工作界面

◆ 设置文档　　　　　　　　◆ 视图操作

◆ 页面辅助　　　　　　　　◆ 页面设置

◆ 实例演练

1.1 初识 CorelDRAW X6

要学习 CorelDRAW，那么首先需要了解它。CorelDRAW 不仅是专业设计工作人员设计出优秀作品的"利器"，也是业余爱好者手中锦上添花的好工具。本节通过介绍 CorelDRAW X6 的发展历史、应用领域和新增功能，带领大家进入 CorelDRAW X6 的精彩世界，共同领略它的风采。

1.1.1 CorelDRAW 简介

CorelDRAW 是由加拿大 Corel 公司推出的一款矢量绘图软件，经过对图形处理功能的增强和绘图工具的不断完善，CorelDRAW 现已发展成为全能绘图软件包。

在图形图像领域中，CorelDRAW 是一款比较优秀的矢量图形软件，常见的历史版本有 8.0、9.0、10、11、12、X3 和 X4，通用版本为 9.0 和 X4，目前的最新版本是 CorelDRAW X6。

CorelDRAW 绘图设计系统集合了图像编辑、图像截取、位图转换、动画制作等一系列实用的功能。在 CorelDRAW 中可以绘制的图形几乎涵盖了所有标准基本图形，并且每个对象都具有不同的属性，其中包括尺寸、形状、填充样式、轮廓线样式等。

用户可以随意更改对象的属性设置，直至得到自己满意的效果。而且它还提供了多种路径编辑工具，使用这些工具不但可以准确地调整、定义路径的形状，还可以创建多种特殊的形状效果。

在 CorelDRAW 中，颜色的使用也非常灵活，可以通过多种渠道来完成，如使用调色板、"滴管工具"、"填充工具"和"颜色"泊坞窗等。此外，还可以进行渐变填充、图案填充和纹理填充等。

除了绘制图形外，CorelDRAW 还具有功能强大的位图处理功能。同时，丰富的滤镜功能使其不再只局限于创建模糊或者聚焦的简单效果，而能够为位图添加多达几十种的特殊效果。

与以前的版本相比，CorelDRAW X6 增加了许多功能，如"颜色滴管工具"[图标]和"B 样条工具"[图标]等，而"矩形工具"和"颜色填充工具"等原有工具也得到了完善。此外，CorelDRAW X6 相较以往的版本而言，可支持大量新文件格式，包括 Microsoft Office Publisher、Illustrator CS3、Photoshop CS3、PDF 8、AutoCAD DXF/DWG 和 Painter X 等。

CorelDRAW Graphics Suite X6 是最新的产品套装，功能强大。它由矢量绘图程序、页面排版、矢量文件的转换工具等组成，使 CorelDRAW 的应用领域更加广泛。设计师除可以绘制图形、编辑文字外，还可以利用位图处理功能制作出不同的图像效果。

CorelDRAW 已成为目前最流行的设计软件之一，无论是文字排版还是高品质输出，CorelDRAW X6 都有独树一帜的表现力。

1.1.2 CorelDRAW 应用领域

CorelDRAW 是集图形设计、排版、文字编辑和高品质输出于一体的设计软件，被广泛应用于广告设计、包装设计、文字处理和排版、插画绘制、企业形象设计、书籍装帧设计、海报设计等众多领域。

1. 广告设计

所谓广告，就是通过各种不同的媒介使更多的人知道某一目标对象，以增加曝光率，达到盈利目的。在平面广告设计中，很多设计师选择使用 CorelDRAW 来设计制作广告。CorelDRAW 在平面广告的设计制作中发挥着重要作用。图 1-1 所示为使用 CorelDRAW 中的绘图工具绘制的广告，表达形象生动，令人耳目一新。

图 1-1　广告设计

2. 包装设计

包装的成败对产品的推广有着至关重要的作用，CorelDRAW 中的工具和命令对包装的平面图和立体图制作提供了强有力的支持。如图 1-2 所示为使用 CorelDRAW 制作的包装效果。

图 1-2　包装设计

3. 文字处理和排版

CorelDRAW 具有专业的文字处理和排版功能，不仅能对个别文字进行艺术调整，还可以对大量的段落文字进行排版处理，最大限度地满足用户的需求。图 1-3 所示为使用 CorelDRAW 完成的文字效果和版式设计的效果。

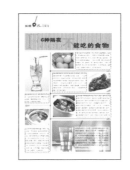

图 1-3　文字处理和排版

4. 插画绘制

插画是设计中经常用到的一种形式，CorelDRAW 具有强大的插画绘制功能，主要用于升华文字的主题，CorelDRAW 的应用使插画作品具有了更多的表现形式和手法。图 1-4 所示是运用 CorelDRAW 绘制的插画。

图 1-4　插画绘制

5. 企业形象设计

CorelDRAW 在 VI 设计方面应用得非常广泛。好的 VI 设计设计理念独特，能充分表现企业的形象和文化内涵，运用 CorelDRAW 制作的企业形象识别系统如图 1-5 所示。

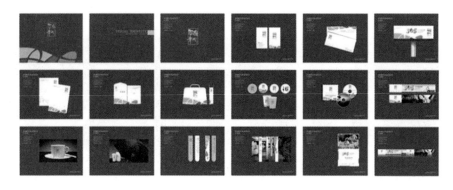

图 1-5　企业形象设计

6. 书籍装帧设计

精美的书籍装帧设计可以更好地吸引读者的注意，而文字内容的版式设计可以组织视觉逻辑关系。同时，通过不同的版式设计可以使书籍产生不同的风格，使读者获得好的阅读享受。图 1-6 所示为使用 CorelDRAW 完成的书籍装帧效果。

图 1-6　书籍装帧设计

7. 海报设计

海报是一种宣传画，是用来传递信息的印刷广告，它的特点就是直接明了、主题清晰，而且时效性强。图 1-7 所示为运用 CorelDRAW 绘图和文字编辑功能设计的海报。

图 1-7　海报设计

1.1.3　CorelDRAW X6 新增功能

CorelDRAW X6 在 CorelDRAW X5 的基础上进行了更新和完善，新增了 50 多项功能和内容，包括色彩处理功能、位图的编辑、图像输出、像素效果预览和绘图工具等，以更有效地服务广大设计用户。

1.　新增文档样式泊坞窗

新增的文档样式能够轻松管理样式和颜色，新增的"对象样式"泊坞窗将创建和管理样式所需的全部工具集中放在一个位置中。可以创建轮廓、填充、段落、字符和文本框样式，并将这些样式应用到对象中。可以将喜爱的样式整理到样式集中，以便能够一次对多个对象进行格式化，不仅快速高效，而且还能确保一致性。此外，也可以直接使用"默认样式集"，无需思考，从而节省时间。

2.　新增页面布局工具

使用新增的空 PowerClip 图文框，为文本或图形预留位置。可以使用新增的占位符文本命令来模拟页面布局，预览文本的显示效果。图 1-8 所示为布局工具栏，图 1-9 所示为占位框和占位符效果。

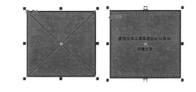

图 1-8　布局工具栏

图 1-9　占位框和占位文本符

3.　新增造型工具

CorelDRAW X6 新增的造型工具提供了用于优化矢量对象的创新选项，例如，涂抹工具、转动工具、吸引工具以及排斥工具，如图 1-10 所示。

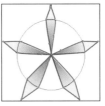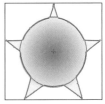

原图　　　　　　涂抹效果　　　　　　转动效果　　　　　　吸引效果　　　　　　排斥效果

图 1-10　造型工具效果

4. 新增托盘泊坞窗

新增的托盘功能能够在本地网络上即时地找到图像并搜索 iStockphoto®、Fotolia 和 Flickr® 网站。现在可通过 Corel CONNECT 内的多个托盘，轻松访问内容。可以在由 CorelDRAW®、Corel®PHOTO-PAINT™ 和 Corel CONNECT 共享的托盘中，按类型或按项目组织内容，最大限度地提高效率。执行"窗口"|"泊坞窗"|"托盘"命令，可以打开"托盘"泊坞窗。

5. 颜色填充的完善

CorelDRAW X6 在对象填充颜色的"均匀填充"对话框中新增了一个"滴管工具"，它可以在屏幕中的任何位置吸取需要的颜色。在"颜色模式"下拉列表中，可以选择任何颜色模式，以对比不同颜色的效果，如图 1-11 所示。

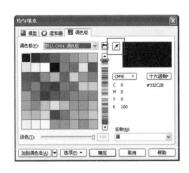

图 1-11　"均匀填充"对话框

6. 新增手绘选择工具

该新增工具可通过更大的对象选择和变换控制力，帮助节省时间。"手绘选择工具" 能够在要选择的对象或形状周围拖动手绘选取框，这对曲线对象和非线性形状的选取尤其有帮助，如图 1-12 所示。

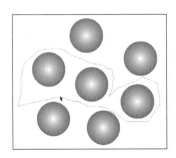 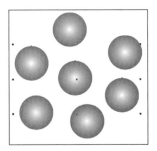

图 1-12　"手绘选择工具"选取对象

7. 自定义调色板

自定义调整色板，可访问以前使用过的颜色，以便为新设计创建和保存颜色。

1.2 认识 CorelDRAW X6 工作界面

工作界面是 CorelDRAW X6 为用户提供的工作环境，也是为用户提供工具、信息和命令的工作区域，熟悉工作界面有助于提高工作效率。

1.2.1 工作界面概述

单击"开始"按钮，选择"程序"菜单中的 CorelDRAW X6 命令启动程序，将弹出 CorelDRAW X6 中文版快速启动界面，如图 1-13 所示。

图 1-13　快速启动界面

在该界面上可以进行新建文件、打开绘图和打开最近使用过的文件等操作。

单击该界面上的"新建空白文档"按钮可以新建图形文件。系统默认新建的图形页面为 A4 大小，新建文件后的操作界面如图 1-14 所示。

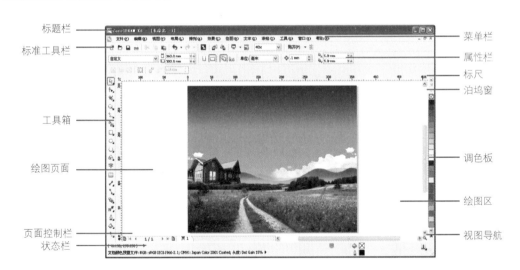

图 1-14　操作界面

1.2.2 菜单栏

CorelDRAW X6 的主要功能都可以通过执行菜单栏中的命令来完成，这些命令按照类型，分布在文件、编辑、视图、布局、排列、效果、位图、文本、表格、工具、窗口和帮助共 12 个菜单中。

1 文件菜单

"文件"菜单集合了所有与文件管理有关的基本操作命令。主要包括文件的基本操作、相关信息、文件导入、导出等，如图 1-15 所示。

② 编辑菜单

"编辑"菜单包括复制、粘贴和一些插入对象的命令，它是对图片进行基本操作的命令的集合，如图 1-16 所示。

图 1-15 文件菜单

图 1-16 编辑菜单

③ 视图菜单

"视图"菜单包含与版面相关的辅助线、网格和标尺等视图信息命令，主要用于修改工作界面的一些属性、控制视图和显示的模式、定制个性化的工作界面和工具等，如图 1-17 所示。

④ 布局菜单

"布局"菜单是管理页面和组织作品的命令的集合，可以用它进行添加、重命名、删除以及设置页面等操作，如图 1-18 所示。

图 1-17 视图菜单

图 1-18 布局菜单

⑤ 排列菜单

"排列"菜单是调整一个或多个对象之间的相互关系的命令的集合，它包含对象的变换、修改，对象的顺序、对齐方式和分布以及对象的群组和锁定等操作，如图 1-19 所示。

6. 效果菜单

"效果"菜单是为对象添加特殊效果的命令的集合。它可以对 CorelDRAW 文档进行调整、变换、透镜、艺术笔等特殊效果的处理，如图 1-20 所示。

图 1-19　排列菜单　　　　　　　　　　　　　　图 1-20　效果菜单

7. 位图菜单

"位图"菜单是与位图相关的命令的集合，包含位图的编辑、剪裁，以及与位图处理相关的滤镜等，如图 1-21 所示。

8. 文本菜单

"文本"菜单是编辑、处理文本的命令的集合，它能最大限度地满足用户发挥自身的创造力，从而制作出图文并茂、风格新颖的文本效果，如图 1-22 所示。

图 1-21　位图菜单　　　　　　　　　　　　　　图 1-22　文本菜单

9. 表格菜单

"表格"菜单是进行插入、编辑处理表格的命令的集合，如图 1-23 所示。

10. 工具菜单

"工具"菜单包含了可以对软件进行自定义的定制选项，以及颜色与对象的管理器，如图1-24所示。

图1-23 表格菜单   图1-24 工具菜单

11. 窗口菜单

"窗口"菜单是一些常规窗口的属性设置命令的集合，如图1-25所示。

12. 帮助菜单

"帮助"菜单是帮助文件的相关命令的集合，可通过此菜单寻求网上Corel帮助，从而解决用户常遇到的难题，如图1-26所示。

图1-25 窗口菜单   图1-26 帮助菜单

1.2.3 标准工具栏

菜单栏下方是标准工具栏，其中有各种常用的工具按钮，使用这些按钮，可以更快捷、更方便地完成处理图像的操作。标准工具栏中包括新建、打开、保存、打印、剪切、复制、粘贴、撤销、重做、导入、导出、应用程序启动器、欢迎屏幕、贴齐、"缩放级别"下拉列表和选项共16个快捷按钮的图标，如图1-27所示。

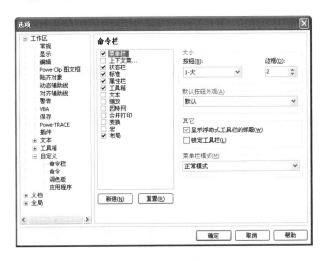

图 1-27　标准工具栏

除了标准工具栏外，CorelDRAW 还提供了其他的工具栏，可在"选项"对话框中设置打开或关闭。执行"工具"｜"自定义"命令，将弹出如图 1-28 所示的对话框，在工作区中的自定义中选择"命令栏"，在"命令栏"中选取需要显示的工具栏，单击"确定"按钮即可。

图 1-28　"选项"对话框

技巧点拨：

在菜单栏、工具栏或属性栏上直接单击右键，在弹出的快捷菜单中可以快速打开或关闭某个工具栏。

1.2.4　属性栏

CorelDRAW X6 中的属性栏和其他软件的属性栏或选项栏作用一样，提供当前选中对象和当前使用工具的属性，改变属性栏中的参数，则选中的对象将产生相应的变化。没有选中对象时，属性栏为默认的一些面板和布局的信息，如图 1-29 所示。

图 1-29　属性栏

1.2.5　工具箱

CorelDRAW X6 的工具箱中全是绘图常用的基本工具，每一个工具都是软件使用者必须掌握的，包括选择工具、形状工具、裁剪工具、缩放工具、手绘工具、智能填充工具、矩形工具、椭圆形工具、多边形工具、基本形状工具、文本工具、表格工具、平行度量工具、直线连接器工具、交互式调和工具、滴管工具、轮廓工具、填充工具和交互式填充工具等。在带有小三角形标记的工具按钮后，还隐藏着不同的绘制工具，按住按钮不放，即可展开隐藏的工具，如图 1-30 所示。

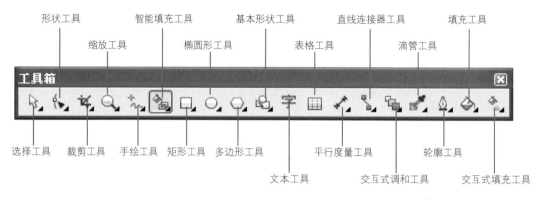

图 1-30　工具箱

1.2.6　工作区和绘图页面

工作区是指屏幕上的任何图形和其他元素，包括前面所讲的菜单栏、标准工具栏、工具箱、绘图页面等。绘图页面是指绘制图形的区域，其范围没有工作区大，通常显示为一个带阴影的矩形，可以在属性栏中设置绘图页面的大小。而且，对象只有全部放置到绘图页面才可以打印输出，否则将不能完全输出。

1.2.7　泊坞窗

泊坞窗可以放置在绘图窗口边缘，它提供了许多常用功能，执行"窗口"|"泊坞窗"命令，即可选择相应的泊坞窗。泊坞窗的好处就是使设计师无需重复打开或关闭对话框就可以查看所做的更改，图 1-31 所示是"对象管理器"的泊坞窗。

1.2.8　状态栏

状态栏位于主界面的最下方，提供了一系列当前所选对象的有关信息，例如对象的填充颜色和轮廓线等，如图 1-32 所示。

图 1-31　"对象管理器"泊坞窗

图 1-32　状态栏

1.3　文档基本操作

CorelDRAW X6 的文档基本操作是开始设计和制作作品的第一步。

1.3.1 新建文件

绘制图形之前，首先要创建新文件。在 CorelDRAW X6 中，其可以通过多种操作方法来完成：

- 启动 CorelDRAW X6 后，在弹出的"快速启动"对话框中，单击"新建空白文档"选项，即可创建空白文件。
- 进入 CorelDRAW X6 后，执行"文件"|"新建"命令，或者按下 Ctrl+N 快捷键，或者单击标准工具栏中的"新建"按钮，在弹出的"创建新文档"对话框中设置好文档的属性，即可新建所需的空白文件，图 1-33 所示。
- 进入 CorelDRAW X6 后，执行"文件"|"从模板新建"命令，在弹出的"从模板新建"对话框中选择模板，单击"打开"按钮，即可新建一个以模板为基础的文件，也可以在模板的基础上进行新的改动，如图 1-34 所示。

图 1-33　创建新文件

图 1-34　从模板新建文件

1.3.2 打开文件

执行"文件"|"打开"命令，或按下 Ctrl+O 快捷键，或单击属性栏中的"打开"按钮，可以打开文件。需要注意的是，文件必须是 cdr 格式，如图 1-35 所示。

图 1-35　打开文件

专家提示:

如果要同时打开多个文件时,在"打开绘图"对话框的文件列表中,按住 Shift 键,选择需要的多个连续文件,或按住 Ctrl 键,选择需要的多个不连续文件,单击"打开"按钮,即可将需要的多个文件在绘图页面中打开。

1.3.3 保存文件

绘图过程中,为了避免文件意外丢失,需要及时将编辑好的文件保存起来。在 CorelDRAW X6 中,可以通过以下几种方法来保存文件:

- 执行菜单栏中的"文件"|"保存"命令,或是按下 Ctrl+S 快捷键,保存文件。
- 执行菜单栏中的"文件"|"另保存"命令,在弹出的"另存为"对话框中设置文件路径、文件名和保存类型,保存文件。
- 单击标准工具栏中的"保存"按钮🔒,即可保存文件。

1.3.4 关闭文件

完成文件的编辑之后,为了节省内存空间,可以将当前的文件关闭,关闭文件的方法有以下两种:

- 关闭当前文件:执行菜单栏中的"文件"|"关闭"命令,或者按下 Alt+F4 快捷键,或单击菜单栏最右边的按钮图标 ✕,即可将当前文件关闭。
- 关闭所有打开的文件:执行"文件"|"全部关闭"命令,即可将全部打开文件关闭。

1.4 视图操作

在 CorelDRAW X6 中,为了取得更好的图像效果,在编辑过程中,应定时查看目前的图形图像。用户可根据需要设置文件的显示模式、预览文件、缩放和平移画面,还可以在同时打开多个文件时,调整各个文件窗口的排列方式等。

1.4.1 文件显示模式

在不同的视图模式下,显示图形图像的画面内容、质量会有所不同。用户可以选择"视图"菜单中的相应选项,调整文件的显示模式。CorelDRAW X6 充分考虑用户的需求,提供了简单线框模式、线框模式、草稿模式、正常模式、增强模式以及叠印增强模式共 6 种显示模式。

1. 简单线框模式和线框模式

选择"视图"|"简单线框"命令,可将图形文件以简单线框模式显示。在该模式下,所有矢量图形只显示其外框,位图则全部显示为灰度图,如图 1-36 所示。绘图中的填充、立体化、调和等效果不予显示,以加快显示速度。

选择"视图"|"线框"命令,可将图形文件以线框模式显示。在该模式下,显示效果与简单线框模式类似,只是所有的变形对象(渐变、立体化、轮廓效果)将显示中间生成图像的轮廓,不显示填充效果,如图 1-37 所示。

图 1-36　简单线框模式　　　　　　　　　　　　图 1-37　线框模式

2. 草稿模式和正常模式

选择"视图"|"草稿"命令，可将图形文件以草稿模式显示。在该模式下，页面中的所有图形均以低分辨率显示，其中花纹填色、材质填色等均显示为一种基本的图案，如图 1-38 所示。

当打开一幅矢量图形，默认的显示模式即为正常模式。它既能保证图形的显示质量，又不影响计算机显示和刷新图形的速度。在该模式下，页面中除了 PostScript 填充外的所有图形均能正常显示，但位图将以高分辨率显示，如图 1-39 所示。

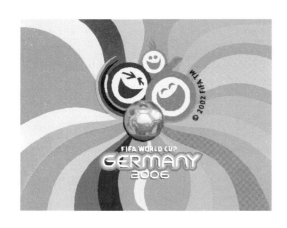

图 1-38　草稿模式　　　　　　　　　　　　　　图 1-39　正常模式

3. 增强模式和像素模式

选择"视图"|"增强"命令，可将图形文件以增强模式显示。增强模式为视图模式的最佳显示效果，在该模式下，系统会以高分辨率优化图形的方式显示所有图形对象，并使轮廓变得更自然，从而得到高质量的显示效果，如图 1-40 所示。

选择"视图"|"像素"命令可以将图以像素模式显示。像素模式以位图格式（如 JPEG、GIF 或 PNG）保存图稿时，CorelDRAW 会以每英寸 72 像素来栅格化该图稿。如果您要在栅格化图形中控制对象的精确位置、大小和对象的消除锯齿效果时，这个功能尤其有用，显示效果如图 1-41 所示。

图 1-40　增强模式　　　　　　　　　　　图 1-41　像素模式

1.4.2　缩放与平移

在 CorelDRAW X6 中，用户要根据需要调整图形的显示大小和位置，可使用"缩放工具"🔍和"手形工具"✋方便地进行查看和编辑操作。

1.　缩放工具

在绘制图形过程中，可利用"缩放工具"🔍及其属性栏来控制图形的显示大小，其属性栏如图 1-42 所示。

图 1-42　"缩放工具"属性栏

该属性栏上各参数的含义如下：

- "缩放级别"下拉列表框 100%：在该下拉列表中可选取所要使用的窗口显示比例。当数值小于 100%时，窗口为缩小显示状态；当数值大于 100%时，窗口为放大显示状态。
- "放大"按钮🔍：此按钮可将绘图窗口中的图形以"2×原大小"的形式放大显示，快捷键为 F2。
- "缩小"按钮🔍：此按钮可将绘图窗口中的图形以"原大小/2"的形式缩小显示，快捷键为 F3。
- "缩放选定范围"按钮🔍：此按钮可将绘图窗口中所选择的图形以最大化的形式显示，快捷键为 Shift + F2。
- "缩放全部对象"按钮🔍：此按钮可将绘图窗口中的所有图形以最大化的形式显示，快捷键为 F4。
- "显示页面"按钮🔍：此按钮可以将绘图窗口中的图形以绘图窗口中页面打印区域的 100%大小进行显示，快捷键为 Shift + F4。
- "按页宽显示"按钮🔍：此按钮可以将绘图窗口中的图形以绘图窗口中页面打印区域的宽度进行显示。
- "按页高显示"按钮🔍：此按钮可以将绘图窗口中的图形以绘图窗口中页面打印区域的高度进行显示。

16

在工具箱中选择"缩放工具" ，或者按快捷键 Z，然后将光标移至工作区，此时鼠标指针显示为 形状。单击鼠标左键，可以将图形按比例放大显示；单击鼠标右键，可以将图形按比例缩小显示。

技巧点拨：

选择"缩放工具" 后，如按住 Shift 键，鼠标光标将显示为 形状，此时单击鼠标左键将缩小视图，单击鼠标右键则将放大视图。

当需要将绘图窗口中的某一个图形或图形中的某一部分放大显示时，选择"缩放工具"，在图形上需要放大显示的位置处单击鼠标左键并拖动，绘制出一个以虚线显示的矩形框，释放鼠标即可将矩形框内的图形按最大的放大级别显示，如图 1-43 所示。

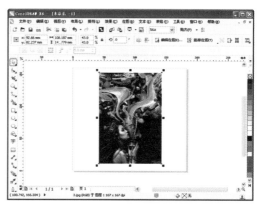

图 1-43 拖动鼠标放大显示图形

2. 手形工具

"手形工具" 即"平移工具"，使用它可在不改变视图显示比例大小的情况下来改变视点的位置，也可以放大或缩小绘图窗口中的图形。

单击工具箱中的 按钮图标，或者按快捷键 H，将鼠标移动到绘图窗口中。此时鼠标显示为 形状，单击鼠标左键并拖动，可以平移绘图窗口的显示位置，以便查看绘图窗口中没有完全显示出来的图形。此外，在绘图窗口中双击鼠标左键，可以放大显示图形；单击鼠标右键，可以缩小显示图形。

1.4.3 窗口操作

通过选择"窗口"菜单下的相关命令，可进行新建窗口或调整当前显示窗口的相关操作。

1. 新建窗口

选择菜单中的"窗口"|"新建窗口"命令，将会弹出一个与原窗口相同的新窗口，从而达到在新窗口中修改原窗口中的对象，而不改变该对象在原窗口中的属性的目的，如图 1-44 所示。

2. 层叠窗口

选择菜单中的"窗口"|"层叠"命令，即可将两个或多个窗口以一定顺序层叠在一起，这样用户就可以任意挑选绘制窗口。单击任意窗口的标题栏，即可将它设置为当前窗口，如图 1-45 所示。

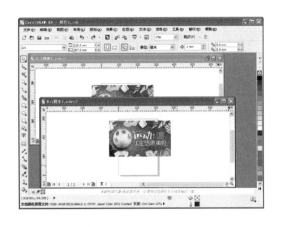
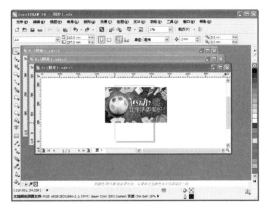

图 1-44　新建窗口　　　　　　　　　　　　　　图 1-45　层叠窗口

 3. 水平平铺

选择菜单中的"窗口"|"水平平铺"命令，可将两个或多个窗口以同等大小水平平铺显示出来，如图 1-46 所示。

4. 垂直平铺

选择菜单中的"窗口"|"垂直平铺"命令，可将两个或多个窗口以同等大小垂直平铺显示出来，如图 1-47 所示。

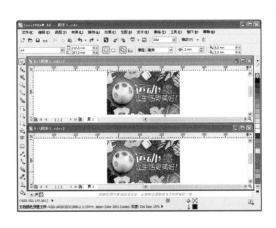

图 1-46　水平平铺　　　　　　　　　　　　　　图 1-47　垂直平铺

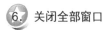 **5. 关闭窗口**

选择菜单中的"窗口"|"关闭"命令，可关闭当前工作窗口，同时提示保存当前绘制的页面图形的信息，如图 1-48 所示。

6. 关闭全部窗口

选择菜单中的"窗口"|"全部关闭"命令，则会关闭工作界面中的所有窗口，同时也提示保存当前绘制的页面图形的信息，如图 1-49 所示。

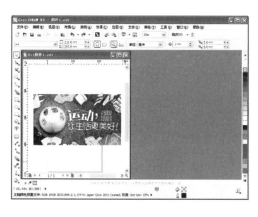

图 1-48　关闭窗口

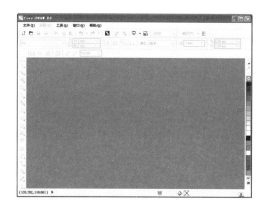

图 1-49　关闭全部窗口

1.5 页面辅助

　　在 CorelDRAW X6 中，可以借助一些辅助工具精确定位图形，如标尺、网格和辅助线等。这些辅助工具均为非打印元素，在打印时不会被打印出来，为绘图带来了很大的方便。

1.5.1　设置标尺

　　标尺可以帮助用户精确绘制图形，确定图形位置及测量大小。

　　选择菜单中的"视图"|"标尺"命令，即可将其显示出来。若要对标尺进行相关设置，可选择"视图"|"设置"|"网格和标尺"命令，打开"选项"对话框。在该对话框左侧的列表中选择"标尺"选项，则会打开"标尺"选项卡，如图 1-50 所示，此时可适当设置其相关属性。

1.5.2　设置网格

　　网格用于协助绘制和排列对象。在系统默认的情况下，网格不会显示在窗口中，可在菜单中选择"视图"|"网格"命令将其显示出来。

　　若要对网格进行相关设置，可选择"视图"|"设置"|"网格和标尺"命令，打开"选项"对话框，此时系统默认打开的即为"网格"选项卡，如图 1-51 所示，可在该选项卡中设置网格的相关属性。

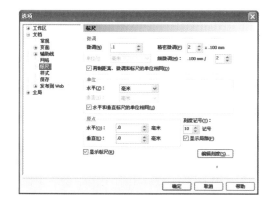

图 1-50　"标尺"选项卡

图 1-51　"网格"选项卡

1.5.3 设置辅助线

在 CorelDRAW X6 中,辅助线是最实用的辅助工具之一,可以任意调节,以帮助用户对齐绘制的对象。

辅助线可以从标尺上直接拖曳出来,放置到页面的任意位置,并可旋转任意角度。若要设置其相关属性,可选择"视图"|"设置"|"辅助线设置"命令,打开"选项"对话框中的"辅助线"选项卡,如图 1-52 所示。在该选项卡中可以适当设置辅助线的角度、颜色、位置等属性。

1.6 页面设置

在进行绘图之前,首先要设置图形的页面属性。页面设置主要包括页面大小和方向、页数以及页面的布局等。

1.6.1 常规页面设置

1. 选择预设的纸张类型

选择工具箱中的"选择工具"，在没有选择任何图形或对象的情况下,属性栏如图 1-53 所示。

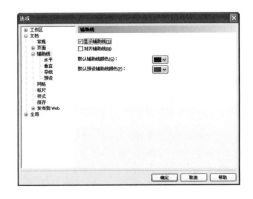

图 1-52　"辅助线"选项卡　　　　　　　　图 1-53　没有选择任何图形或对象的属性栏

在属性栏中的"纸张类型/大小"下拉列表中可选择任意一种预设的纸张类型,选择其中一种,则属性栏中的"纸张宽度和高度"也会发生相应的改变。如选择 A3 纸张时,属性栏相应的"纸张宽度和高度"如图 1-54 所示。

2. 自定义纸张的尺寸

除了选择预设的纸张类型外,还可以根据需要自定义纸张的尺寸。直接在属性栏中的"纸张宽度和高度"数值框中输入相应的数值,如输入宽度为 250mm,高度为 260mm,页面效果如图 1-55 所示。

3. 纸张的方向

选择工具箱中的"选择工具"，在没有选择任何图形或对象的情况下,单击属性栏上的设置页面方向的按钮:"纵向"按钮和"横向"按钮,则可以改变纸张的方向,如图 1-56 和图 1-57 所示分别为纵向和横向的页面效果。

图 1-54　A3 纸张的宽度和高度　　　　　　　　图 1-55　自定义纸张尺寸

图 1-56　纵向页面　　　　　　　　　　　　图 1-57　横向页面

1.6.2　插入页面

CorelDRAW X6 中，在一个图形文件内可以设置多个页面。选择"布局"|"插入页面"命令，打开"插入页面"对话框，如图 1-58 所示。在该对话框中直接输入要插入的页数后，单击"确定"按钮即可插入页面。

通过菜单命令插入页面的方法过于繁琐，在希望增加默认页面的时候，更快捷的方法是通过直接单击页面控制栏上的按钮，在当前页之前或之后添加页面。

此外，在页面控制栏上的页面标签上单击鼠标右键，在打开的快捷菜单中选择"在后面插入页"命令或"在前面插入页"命令，也可以插入页面，如图 1-59 所示。

1.6.3　删除页面

选择"版面"|"删除页面"命令，打开"删除页面"对话框，如图 1-60 所示。在该对话框中输入需要删除的页面的页码，单击"确定"按钮即可。

此外，也可以将鼠标放置在页面控制栏上的一个页面标签上，单击鼠标右键，在弹出的快捷菜单中选择"删除页面"命令，即可直接删除掉所选择的页面。

图 1-58 "插入页面"对话框   图 1-59 页面标签上的快捷菜单   图 1-60 "删除页面"对话框

1.6.4 定位页面

通过单击页面控制栏中的 ◀ 按钮或 ▶ 按钮，可以按顺序翻动页面。如果单击页面控制栏上的 ◀ 按钮或 ▶ 按钮，则可以直接将页面翻动到首页或结束页。

如果用户的文件中的页数太多，可以选择"布局"|"转到某页"命令，在打开的"定位页面"对话框中输入需要翻转的页码数，如图 1-61 所示，单击"确定"按钮即可直接翻转页面。

此外，还可以通过直接单击页面控制栏上的数字按钮，打开"定位页面"对话框进行选择定位，如图 1-62 所示。

图 1-61 "定位页面"对话框   图 1-62 单击按钮翻转页面

> **技巧点拨：**
> 按 Page Up 键和 Page Down 键可以快速预览上一页或下一页。

1.7 实例演练

1.7.1 可爱娃娃指示标

难易程度：★★☆☆☆	主要工具：矩形工具、填充工具、贝塞尔工具
文件路径：源文件\第 1 章\1.7.1	视频文件：mp4\第 1 章\1.7.1

CorelDRAW 在绘制图形中应用得极为广泛，下面通过设计制作一张简单的花纹图形来初步学习 CorelDRAW X6 的基本操作流程，制作完成的效果，如图 1-63 所示。

01 启动 CorelDRAW X6，在弹出的"快速入门"对话框中单击"新建空白文档"，新建一个默认大小为 A4 的文件。

02 选择工具箱中的"矩形工具" ▢ ，在页面拖动鼠标绘制矩形，如图 1-64 所示。

03 选择工具箱中的"选择工具"，在选中绘制的矩形之后，再单击绘制的矩形，使矩形处于旋转状态，如图1-65所示。

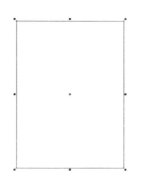

图1-63　绘制花纹　　　　　　　　　　图1-64　绘制矩形　　　　　　　　　　图1-65　旋转状态

04 将鼠标放置到矩形上方的↔图标上，当光标变为⇄时，单击鼠标左键，并拖动到合适的位置处释放，得到如图1-66所示的图形。

05 选择工具箱中的"填充工具"，在隐藏的工具组中选择"均匀填充"选项，在弹出的"均匀填充"对话框中设置颜色为橘红色（C0、M85、Y95、K0），如图1-67所示。

06 单击"确定"按钮，为图形填充橘红色，如图1-68所示。

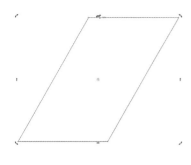

图1-66　改变形状　　　　　　　　　　图1-67　均匀填充　　　　　　　　　　图1-68　填充颜色

07 鼠标右键单击调色板上的⊠按钮，去掉轮廓线，如图1-69所示。

08 选择工具箱中的"选择工具"，选中矩形，将鼠标放置到矩形的角顶端。当光标变为↗时，缩小图形到合适位置，单击鼠标右键，复制图形，如图1-70所示。

09 运用同样的方法为复制的矩形填充橘黄色（C3、M30、Y40、K0），如图1-71所示。

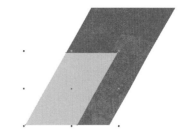

图1-69　去掉轮廓线　　　　　　　　　图1-70　复制图形　　　　　　　　　　图1-71　填充颜色

10 选中所有图形，运用同样的操作方法调整图形。单击属性栏中的"修剪"按钮，修剪图形，如图1-72所示。

11 选择工具箱中的 "选择工具" ，选中橘红色图形，拖动鼠标移至到合适位置，如图 1-73 所示。

12 选中两个图形，按住 Ctrl 键，拖动鼠标到合适位置复制图形，如图 1-74 所示。

图 1-72 修剪

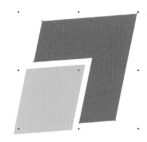

图 1-73 移动图形

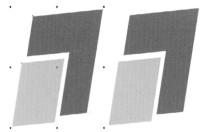

图 1-74 复制图形

13 单击属性栏中的 "水平镜像" 按钮 ，得到如图 1-75 所示的图形。

14 选中所有图形，并按住 Ctrl 键向下拖动，到合适的位置时单击鼠标右键复制图形。单击属性栏中的 "垂直镜像" 按钮，得到图形，如图 1-76 所示。

15 选择工具箱中的 "选择工具" ，选中不同的图形，为它们填充不同的颜色，如图 1-77 所示。

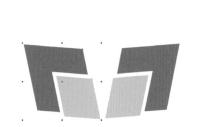

图 1-75 水平镜像

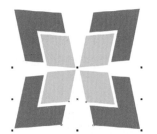

图 1-76 垂直镜像

图 1-77 填充颜色

16 旋转图形，得到如图 1-78 所示的最终图形。

17 执行 "文件" | "导入" 命令，选择本书配套光盘中 "第 1 章\1.7\1.7.1\素材.jpg" 文件，如图 1-79 所示。

18 选择工具箱中的 "选择工具" ，调整好图形的大小和图层顺序，将绘制的图形放到合适的位置，效果如图 1-80 所示。

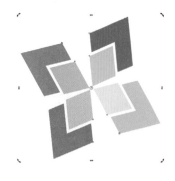

图 1-78 最终图形

图 1-79 导入素材

图 1-80 最终效果

1.7.2 葡萄酒广告

难易程度：★★☆☆☆ 　　　　　　　主要工具：贝塞尔工具、椭圆形工具、手绘工具

文件路径：源文件\第 01 章\1.7.2 　　　视频文件：mp4\第 01 章\1.1.2

葡萄酒广告完成后的效果如图 1-81 所示。

01 启动 CorelDRAW X6，在弹出的"快速启动"对话框中单击"新建空白文档"，新建一个 200×200mm 的文件。左键双击"矩形工具" 🔲，自动生成一个与页面等大的矩形。

02 按 F11 键，弹出"渐变填充"对话框，设置颜色从紫色（R46，G0，B46）到（R46，G0，B46）6%到（R102，G0，B102）14%到（R153，G51，B102）35%到（R153，G51，B102）63%到（R153，G51，B102）95%到（R153，G51，B204）100%的射线型渐变色，参数如图 1-82 所示。

03 单击"确定"按钮，效果如图 1-83 所示。

图 1-81　最终图形　　　　　　　　图 1-82　渐变参数　　　　　　　　图 1-83　渐变效果

04 选择工具箱中的"贝塞尔工具" ，绘制多条流线图形。按 Shift+F11 快捷键，弹出"均匀填充"对话框，设置颜色为红色（R233，G50，B110）。鼠标右键单击调色板上的"无填充"按钮🔲，去除轮廓线。

05 选择工具箱中的"透明度工具" ，在属性栏中设置透明度类型为"标准"，透明度操作为"乘"，开始透明度为 70，效果如图 1-84 所示。

06 选择工具箱中的"椭圆形工具" 〇，按住 Ctrl 键，绘制正圆，并填充洋红色（R190，G72，B150），去除轮廓线，效果如图 1-85 所示。

07 将光标定位在正圆的右上角，当出现双向箭头时，按住 Shift 键，往内拖动。释放的同时单击右键，缩小复制一个正圆，并填充颜色（R145，G5，B68），效果如图 1-86 所示。

08 参照上述复制正圆的方法，复制更多正圆，并分别填充不同的颜色，效果如图 1-87 所示。

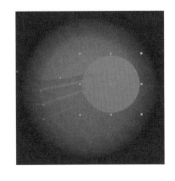

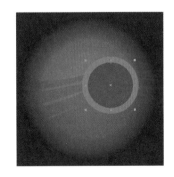

图 1-84　绘制并编辑图形　　　　　　图 1-85　绘制正圆　　　　　　　　图 1-86　复制正圆

09 选择"手绘工具" ，任意地绘制图形，并分别填充不同的颜色，如图 1-88 所示。

10 选择工具箱中的"星形工具" ，在属性栏中设置边数为 30，锐度为 20。按住 Ctrl 键，绘制星形，去除轮廓线，按 F11 渐变填充，颜色从紫色（R153，G51，B102）到洋红色（R204，G51，B102）的线性渐变色，效果如图 1-89 所示。

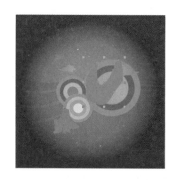
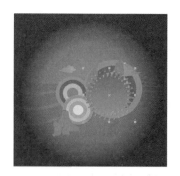

图 1-87　复制正圆　　　　　　　图 1-88　绘制图形　　　　　　　图 1-89　绘制星形

11 执行"文件"｜"导入"命令，选择本书配套光盘中"第 1 章\实例\素材\酒瓶.cdr"文件，单击"导入"按钮。选择工具箱中的"选择工具" ，调整好图形的位置，如图 1-90 所示。

12 选择"手绘工具" ，随意地绘制几个不规则图形，并填充渐变色，效果如图 1-91 所示。

13 选择"椭圆形工具" ，在图形右上角绘制一个正圆，并填充渐变色。选择工具箱中的"文本工具" ，在正圆中输入文字，填充相应的颜色，得到最终效果，如图 1-92 所示。

图 1-90　导入素材　　　　　　　图 1-91　绘制图形　　　　　　　图 1-92　最终效果

2 第 章 基本绘图方法

本章导读：

CorelDRAW X6 绘制和编辑图形的功能非常强大。本章将详细介绍绘制和编辑图形的方法和技巧。通过本章的学习，可以熟练掌握绘制和编辑图形的方法和技巧，为进一步的学习打下坚实基础。

本章重点：

◆ 绘制几何图形
◆ 绘制曲线
◆ 颜色填充
◆ 详解实例

2.1 绘制几何图形

CorelDRAW X6 是一款功能强大的绘图软件，提供了多种绘图工具，可以方便快捷地绘制出各种图形。本节将介绍工具箱中的基本绘图工具，包括"矩形工具、椭圆形工具、多边形工具"和"基本形状工具"等。基本工具主要用来绘制规则的图形，如矩形、圆、星形等。

2.1.1 绘制矩形

"矩形工具" ▢ 和"3 点矩形工具" ▯ 都能绘制出矩形，但是"矩形工具" ▢ 绘制的矩形是与视平线平行的矩形，而"3 点矩形工具" ▯ 绘制的则是任意角度的矩形，在实际工作中可按需要选择合适绘制工具。

1. 绘制矩形

选择"矩形工具" ▢ 即可轻松地绘制出所需要的矩形。

> **课堂举例【2-1】：绘制矩形**　　　视频文件：mp4\第 02 章\课堂举例 2-1.mp4
>
> ① 打开本书配套光盘中"第 2 章\2.1\2.1.1\素材\画架.cdr"文件，如图 2-1 所示。
> ② 选择工具箱中的"矩形工具" ▢，在绘图页面拖动鼠标，绘制矩形。按下 Shift+F11 快捷键，在弹出的"均匀填充"对话框中设置颜色为白色，单击"确定"按钮。鼠标右键单击调色板上的 ⊠ 按钮，去掉轮廓线，效果如图 2-2 所示。
> ③ 单击左下角的"页 2"，复制人物到"页 1"中，并调整好人物的位置和大小，如图 2-3 所示。

图 2-1　打开文件

图 2-2　绘制矩形

图 2-3　添加素材

2. 绘制正方形

正方形是特殊的矩形，下面介绍其绘制方法。

> **课堂举例【2-2】：绘制正方形**　　　视频文件：mp4\第 02 章\课堂举例 2-2.mp4
>
> ① 打开本书配套光盘中"第 2 章\2.1\2.1.1\素材\背景.cdr"文件，效果如图 2-4 所示。
> ② 选择工具箱中的"矩形工具" ▢，按住 Ctrl 键不放，拖动鼠标绘制多个正方形，并填充不同的颜色，如图 2-5 所示。
> ③ 单击左下角的"页 2"，复制光斑到"页 1"中，效果如图 2-6 所示。

图 2-4 打开文件   图 2-5 绘制正方形   图 2-6 添加素材

技巧点拨：

　　在绘制矩形时，如果按下 Shift 键的同时拖动鼠标，则可绘制出以鼠标单击点为中心的矩形；按下 Ctrl + Shift 快捷键后拖动鼠标，则可绘制出以鼠标单击点为中心的正方形。

　　直接双击工具箱中的"矩形工具" □ ，可以绘制出一个与绘图页面等大的矩形。

3. 绘制圆角矩形

绘制圆角矩形的方法有多种，下面介绍其具体操作方法。

课堂举例【2-3】：使用"形状工具"调整圆角矩形　　　　　视频文件：mp4\第 02 章\课堂举例 2-3.mp4

① 打开本书配套光盘中 "第 2 章\2.1\2.1.1\素材\海狮.cdr" 文件，如图 2-7 所示。

② 选择工具箱中的"矩形工具" □ ，在绘图页面拖动鼠标，绘制矩形。单击右键拖动"海狮"图片至矩形内，在弹出的快捷菜单中选择"图框精确裁剪内部"选项，如图 2-8 所示。

③ 选择工具箱中的"形状工具" ⌈ ，按住控制点拖动鼠标绘制圆角矩形，绘制完成之后释放鼠标左键，如图 2-9 所示。

图 2-7 打开文件   图 2-8 绘制矩形   图 2-9 圆角矩形效果

课堂举例【2-4】：在属性栏中设置圆角矩形　　　　　视频文件：mp4\第 02 章\课堂举例 2-4.mp4

① 打开本书配套光盘中 "第 2 章\2.1\2.1.1\素材\电视机.cdr" 文件，如图 2-10 所示。

② 选择工具箱中的"矩形工具" □ ，在绘图页面拖动鼠标，绘制矩形，并填充灰白灰渐变色，然后在属性栏中的"圆角半径"微调框中输入圆角数值为 7mm，如图 2-11 所示。

③ 得到圆角矩形效果，单击左下角的"页 2"，复制叶子到"页 1"中，并进行相应调整，如图 2-12 所示。

图 2-10　打开文件　　　　　图 2-11　圆角矩形效果　　　　图 2-12　添加素材效果

课堂举例【2-5】：绘制不同大小的圆角矩形　　　视频文件：mp4\第 02 章\课堂举例 2-5.mp4

① 打开本书配套光盘中"第 2 章\2.1\2.1.1\素材\美女.cdr"文件。选择"矩形工具" ，绘制一个矩形，将人物精确裁剪到矩形内，如 2-13 所示。

② 一般情况下，矩形的 4 个角是同时进行圆滑的，若想只让一个角或两个角进行圆角操作时，单击属性栏中的"同时编辑所有角"按钮 ，使其处于解锁状态，在左上角圆角半径微调框中输入 2mm，如图 2-14 所示。

③ 在右下角圆角半径微调框中输入 2mm，如图 2-15 所示。

图 2-13　打开文件　　　　　图 2-14　设置圆角半径　　　　图 2-15　圆角效果

4. 3 点矩形工具

"3 点矩形工具" 用于绘制不同角度的矩形。

课堂举例【2-6】：3 点矩形工具　　　视频文件：mp4\第 02 章\课堂举例 2-6.mp4

① 打开本书配套光盘中"第 2 章\2.1\2.1.1\素材\显示器.cdr"文件。如图 2-16 所示。

② 选择工具箱中的"3 点矩形工具" ，沿显示屏内框拖动鼠标绘制一条直线，释放鼠标左键。再次拖动鼠标绘制矩形，在合适位置处单击鼠标左键完成矩形的绘制，并填充黑色即可，如图 2-17 所示。

③ 调整矩形至高光图下面，将"页 2"中的"装饰"素材复制到"页 1"，并进行相应调整，如图 2-18 所示。

图 2-16　打开文件　　　　　图 2-17　绘制矩形　　　　　图 2-18　添加装饰效果

2.1.2 绘制圆形

绘制圆形有两种工具可供选择："椭圆形工具" 和 "3 点椭圆形工具" 。

1. 椭圆形工具

使用"椭圆形工具"可以绘制椭圆和正圆，下面介绍其具体操作方法。

课堂举例【2-7】：绘制椭圆　　　　　　　　　视频文件：mp4\第 02 章\课堂举例 2-7.mp4

❶ 打开本书配套光盘中 "第 2 章\2.1\2.1.2\素材\儿童.cdr" 文件，如图 2-19 所示。

❷ 选择工具箱中的"椭圆形工具"，在绘图页面拖动鼠标，绘制椭圆形，并填充渐变色。同时，可在属性栏中设置椭圆的大小和类型，如图 2-20 所示。

❸ 将椭圆放置到文字下面，效果如图 2-21 所示。

图 2-19　打开文件

图 2-20　绘制椭圆

图 2-21　圆角效果

课堂举例【2-8】：绘制正圆　　　　　　　　　视频文件：mp4\第 02 章\课堂举例 2-8.mp4

❶ 打开本书配套光盘中 "第 2 章\2.1\2.1.2\素材\猴子.cdr" 文件，如图 2-22 所示。

❷ 选择工具箱中的"椭圆形工具"，按住 Ctrl 键不放，拖动鼠标绘制图形，得到正圆，如图 2-23 所示。

❸ 选中正圆，按 F11 键，弹出"渐变填充"对话框，填充从橙色（C7，M17，Y87，K0）到白色的线性渐变色，如图 2-24 所示。

图 2-22　打开文件

图 2-23　绘制正圆

图 2-24　填充渐变色效果

技巧点拨：

在绘制椭圆时，如果按住 Shift 键的同时拖动鼠标，则可绘制出以鼠标单击点为中心的椭圆图形；按下 Ctrl + Shift 快捷键后拖动鼠标，则可绘制出以鼠标单击点为中心的正圆图形。

课堂举例【2-9】：绘制饼形和弧形　　　　视频文件：mp4\第 02 章\课堂举例 2-9.mp4

绘制好椭圆之后，在属性栏中分别单击"椭圆形"按钮◯、"饼图"按钮◯和"弧形"按钮◯，可得到不完整的椭圆效果。

❶ 打开本书配套光盘中"第 2 章\2.1\2.1.2\素材\古典美女.cdr"文件，选择"椭圆形工具"，绘制一个正圆，设置轮廓颜色为青色（C：100），轮廓宽度为 1mm，并将图形精确裁剪至正圆内，如图 2-25 所示。

❷ 选中正圆，单击属性栏中的"饼形"按钮◯，效果如图 2-26 所示。

❸ 单击属性栏中的"弧形"按钮◯，效果如图 2-27 所示。

图 2-25　打开文件　　　　　　图 2-26　饼形属性效果　　　　　　图 2-27　弧形属性效果

2. 3 点椭圆形工具

CorelDRAW 中的"3 点椭圆形工具"是根据轴的两点和椭圆上的另一点来绘制椭圆，即先确定轴所在的两个点，再确定椭圆上的另一点，而这条轴的长短根据椭圆上的另一点来确定。

课堂举例【2-10】：3 点椭圆形工具　　　　视频文件：mp4\第 02 章\课堂举例 2-10.mp4

❶ 打开本书配套光盘中"第 2 章\2.1\2.1.2\素材\花纹.cdr"文件，如图 2-28 所示。

❷ 在绘图页面绘制一条任意方向的直线，如图 2-29 所示。

❸ 释放鼠标左键，在合适的位置再次单击鼠标左键，完成椭圆形的绘制，如图 2-30 所示。

❹ 按 F11 键，弹出"渐变填充"对话框，设置从白色到粉红色（C40，M100，Y0，K0）的辐射型渐变色，并去除轮廓线，如图 2-31 所示。

图 2-28　打开文件　　　图 2-29　绘制直线　　　图 2-30　拖动鼠标　　　图 2-31　填充渐变色

2.1.3　绘制多边形

打开"多边形工具"隐藏的工具组，其中包含了"多边形工具"、"星形工具"、"复杂星形工具"、"图纸工具"和"螺纹工具"共 5 种工具。可针对操作需要，来选择不同的工具。

1. 多边形工具

"多边形工具"的使用方法与"矩形工具"和"椭圆形工具"类似，使用鼠标拖动即可产生多边形，而多边形的边数可以在属性栏设定。

课堂举例【2-11】：多边形工具   视频文件：mp4\第 02 章\课堂举例 2-11.mp4

① 选择工具箱中的"多边形工具" ，在属性栏中设置点数和边数数值，如图 2-32 所示。

图 2-32　多边形属性栏

② 按 Ctrl+O 快捷键，打开本书配套光盘中"第 2 章\2.1\2.1.3\素材\汽球.cdr"文件，如图 2-33 所示。

③ 设置完成之后，在绘图页面拖动鼠标，绘制多边形，如图 2-34 所示。

④ 选择工具箱中的"形状工具" ，放置到鼠标任意边的节点上并拖动，如图 2-35 所示。

⑤ 释放鼠标左键，同时单击调色板上颜色块，填充洋红色，复制多个并改变大小和颜色，如图 2-36 所示。

图 2-33　绘制六边形　　　图 2-34　绘制六边形　　　图 2-35　调整形状　　　图 2-36　最终效果

2. 星形工具

"星形工具"与"多边形工具"类似，都是由多边形衍生出来的。当多边形产生锐利的尖角时，就变成了多边星形。星形则是连接多边形的各个角而形成的图形。CorelDRAW X6 中提供了两种绘制星形的工具："星形工具"和"复杂星形工具"。

课堂举例【2-12】：星形工具   视频文件：mp4\第 02 章\课堂举例 2-12.mp4

① 选择工具箱中的"星形工具" ，在属性栏中设置点数或边数和锐度数值，如图 2-37 所示。

图 2-37　星形工具属性栏

② 按 Ctrl+O 快捷键，打开本书配套光盘中"第 2 章\2.1\2.1.3\素材\奖杯.cdr"文件。如图 2-38 所示。

③ 在属性栏中设置边数为 4，锐度值为 90，在绘图页面拖动鼠标绘制星形，如图 2-39 所示。

④ 填充白色，去除轮廓线，并复制一个，调好大小和旋转度，如图 2-40 所示。

图 2-38 打开文件　　　　图 2-39 绘制星形　　　　图 2-40 复制并去除轮廓效果

3. 复杂星形工具

使用"复杂星形工具"可以绘制更为复杂的星形，绘制出的星形，中心区域为空心。

课堂举例【2-13】：复杂星形工具　　视频文件：mp4\第 02 章\课堂举例 2-13.mp4

① 选择工具箱中的"复杂星形工具" ⚙，在属性栏中设置点数或边数和锐度数值，如图 2-41 所示。

图 2-41 复杂星形属性栏

② 按 Ctrl+O 快捷键，打开本书配套光盘中"第 2 章\2.1\2.1.3\素材\美女人物.cdr"文件，如图 2-42 所示。

③ 在绘图页面绘制复杂星形。按 F11 键，弹出"渐变填充"对话框，设置任意颜色的辐射型渐变色，如图 2-43 所示。

④ 选中图形，在属性栏中设置锐度值为 3，得到如图 2-44 所示的图形。

⑤ 在属性栏设置点数或边数的值为 5，效果如图 2-45 所示。

图 2-42 绘制图形　　图 2-43 绘制图形　　图 2-44 设置锐度值　　图 2-45 设置数值

4. 图纸工具

"图纸工具"即"网格纸工具"，它是由一系列以行和列排列组成的图形。将网格纸取消群组后，就是一个个单独的矩形。"图纸工具"主要用于绘制网格，在绘制底纹及 VI 设计中运用得尤为频繁。

课堂举例【2-14】：图纸工具　　视频文件：mp4\第 02 章\课堂举例 2-14.mp4

① 打开本书配套光盘中"第 2 章\2.1\2.1.3\素材\墨画.cdr"文件，如图 2-46 所示。

② 选择工具箱中的"图纸工具" 📇，在属性栏中设置列数为 10，行数为 1。在绘图页面拖动鼠标绘制网格图形，填充灰色，然后将图形调整至文字层的下面，效果如图 2-47 所示。

图 2-46　打开文件　　　　　图 2-47　绘制风格并调整图层顺序　　　　图 2-48　绘制正方形网格

③ 若想将网格中的矩形变为正方形，则按住 Ctrl 键，拖动鼠标来绘制网格，如图 2-48 所示。

④ 将图形调整至文字层的下面，效果如图 2-49 所示。

⑤ 选中绘制完成的网格，执行"排列"|"取消群组"命令，将网格分散为多个单一的矩形或正方形。如图 2-50 所示。

⑥ 分别选择相间的矩形，填充较深一点的灰色，如图 2-51 所示。

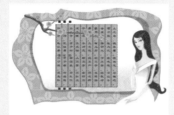

图 2-49　调整图层顺序　　　　　图 2-50　取消群组　　　　　图 2-51　填充颜色

5. 螺纹工具

螺纹类型包括对称式螺纹和对数式螺纹两类。选择对称式螺纹，绘制的每个回圈之间间距相等。选择对数式螺纹，绘制的每个回圈之间的距离渐渐增大。

课堂举例【2-15】：螺纹工具　　　　　　　视频文件：mp4\第 02 章\课堂举例 2-15.mp4

① 打开本书配套光盘中 "第 2 章\2.1\2.1.3\素材\文字背景.cdr" 文件，如图 2-52 所示。

② 在"多边形工具"的隐藏工具组中选择"螺纹工具" ⊚，系统默认的即为对称式螺纹。在属性栏中的"螺纹回圈"数值框中输入 4，设置好螺纹圈数。在工作区中按住鼠标左键并拖动，释放鼠标即可完成螺纹的绘制，效果如图 2-53 所示。

③ 设置轮廓颜色为宽度 1mm，轮廓颜色为白色。选择"透明度工具" ⛿，在属性栏中选择透明类型为"标准"，开始透明度为 20，将螺纹精确裁剪至心形内，效果如图 2-54 所示。

图 2-52　打开文件　　　　　图 2-53　绘制对称式螺纹　　　　　图 2-54　添加设置轮廓属性效果

01
02
03
04
05
06
07
08
09
10
11
12
13
14

④ 单击选择工具 ，框选所有图形，单击鼠标左键拖动图形，释放的同时单击右键，复制图形。选中心形，单击图形下方的"提取内容"按钮 ，按 Delete 键，删去螺纹图形。选择"螺纹工具" ，单击属性栏上的"对数式螺纹"按钮 ，并设置螺纹圈数为 4。在工作区中按住鼠标左键并拖动，释放鼠标即可绘制出对数式螺纹，如图 2-55 所示。

⑤ 设置轮廓颜色为宽度 1mm，轮廓颜色为白色。选择"透明度工具" ，在属性栏中选择透明类型为"标准"，开始透明度为 20，将螺纹精确裁剪至心形内，效果如图 2-56 所示。

图 2-55 绘制对数式螺纹

图 2-56 添加设置轮廓属性效果

2.1.4 绘制基本形状

基本形状工具组为用户提供了基本形状、箭头形状、流程图形状、标题形状和标注形状几组外形选项。了解这些工具的功能与操作方法，能更快捷地完成绘图工作。打开"基本形状工具"隐藏的工具组，其中包含了多个基本形状的扩展图形的工具。

1. 基本形状工具

基本形状工具，在属性栏中提供了各种常用形状较为规则的图形样式，在绘制时，选择相应形状绘制即可完成。

课堂举例【2-16】：绘制基本形状图形 | 视频文件：mp4\第 02 章\课堂举例 2-16.mp4

① 打开本书配套光盘中 "第 2 章\2.1\2.1.4\素材\求婚.cdr" 文件，如图 2-57 所示

② 选择工具箱中的"基本形状工具" ，单击属性栏中的"完美形状"按钮 ，在弹出的"形状"下拉列表中选择心形，如图 2-58 所示。

③ 在绘图页面拖动鼠标绘制图形，并填充红色，如图 2-59 所示。

图 2-57 打开文件

图 2-58 在属性栏上选择心形

图 2-59 填充红色

① 打开本书配套光盘中 "第 2 章\2.1\2.1.4\素材\卡通人物.cdr" 文件,如图 2-60 所示。

② 单击属性栏中的 "完美形状" 按钮 🗆，在 "完美形状" 下拉列表中选择需要的水滴形状。在绘图页面绘制图形，并填充蓝白渐变，效果如图 2-61 所示。

② 在 "线条样式" 下拉列表中选择样条线，效果如图 2-62 所示。

图 2-60　打开文件　　　　　图 2-61　使用 "基本形状工具" 绘制图形　　　　　图 2-62　设置样条线效果

2. 箭头形状

使用 "箭头形状工具" 可以绘制出许多种样式迥异的箭头形状，经常用于绘制需要标注出过程的图表或标志中的箭头部分。

① 打开本书配套光盘中 "第 2 章\2.1\2.1.4\素材\移门.cdr" 文件，如图 2-63 所示。

② 选择工具箱中的 "箭头形状工具" 🗺，单击属性栏中的 "完美形状" 按钮 🗆，在弹出的 "形状" 下拉列表中选择需要的箭头图形，然后在绘图页面拖动鼠标绘制图形，如图 2-64 所示。

③ 选中箭头，填充白色去除轮廓线。执行 "效果" ｜ "添加透视" 命令，为箭头添加透视，如图 2-65 所示。

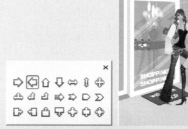

图 2-63　打开文件　　　　　图 2-64　选择并绘制箭头　　　　　图 2-65　添加透视效果

3. 流程图形状

"流程图形状工具" 可以绘制众多形状不一的流程图形，其可在属性栏中自由选择。

❶ 打开本书配套光盘中 "第 2 章\2.1\2.1.4\素材\啤酒流程.cdr" 文件,如图 2-66 所示。

❷ 选择工具箱中的 "流程图形状工具" [图], 单击属性栏中的 "完美形状" 按钮 [图], 在弹出的 "形状" 下拉列表中选择需要的倒三角图形。如图 2-67 所示。

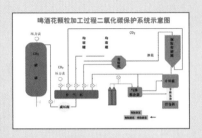

图 2-66　打开文件

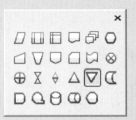

图 2-67　选择倒三角形

❸ 在绘图页面拖动鼠标绘制图形，并填充绿色，去除轮廓线，如图 2-68 所示。

❹ 选择波浪图形。在画面中绘制该图形，填充灰色，去除轮廓线，并复制两个，旋转 90°，效果如图 2-69 所示。

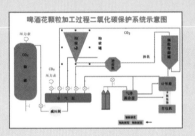

图 2-68　绘制三角形

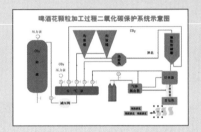

图 2-69　绘制波浪图形

4. 标题形状

"标题形状工具" 可以绘制类似于标题的图形。在属性栏中可以选择各种标题形状。

❶ 打开本书配套光盘中 "第 2 章\2.1\2.1.4\素材\天使.cdr" 文件，如图 2-70 所示。

❷ 选择工具箱中的 "标题形状工具" [图], 单击属性栏中的 "完美形状" 按钮 [图], 在弹出的 "形状" 下拉列表中选择需要的标题图形，然后在绘图页面拖动鼠标绘制图形，如图 2-71 所示。

❸ 选中标题形状，填充黄色，设置轮廓颜色为红色，将图形放置到文字下，如图 2-72 所示。

图 2-70　打开文件　　　图 2-71　选择并绘制标题形状　　　图 2-72　填充颜色

5. 标注形状

"标注形状工具"可以绘制类似于标注的图形，可以在属性栏中选择各种标注形状。

课堂举例【2-21】：标注形状　　　　　　　　　　　　　视频文件：mp4\第 02 章\课堂举例 2-21.mp4

① 打开本书配套光盘中"第 2 章\2.1\2.1.4\素材\女孩.cdr"文件，如图 2-73 所示。

② 选择工具箱中的"标注形状工具"🗨，单击属性栏中的"完美形状"按钮🗗，在弹出的"形状"下拉列表中选择需要的标注图形，然后在绘图页面拖动鼠标绘制图形，如图 2-74 所示。

③ 选中标注图形，设置轮廓颜色为红色，如图 2-75 所示。

图 2-73　打开文件　　　　　图 2-74　选择并绘制标题形状　　　　　图 2-75　设置轮廓颜色

2.1.5　绘制表格

"表格工具"可以绘制出不同行数或列数的表格，也可以将表格拆分为多个独立的线条，删除或是移动到合适的位置，方便改变表格的形状。此外，也可以在表格中添加文字和图形。

课堂举例【2-22】：绘制表格　　　　　　　　　　　　　视频文件：mp4\第 02 章\课堂举例 2-22.mp4

① 选择工具箱中的"表格工具"▦，在属性栏中设置表格的行数和列数，如图 2-76 所示。

② 打开本书配套光盘中"第 2 章\2.1.5\素材\花朵.cdr"文件，如图 2-77 所示。

③ 在绘图页面拖动鼠标绘制表格，如图 2-78 所示。

 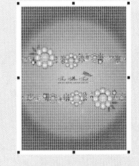

图 2-76　表格工具属性栏　　　　　图 2-77　打开文件　　　　　图 2-78　绘制表格

课堂举例【2-23】：设置表格轮廓　　　　　　　　　　　视频文件：mp4\第 02 章\课堂举例 2-23.mp4

① 打开本书配套光盘中"第 2 章\2.1\2.1.5\素材\小图标.cdr"文件，如图 2-79 所示。

② 在属性栏中设置行数和列数都为 3，按住 Ctrl 键，绘制出长宽相等的表格，如图 2-80 所示。

③ 在属性栏中，我们可以根据需要在网格边框中设置不同的边框类型，如图 2-81 所示。

图 2-79　打开文件

图 2-80　绘制表格

图 2-81　"网格边框"选项

④ 在属性栏中的"颜色"下拉列表中设置颜色，并将其添加至表格的外轮廓线，如图 2-82 所示。

⑤ 为表格填充轮廓色时，还可以选择工具箱中的"轮廓笔工具" 。在隐藏的工具组中选择"轮廓笔"选项，在弹出的"轮廓笔"对话框中，设置"颜色"为蓝色即可，如图 2-83 所示。

⑥ 在"轮廓笔"对话框中设置"宽度"为 1.0mm，并在"样式"下拉列表中选择轮廓线的样式，如图 2-84 所示。

图 2-82　设置轮廓效果

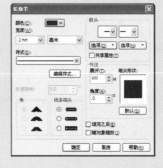

图 2-83　打开文件

图 2-84　绘制表格

⑦ 设置完成后效果如图 2-85 所示。

⑧ 单击属性栏中的"选项"按钮，并勾选"在键入时自动调整单元格大小"复选框，使文字在输入后完全显示。再勾选"单独的单元格边框"复选框，在"水平单元格间距"和"垂直单元格间距"数值框中输入数值。默认情况下是同步进行数值修改的，单击"小锁"按钮 ，即可分别设置数值，如图 2-86 所示，效果如图 2-87 所示。

图 2-85　"网格边框"选项

图 2-86　设置参数

图 2-87　属性设置效果

⑨ 将光标放置到单元格中，即可在单元格中输入文字。选择"形状工具" ，选中要插入行或列的表格，执行"表格"|"插入"命令，即可在单元格上方或下方、左侧或右侧插入行或列。

专家提示： ←

绘制表格时，按下 Ctrl+K 快捷键，再执行"排列"|"取消群组"命令，即可将表格分解为单独的直线，并调整直线的大小和位置。

课堂举例【2-24】：拆分表格　　　　　　　视频文件：mp4\第 02 章\课堂举例 2-24.mp4

① 打开本书配套光盘中"第 2 章\2.1\2.1.5\素材\文具.cdr"文件，如图 2-88 所示。

② 选择"表格工具" 📊，在属性栏中设置行数为 5，列数为 2，绘制表格。按 Ctrl+K 快捷键，拆分表格，执行"排列"|"取消群组"命令，如图 2-89 所示。

③ 选中中间的直线，将其压短。选择"文本工具" 字，输入文字，如图 2-90 所示。

图 2-88　打开文件　　　　　　图 2-89　拆分表格　　　　　　图 2-90　输入文字

2.2 绘制曲线

线条的绘制是所有造型设计的基础操作，用 CorelDRAW 绘制出的作品都是由几何对象构成的，而几何对象的构成要素都是直线和曲线。在 CorelDRAW X6 中，提供了多种绘制和编辑线条的方法，本节将详细介绍绘制线条的线形工具与调整线条节点的形状工具的操作方法。

2.2.1 手绘工具

"手绘工具" 🖊就是使用鼠标在绘图页面上直接绘制直线或曲线的一种工具，其使用方法非常简单。选择工具箱中的"手绘工具" 🖊后，可看到如图 2-91 所示的属性栏。

图 2-91　手绘工具属性栏

该属性栏上的参数含义如下：

● 对象位置 `x: 139.219 mm` `y: 102.183 mm`：确定图形在工作界面上的位置。

● 对象大小 `⟷ 56.687 mm` `↕ 62.217 mm`：显示选取对象的大小。

● 旋转角度 `↻ .0` °：设置对象的旋转角度。

● 水平镜像 ⬓：将对象水平翻转 180°。

● 垂直镜像 ⬒：将对象垂直翻转 180°。

● 交互式连线工具 ⌐ ╱：分为成角连接器和直线连接器，用于创建两个或多个图形对象间的连接。

● 拆分工具 ⬚：断开封闭的曲线路径对象中的某个节点。

● 起始箭头选择器 `— ▾`：所选线条的起始点，其下拉列表中包含多种箭头样式。

● 轮廓样式选择器 `— ▾`：可更改设置所选线条的样式。

- 终止箭头选择器 —— ✓ ：所选线条的终止点，其下拉列表中也包含多种箭头样式。
- 自动闭合曲线 🅓 ：可自动闭合绘制的线条。
- 段落文本换行 🔲 ：可在图形中输入段落文本，使图形看上去更完整。
- 轮廓宽度 📐 .2 mm ✓ ：可设置所选线条的宽度。
- 手绘平滑 100 ◆ ：可设置手绘图形的平滑度。

1. 绘制直线

"手绘工具" ✏️ 可用来绘制呈不同角度的直线，其绘制方法自由随意。

课堂举例【2-25】：绘制直线　　　　　　　　　　视频文件：mp4\第 02 章\课堂举例 2-25.mp4

① 打开本书配套光盘中 "第 2 章\2.2\2.2.1\素材\人物.cdr" 文件，如图 2-92 所示。

② 选择工具箱中的 "手绘工具" ✏️，在绘图页面单击鼠标绘制起点，将光标移动到合适的位置时，单击鼠标，绘制直线。如图 2-93 所示。

③ 参照上述操作绘制多条直线。如图 2-94 所示。

④ 选中所有直线，按 F12 键，设置直线宽度为 1.5mm，颜色为灰色 K70，如图 2-95 所示。

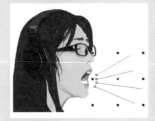

图 2-92　打开文件　　　　图 2-93　绘制直线　　　　图 2-94　绘制直线　　　　图 2-95　设置轮廓属性

2. 绘制折线

"手绘工具" ✏️ 也可用来绘制各种类似于不同直线连接的折线图形。

课堂举例【2-26】：绘制折线　　　　　　　　　　视频文件：mp4\第 02 章\课堂举例 2-26.mp4

① 打开本书配套光盘中 "第 2 章\2.2\2.2.1\素材\抽象画.cdr" 文件，如图 2-96 所示。

② 选择工具箱中的 "手绘工具" ✏️，在绘图页面单击鼠标绘制起点。将光标移动到合适的折点位置时，双击鼠标，绘制完成折线后，在终点单击鼠标即可，如图 2-97 所示。

③ 选中折线，按 F12 键，设置轮廓宽度为 1.5mm，颜色为橙色（C0，M60，Y100，K0），如图 2-98 所示。

图 2-96　打开文件　　　　　　图 2-97　绘制折线　　　　　　图 2-98　设置轮廓属性

3. 绘制图形

"手绘工具" 可以绘制各种不同形状的闭合图形，其轨迹类似于我们平时用笔画图，但是在完成绘图时，会自动平滑曲线。

🏠 **课堂举例【2-27】：绘制图形**　　　　　　　　　视频文件：mp4\第 02 章\课堂举例 2-27.mp4

① 打开本书配套光盘中 "第 2 章\2.2\2.2.1\素材\娃娃.cdr" 文件，如图 2-99 所示。

② 选择工具箱中的 "手绘工具" 🖊，绘制直线，在属性栏中设置起始箭头，轮廓宽度为 5mm，如图 2-100 所示。

③ 选择虚线样式，如图 2-101 所示。

④ 选择终止箭头，如图 2-102 所示。

图 2-99　打开文件　　图 2-100　选择起始箭头效果　　图 2-101　设置线条新式效果　　图 2-102　选择终止箭头效果

📡 **技巧点拨：**

使用 "手绘工具" 🖊绘制曲线时，按住鼠标左键不放，同时按住 Shift 键，沿着前面绘制图形所经过的路径并返回，即可擦除所绘制的曲线。

2.2.2　2 点直线工具

使用 "2 点线工具" ✏，可以绘制出不同的连接线的形状，组成需要的图形。

在 "2 点线工具" ✏的属性栏中可以选择 2 点直线、垂直 2 点直线、相切 2 点直线三种类型，如图 2-103 所示。

图 2-103　2 点直线工具属性栏

1. 2 点直线工具

使用该工具，可以绘制直线段。

🏠 **课堂举例【2-28】：2 点直线工具**　　　　　　　视频文件：mp4\第 02 章\课堂举例 2-28.mp4

① 打开本书配套光盘中 "第 2 章\2.2\2.2.2\素材\表情.cdr" 文件，如图 2-104 所示。

② 单击属性栏中的 "2 点线工具" 按钮✏，在绘图页面按住并拖动鼠标，到合适时的位置时释放，绘制直线，如图 2-105 所示。

③ 当光标变为 🔫 时，继续单击并拖动鼠标绘制连续直线，如图 2-106 所示。

图 2-104　打开文件　　　　　　　　图 2-105　绘制直线　　　　　　　　图 2-106　绘制连续直线

2. 垂直 2 点线

使用该工具，可以绘制与对象相互垂直的直线。

课堂举例【2-29】：垂直 2 点线　　　　　　　　　　　视频文件：mp4\第 02 章\课堂举例 2-29.mp4

① 打开本书配套光盘中"第 2 章\2.2\2.2.2\素材\静默.cdr"文件，如图 2-107 所示。

② 单击属性栏中的"垂直 2 点线"按钮，在画面中绘制直线。当光标变为 时，拖动鼠标绘制与对象垂直的直线，如图 2-108 所示。

③ 按 F12 键，设置轮廓颜色为（C40，M0，Y20，K60），宽度为 1mm，如图 2-109 所示。

图 2-107　打开文件　　　　　　　　图 2-108　绘制直线　　　　　　　　图 2-109　绘制连续直线

3. 相切的 2 点线

使用该工具，可以绘制与对象相切的直线。

课堂举例【2-30】：相切的 2 点线　　　　　　　　　　视频文件：mp4\第 02 章\课堂举例 2-30.mp4

① 打开本书配套光盘中"第 2 章\2.2\2.2.2\素材\彩色背景.cdr"文件，如图 2-110 所示。

② 单击属性栏中的"相切的 2 点线"按钮，绘制与对象相切的直线。在绘图页面将光标放置到对象上，拖动鼠标绘制直线，直线将会以沿边缘的形式出现，如图 2-111 所示。

③ 选中所有直线，设置轮廓宽度为 5mm，颜色为黄色，如图 2-112 所示。

图 2-110　打开文件　　　　　　　　图 2-111　绘制相切直线　　　　　　　图 2-112　设置轮廓属性

2.2.3 贝赛尔工具

使用"贝赛尔工具"可以绘制平滑、精美的曲线图形，也可以绘制出直线，以及通过调整控制点，绘制出不规则的图形。通过改变节点和控制点的位置，可控制曲线的弯度。绘制完成之后通过调整控制点，可调节直线或曲线的形状。

在使用"贝塞尔工具"绘制图形以前，可以对其属性进行相应的设置。在菜单栏中选择"工具" | "自定义"命令，将弹出"选项"对话框，单击该对话框左侧列表中"工具箱"旁边的"+"按钮 ⊞，将其展开。然后选择"手绘/贝塞尔工具"选项，打开其选项卡，如图 2-113 所示，可以在该选项卡中对工具的相关参数进行设置。

图 2-113　"手绘/贝塞尔工具"选项卡

各参数的含义如下：

- 手绘平滑：调整手绘曲线平滑度的默认值。曲线的平滑度取决于数值的高低，数值越高曲线则越平滑。

- 边角阈值：绘制曲线时，可设置转折距离的数值。转折范围在默认范围内即设置尖角节点，超出默认值越多，尖角节点就越容易显示。

- 直线阈值：绘制曲线时，拖动鼠标的路径被看作是直线的距离范围。鼠标拖动的偏移量在默认值范围内即看作为直线，在默认值范围以外则看作为曲线。数值越低就越容易显示曲线。

- 自动连结：值越大，尖角节点就越容易显示。使用"手绘工具"或"贝塞尔工具"绘制曲线时，设置节点自动连接的距离，如果在两个节点之间的距离小于自动连接的数值，CorelDRAW 便会自动连接两个节点。

1. 绘制直线

"贝塞尔工具"同其他绘图工具一样，可以绘制呈任意角度的直线。

课堂举例【2-31】：绘制直线　　　　　视频文件：mp4\第 02 章\课堂举例 2-31.mp4

① 打开本书配套光盘中"第 2 章\2.2\2.2.3\素材\灰太狼.cdr"文件，如图 2-114 所示。

② 选择工具箱中的"贝赛尔工具" ，单击鼠标确定起点，将光标放置到合适的位置时，再单击鼠标确定终点，绘制出一条直线，如图 2-115 所示。

③ 复制两条直线，选中所有直线，设置轮廓宽度为 1mm，颜色为蓝色，如图 2-116 所示。

图 2-114　打开文件

图 2-115　绘制直线

图 2-116　设置轮廓属性

2. 绘制曲线

"贝塞尔工具" ^{（图标）} 同其他绘图工具一样，可以绘制呈任意弧度的曲线。

课堂举例【2-32】：绘制曲线　　　　　视频文件：mp4\第 02 章\课堂举例 2-32.mp4

① 打开本书配套光盘中 "第 2 章\2.2\2.2.3\素材\熊猫.cdr" 文件，如图 2-117 所示。

② 选择工具箱中的 "贝赛尔工具" ^{（图标）}，单击鼠标确定起点，将光标放置到合适的位置时，单击鼠标确定终点拖动鼠标，并调整曲线弯曲度，调整好之后释放鼠标，完成曲线的绘制，如图 2-118 所示。

③ 选中曲线，设置轮廓颜色为红色，如图 2-119 所示。

图 2-117　打开文件　　　　　图 2-118　绘制曲线　　　　　图 2-119　设置轮廓属性

3. 绘制不规则图形

"贝塞尔工具" ^{（图标）} 同其他绘图工具一样，可以绘制各种各样的图形，在 CoerDraw 中，大部分不规则的图形的绘制都是通过此工具实现。

课堂举例【2-33】：绘制不规则图形　　　　　视频文件：mp4\第 02 章\课堂举例 2-33.mp4

① 打开本书配套光盘中 "第 2 章\2.2\2.2.3\素材\婴儿.cdr" 文件，如图 2-120 所示。

② 选择工具箱中的 "贝赛尔工具" ^{（图标）}，单击鼠标确定起点，到适当位置单击并拖动，绘制弧线。在弧线末端双击鼠标，收缩控制手柄，再依次绘制，如图 2-121 所示。

③ 选中闭合的图形，按 F11 键，填充渐变色，如图 2-122 所示。

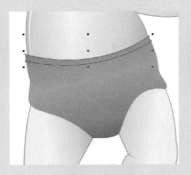

图 2-120　打开文件　　　　　图 2-121　绘制弧线　　　　　图 2-122　填充渐变色

2.2.4　艺术笔工具

使用 "艺术笔工具" 可以绘制出各种图案、笔触的线条和图形。选择 "艺术笔工具" 之后，在属性栏中提供了 5 种模式，分别为：预设模式、笔刷模式、喷涂模式、书法模式和压力模式，如图 2-123 所示。

图 2-123　艺术笔属性栏

1. 预设模式

通过该模式，可以绘制众多已设预设笔触对象。

课堂举例【2-34】：预设模式　　　　　　　　　　　　视频文件：mp4\第 02 章\课堂举例 2-34.mp4

❶ 打开本书配套光盘中 "第 2 章\2.2.4\素材\布娃娃.cdr" 文件，如图 2-124 所示。

❷ 选择工具箱中的 "艺术笔工具" ，在属性栏中选择 "预设模式" 选项，"预设笔触" 列表中选择如图 2-125 所示笔触。设置 "手绘平滑" 平滑度为 100，在笔触宽度中输入数值 10 调节宽度。

❸ 设置好参数之后，按住并拖动鼠标在页面中绘制图形，绘制完成后释放鼠标，填充白色，如图 2-127 所示。

图 2-124　打开文件　　　　　　　　图 2-125　宽度设置　　　　　　　　图 2-126　绘制图形

2. 笔刷模式

通过该模式，可以绘制类似于笔刷刷过的一系列设定的笔触痕迹。

课堂举例【2-35】：笔刷模式　　　　　　　　　　　　视频文件：mp4\第 02 章\课堂举例 2-35.mp4

❶ 打开本书配套光盘中 "第 2 章\2.2\2.2.4\素材\绿色 315.cdr" 文件，如图 2-127 所示。

❷ 选择工具箱中的 "艺术笔工具" ，单击属性栏中的 "笔刷" 按钮 ，在 "手绘平滑" 中设置平滑度为 100；在笔触宽度中输入数值 10 调节宽度；在 "笔刷笔触" 列表中选择一种笔触。设置好之后，在绘图页面拖动鼠标绘制一条直线，如图 2-128 所示。

❸ 释放鼠标，直线即可切换为选择的笔触样式，如图 2-129 所示。

图 2-127　打开文件　　　　　　图 2-128　选择艺术笔触并绘制图形　　　　　　图 2-129　绘制效果

3. 喷涂模式

通过喷涂模式可以在绘制的曲线上喷涂一系列设定的对象，使用方法跟笔刷模式相同。

课堂举例【2-36】：喷涂模式　　　　　　　　　　　　视频文件：mp4\第 02 章\课堂举例 2-36.mp4

① 单击属性栏中的"喷涂"按钮 🖌，在手绘平滑和笔触宽度中设置相应的参数，在"笔刷笔触"列表中选择需要的笔触，如图 2-130 所示。

图 2-130　艺术笔属性栏

② 打开本书配套光盘中"第 2 章\2.2\2.2.4\素材\小孩.cdr"文件，如图 2-131 所示。

③ 在画面中绘制曲线，效果如图 2-132 所示。

④ 单击属性栏中的"喷涂列表选项"按钮 🖼，弹出"创建播放列表"对话框，在"播放"列表中选中如图 2-133 所示图像。

⑤ 单击"移除"按钮，再单击"确定"按钮，图形 1 即将被其他图形替代，如图 2-134 所示。

图 2-131　打开文件　　　　图 2-132　绘制图形　　　　图 2-133　移除后效果　　　　图 2-134　移除后效果

⑥ 按 Ctrl+N 快捷键，新建一个文件，绘制矩形，填充从青色到白色的线性渐变色，选中其他喷涂列表笔触并绘制，效果如图 2-135 所示。

⑦ 在属性栏中单击"旋转"按钮 🖼，在其下拉列表中设置旋转角度，如图 2-136 所示。

⑧ 设置好之后，自动形成如图 2-137 所示的图形。

 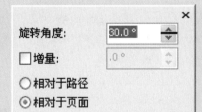 

图 2-135　新建文件　　　　　　　　图 2-136　绘制图形　　　　　　　　图 2-137　旋转效果

4. 书法模式

通过书法模式可以绘制出多种类似书法的笔触效果。

课堂举例【2-37】：书法模式　　　　　　　　　　　　视频文件：mp4\第 02 章\课堂举例 2-37.mp4

① 打开本书配套光盘中"第 2 章\2.2\2.2.4\素材\鱼.cdr"文件，如图 2-138 所示。

② 选择工具箱中的"艺术笔工具" ，单击属性栏中的"书法"按钮 ，设置平滑度为 100，笔触宽度为 4。在属性栏中设置书法角度值为 0 时，书法笔画出的垂直方向的线条最粗，笔尖是水平的，如图 2-139 所示。

③ 设置书法角度为 90 时，书法笔画出的水平方向画出的线条最粗，笔尖是垂直的，如图 2-140 所示。

④ 参照上述操作，绘制多条水草状图形，并填充渐变色，如图 2-141 所示。

图 2-138　打开文件　　　　图 2-139　艺术笔属性栏　　　　图 2-140　绘制图形　　　　图 2-141　填充颜色

5. 压力模式

通过压力模式可以改变线条的粗细，在压力笔上的压力越大，绘制的线条越粗，反之，则线条越细。施加压力时，配合键盘上的向上方向键而绘制的线条会逐渐变粗，配合向下方向键则会逐渐变细。在属性栏中可以设置手绘平滑和笔触宽度的参数，如图 2-142 所示。

2.2.5　钢笔工具

图 2-142　艺术笔属性栏

"钢笔工具" 的使用方法和"贝赛尔工具" 相似，都是通过调整节点来改变曲线形状。"钢笔工具" 可以修改所绘好的曲线图形的形状。

1. 绘制直线

"钢笔工具" 可以用来绘制呈不同角度的直线。

课堂举例【2-38】：绘制直线　　　　　　　　　　视频文件：mp4\第 02 章\课堂举例 2-38.mp4

① 打开本书配套光盘中"第 2 章\2.2\2.2.5\素材\猫.cdr"文件，如图 2-143 所示。

② 选择工具箱中的"钢笔工具" ，在绘图页面单击鼠标左键确定直线的起点，拖动鼠标到合适的位置，双击鼠标左键即可确定终点，如图 2-144 所示。

③ 绘制多条直线，选中所有的直线，按 F12 键，设置轮廓宽度为 1.5mm，颜色为红色，如图 2-145 所示。

图 2-143　打开文件　　　　　图 2-144　艺术笔属性栏　　　　图 2-145　设置轮廓属性

2. 绘制曲线

"钢笔工具" 🖊 可以用来绘制呈不同弧度和不同形状的曲线。

🏠 **课堂举例【2-39】：绘制曲线**　　　　　　　　　　　视频文件：mp4\第 02 章\课堂举例 2-39.mp4

① 打开本书配套光盘中 "第 2 章\2.2\2.2.5\素材\灯笼.cdr" 文件，如图 2-146 所示。

② 选择工具箱中的 "钢笔工具" 🖊，在绘图页面单击鼠标左键确定直线的起点。拖动鼠标到合适的位置时，单击鼠标左键确定终点。拖动鼠标绘制曲线，调整好曲线弯度后释放鼠标，如图 2-147 所示。

③ 选中曲线，设置轮廓宽度为 1mm，颜色为红色，如图 2-148 所示。

　　图 2-146　打开文件　　　　　　　图 2-147　绘制曲线　　　　　　　图 2-148　设置轮廓属性

3. 直线与曲线的转换

"钢笔工具" 🖊 在绘图过程中，可以实现由直线转换为曲线或由曲线转换到直线的绘制状态。

🏠 **课堂举例【2-40】：直线与曲线的转换**　　　　　　　视频文件：mp4\第 02 章\课堂举例 2-40.mp4

① 打开本书配套光盘中 "第 2 章\2.2\2.2.5\素材\狐狸.cdr" 文件，如图 2-149 所示。

② 选择工具箱中的 "钢笔工具" 🖊，在绘图页面单击鼠标左键确定直线的起点。拖动鼠标到合适的位置，单击鼠标左键确定终点。拖动鼠标绘制曲线，调整好曲线弯度后释放鼠标，如图 2-150 所示。

③ 按住 Alt 键，在节点转折的地方单击，曲线将自动转换为直线，如图 2-151 所示嘴角处。

④ 选中闭合的图形，设置轮廓宽度为 3mm，颜色为咖啡色（C55，M100，Y100，K45），如图 2-152 所示。

　　图 2-149　打开文件　　　图 2-150　绘制曲线　　　图 2-151　绘制图形　　　图 2-152　设置轮廓属性

2.2.6　B 样条工具

"B 样条工具" 绘制的曲线是未转曲的路径，是印象节点和路径，具有几何特性，和圆形、矩形、多边形等一样，可以做无损修改。

课堂举例【2-41】：使用 B 样条工具绘制图形　　　　　视频文件：mp4\第 02 章\课堂举例 2-41.mp4

❶ 打开本书配套光盘中 "第 2 章\2.2\2.2.6\素材\白雪公主.cdr" 文件，如图 2-153 所示。

❷ 选择工具箱中的 "B 样条工具" ，按下鼠标左键拖动鼠标，绘制出的图形是曲线的轨迹。在需要变向的位置单击鼠标左键，添加一个轮廓控制点。继续拖动改变曲线的轨迹，在末端处双击完成曲线的绘制，如图 2-154 所示。

❸ 参照上述操作绘制曲线，将鼠标移动到起始点并单击，可以自动闭合曲线，如图 2-155 所示。

❹ 分别为曲线和图形设置轮廓属性和填充颜色，如图 2-156 所示。

图 2-153　打开文件

图 2-154　绘制曲线

图 2-155　绘制图形

图 2-156　设置轮廓属性

技巧点拨：

需要调整其形状时可以使用 "形状工具" 调整外围的控制轮廓。

2.2.7　折线工具

使用 "折线工具" 可以快捷地绘制折线，下面讲解其操作方法。

课堂举例【2-42】：折线工具　　　　　　　　　　　视频文件：mp4\第 02 章\课堂举例 2-42.mp4

❶ 打开本书配套光盘中 "第 2 章\2.2\2.2.7\素材\小猴子.cdr" 文件，如图 2-157 所示。

❷ 选择工具箱中的 "折线工具" ，在绘图页面连续单击鼠标左键，在终点处双击鼠标左键结束绘制，如图 2-158 所示。

❸ 选中图形，填充渐变色，如图 2-159 所示。

图 2-157　打开文件

图 2-158　绘制曲线

图 2-159　绘制图形

技巧点拨：

选择 "折线工具" ，绘制完连续的曲线后，直接单击属性栏上的 "自动闭合曲线" 按钮 ，系统将用一条直线自动连接线条的首尾，得到一个封闭的图形。

2.2.8 3 点曲线工具

使用"3 点曲线工具" ，绘制曲线可以绘制出不同样式形状的弧线或近似圆弧的曲线，用途比较广。

课堂举例【2-43】：3 点曲线工具　　　　视频文件：mp4\第 02 章\课堂举例 2-43.mp4

① 打开本书配套光盘中"第 2 章\2.2\2.2.8\素材\小熊.cdr"文件，如图 2-160 所示。

② 选择工具箱中的"3 点曲线工具" ，在绘图页面按下鼠标左键不放并拖动，到合适的位置时释放鼠标左键即可绘制终点。拖动鼠标到合适的位置，调整好曲线的弯曲。单击鼠标左键，完成绘制，如图 2-161 所示。

③ 选中图形，填充黄色，设置轮廓宽度为 1.5mm，颜色为棕色（R132，G79，B63），如图 2-162 所示。

图 2-160　打开文件　　　　　　　图 2-161　绘制曲线　　　　　　　图 2-162　填充颜色

2.2.9 智能绘图工具

"当绘制各种规划图、流程图、原理图等等草图时，一般要求准确而快速。"智能绘图工具"能自动识别许多形状，包括圆、矩形、箭头、菱形、梯形等，还能自动平滑和修饰曲线，快速规整和完善图像。

使用"智能绘图工具"绘图的另一个优点是节约时间，它能重新优化组织自由手绘的线条，使设计者更易建立完美的形状，自由流畅地完成设计。

课堂举例【2-44】：智能绘图工具　　　　视频文件：mp4\第 02 章\课堂举例 2-44.mp4

① 打开本书配套光盘中"第 2 章\2.2\2.2.9\素材\计算机工作流程 cdr"文件，如图 2-163 所示。

② 选择工具箱中的"智能绘图工具" ，在属栏中设置形状识别等级和智能平滑等级都为"最高"，在图形左边的文字处，拖动鼠标，绘制平行四边形的大体轮廓，如图 2-164 所示。

③ 松开鼠标，图形自动转换成规则的平行四边形，并为其填充黄色，如图 2-165 所示。

④ 参照上述操作，绘制三角形和矩形，如图 2-166 所示。

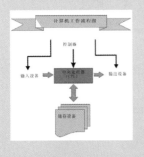
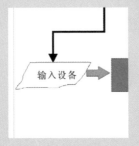
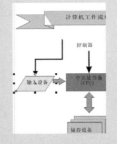
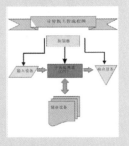

图 2-163　打开文件　　　　图 2-164　绘制曲线　　　　图 2-165　填充颜色　　　　图 2-166　填充颜色

专家提示：

形状识别等级设置得越高，其自动识别能力越好；智能平滑等级设置得越高，手动绘制后自动转换的曲线越平滑。

2.3 颜色填充

颜色的选择对图形设计的成败有很大的影响。为了在设计图形时能灵活巧妙地运用色彩，就必须对色彩有一定的研究。在 CorelDRAW X6 中有均匀填充、渐变填充、图样填充和纹理填充等多种颜色填充方式，用户可根据自身需要自由从中自由选择。

2.3.1 均匀填充

均匀填充就是为对象填充一种颜色，可以在调色板中，也可以在标准填充中完成填充。

在 CorelDRAW X6 中提供了十多个调色板，系统默认的是 CMYK 调色板，位于工作界面的右侧。

1. 单击调色板上的色块

"调色板"位于编辑窗口的最右边处，默认状态是打开的，在调色板上，提供了各种颜色色块。

课堂举例【2-45】：单击调色板上的色块　　　　　视频文件：mp4\第 02 章\课堂举例 2-45.mp4

❶ 打开本书配套光盘中"第 2 章\2.3\2.3.1\素材\盆子.cdr"文件，如图 2-167 所示。

❷ 选中对象，单击调色板上的橙色色块，即可为图形填充该颜色，如图 2-168 所示。

图 2-167　打开文件　　　　　　　　　　　　　　图 2-168　填充橙色

使用鼠标右键单击调色板上的颜色色块，可以填充图形对象的轮廓。若使用鼠标左键单击调色板上的按钮⊠，图形对象会变为透明的无填充效果；使用鼠标右键单击该按钮，则图形对象的外轮廓会变为透明的无填充效果。

 专家提示：

按住鼠标左键不放，将调色板上的色块直接拖动到图形上，也可完成填充。

2. 自定义填充

虽然 CorelDRAW X6 中拥有十多种默认调色板，但相对于上百万的可用颜色来说，也只是其中很少的一部分。大多数情况下，都需要自行对均匀填充所使用的颜色进行设置。

课堂举例【2-46】：自定义填充　　　　　　　视频文件：mp4\第 02 章\课堂举例 2-46.mp4

❶ 打开本书配套光盘中"第 2 章\2.3\2.3.1\素材\蛋糕.cdr"文件，如图 2-169 所示。

② 选中对象，选择工具箱中的"填充工具"按钮 ，在隐藏的工具组中选择"均匀填充"选项，在弹出的"均匀填充"对话框中，设置颜色，如图2-170所示。

③ 设置完成后，单击"确定"，为图形填充颜色，如图2-171所示。

图2-169 打开文件　　　　　图2-170 均匀填充设置　　　　　图2-171 填充颜色

技巧点拨：

按 Shift+F11 快捷键，可以快速打开"均匀填充"对话框。

在"均匀填充"对话框中有三个标签供选择。其他两个标签的功能如下：

● 单击"混和器"标签，如图2-172所示。其中"模型"选项用于选择填充颜色色彩模式；"色度"选项用来显示颜色之间的关系，在其下拉列表中可选择不同形状，来设置需要的颜色，如图2-173所示。

图2-172 混合器标签　　　　　　　　　　　图2-173 色度

● 在"变化"选项下拉列表中，选择不同的选项，可以调整颜色的明度，如图2-174所示。

图2-174 变化

● "大小"选项可以显示颜色块的多少。数值越大显示的颜色越多，数值越小显示的颜色越少，如图 2-175 所示。

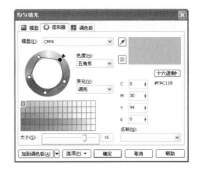

图 2-175　大小选项

● 单击"调色板"标签，如图 2-176 所示。在"调色板选项"下拉列表中选择需要的颜色组，如图 2-177 所示。

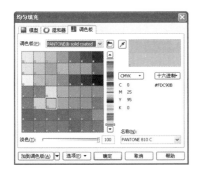

图 2-176　调色板标签　　　　　　　　　　　　　　图 2-177　颜色组

3. 使用"颜色滴管工具"填充

选择"颜色滴管工具" ，吸取任意颜色后，可自动切换到"颜料桶工具"。在要填充的图形上单击鼠标，可以将所获取的颜色填充到对象上。使用此工具可以方便地将一种对象的颜色复制填充到另一个图形对象上。

4. 智能填充

"智能填充工具" 能使填充封闭区域的操作变得异常简单。当使用"智能填充工具"在多个对象的闭合区域上单击时，该工具能自动检测到与鼠标落点最接近的路径，并以此路径来创建一个新的封闭对象，而对于原对象无丝毫影响。在提取一个封闭区域之前，可在属性栏中进行相关设置，智能填充属性栏如图 2-178 所示。

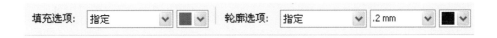

图 2-178　"智能填充工具"属性栏

属性栏上的各参数含义如下：

- "填充选项"下拉列表框 填充选项: [指定 ▼]：用来设定封闭区域的填充属性，有指定、使用默认值和无填充 3 个选项。当选择"指定"选项时，可在后面颜色选择器中选择一种颜色；当选择"使用默认值"选项时，将以默认的填充色来填充；当选择"无填充"选项时，将不对封闭区域进行填充。

- "填充颜色"选择器 [■ ▼]：用来设置封闭区域的填充色。

- "轮廓选项"下拉列表框 轮廓选项: [指定 ▼]：用来设定封闭区域的轮廓属性，有指定、使用默认值和无轮廓 3 个选项。

- "轮廓线宽"下拉列表框 [.2 mm ▼]：当在轮廓属性中选择"指定"选项时，可在此下拉列表框中指定轮廓线宽。

- "轮廓颜色"选择器 [■ ▼]：用来设置封闭区域的轮廓颜色。

2.3.2 渐变填充

渐变填充和曲线编辑一样，在 CorelDRAW 中占有举足轻重的地位。它可以在多种颜色之间产生柔和的颜色过渡，避免因颜色急剧变化而造成生硬的感觉。特别是在一些写实性绘图和工业产品造型上，可用渐变来表现物体表面的光度、质感以及高光和阴暗区域，从而表现物体的立体效果。渐变填充提供了 4 种渐变形式，分别为：线性、辐射、圆锥和正方形。

1. 线性渐变

线性渐变填充的颜色饱和度，在一定方向上按数学上的线性递增或递减来进行填充。

课堂举例【2-47】：线性渐变　　　　　　　　　　视频文件: mp4\第 02 章\课堂举例 2-47.mp4

① 打开本书配套光盘中 "第 2 章\2.3\2.3.2\素材\小狗与小孩.cdr" 文件，如图 2-179 所示。

② 左键双击 "矩形工具"，自动生成一个与页面大小一样的矩形。选择工具箱中的 "填充工具" [⊿]，在隐藏的工具组中选择 "渐变填充" 选项，弹出 "渐变填充" 对话框，如图 2-180 所示。在 "渐变填充" 对话框中有四大块菜单供选择，分别为：类型、选项、颜色调和预设。

③ 在 "类型" 选项中选择 "线性"，"颜色调和" 选项中选中 "双色" 单选项，在 "颜色" 下拉列表中选择颜色，如图 2-181 所示。

图 2-179　线性渐变填充

图 2-180　选择渐变填充颜色

图 2-181　选择渐变填充颜色

④ 设置好颜色后，单击 "确定" 按钮，如图 2-182 所示。

⑤ 为图形填充渐变色。使用鼠标右键单击调色板上的按钮 [⊠]，去掉轮廓线，如图 2-183 所示。

图 2-182 线性渐变填充

图 2-183 选择渐变填充颜色

2. 辐射渐变

辐射渐变是以一点为中心，从一种颜色向另一种颜色呈放射状的渐变方式。

课堂举例【2-48】：辐射渐变　　视频文件：mp4\第 02 章\课堂举例 2-48.mp4

❶ 打开本书配套光盘中"第 2 章\2.3\2.3.2\素材\猪.cdr"文件，如图 2-184 所示。

❷ 选中对象，在"渐变填充"对话框中设置类型为"辐射"，在"颜色调和"中选中"自定义"单选项，设置颜色，如图 2-185 所示。

❸ 单击"确定"按钮，为图形填充渐变色，如图 2-186 所示。

图 2-184 辐射渐变填充

图 2-185 渐变填充属性

图 2-186 填充渐变色

专家提示：

辐射渐变和线性渐变的控制参数大同小异，只是在"渐变填充"对话框中多了一个"中心位移"选项区域，可在该数值框中输入或调节坐标位置，或直接在预览框中拖动调整渐变中心位置。

3. 圆锥形渐变

圆锥渐变是以一点为中心，从一种颜色向另一种颜色旋转渐变。调节圆锥渐变的参数除了可增加渐变中心控制外，还可调节渐变角度。

课堂举例【2-49】：圆锥形渐变　　视频文件：mp4\第 02 章\课堂举例 2-49.mp4

❶ 打开本书配套光盘中"第 2 章\2.3\2.3.2\素材\光盘.cdr"文件，如图 2-187 所示。

❷ 选中对象，在"渐变填充"对话框中设置"类型"为"圆锥"，在颜色调和中选中"自定义"单选项，设置颜色如图 2-188 所示。

❸ 单击"确定"按钮，为图形填充渐变色，如图 2-189 所示。

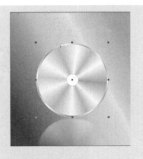

图 2-187　打开文件　　　　　　图 2-188　圆锥渐变填充　　　　图 2-189　圆锥渐变填充效果

4. 正方形渐变

正方形渐变是以一点为中心，从一种颜色呈正方形向另一种颜色渐变。调节正方形渐变的参数的作用和圆锥渐变的类似。

课堂举例【2-50】：正方形渐变　　　　　　　　　　　视频文件：mp4\第 02 章\课堂举例 2-50.mp4

① 打开本书配套光盘中 "第 2 章\2.3\2.3.2\素材\牛.cdr" 文件，如图 2-190 所示。

② 选择 "矩形工具"，自动生成一个矩形。选中矩形，在 "渐变填充" 对话框中设置类型为 "正方形"，在颜色调和中选中 "自定义" 选项，设置颜色，如图 2-191 所示。

③ 单击 "确定" 按钮，为图形填充渐变色，如图 2-192 所示。

图 2-190　填充渐变色　　　　　图 2-191　正方形渐变填充　　　图 2-192　填充渐变色

2.3.3　图样填充

图样填充可以为对象填充不同图样，产生不同的图案效果。图样填充包含了双色填充、全色填充和位图填充三种类型的填充。

1. 双色填充

双色填充实际上就是为简单的图案设置不同的前景色和背景色来进行的填充模式。

课堂举例【2-51】：双色填充　　　　　　　　　　　视频文件：mp4\第 02 章\课堂举例 2-51.mp4

① 打开本书配套光盘中 "第 2 章\2.3\2.3.2\素材\人物.cdr" 文件，如图 2-193 所示。

② 绘制矩形，并将其选中。选择工具箱中的 "填充工具" ⬧，在隐藏的工具组中选择 "图样填充"

🔲 图样　　　　　选项，在弹出的 "图样填充" 对话框中选择 "双色" 填充类型，如图 2-194 所示。

③ 在该对话框中选择 "前部" 和 "后部" 颜色选项，可以对换选择的图样颜色。在图样框的下拉列表选择图样，如图 2-195 所示。

图 2-193　图样填充　　　　　　　　图 2-194　图样填充　　　　　　　　图 2-195　图样填充

④ 设置好之后，单击"确定"按钮，为对象填充图样，如图 2-196 所示。

⑤ 其他图样填充效果，如图 2-197 所示。

图 2-196　图样填充　　　　　　　　　　　　　图 2-197　填充图样

2.　全色填充

全色填充实际上就是以较复制的图案作为填充模式。

视频文件：mp4\第 02 章\课堂举例 2-52.mp4

课堂举例【2-52】：全色填充

① 打开本书配套光盘中"第 2 章\2.3\2.3.3\素材\美女.cdr"文件，如图 2-198 所示。

② 全色填充可为对象填充全彩图案。单击图案预览下的"三角"按钮，打开其下拉列表，从中可选择填充图案。

③ 绘制图形，并选中。选择工具箱中的"填充工具" 🔲，在隐藏的工具组中选择"图样填充"选项；在弹出的"图样填充"对话框中选择"全色"填充类型；在"图样"下拉列表中选择图样，如图 2-199 所示。

④ 单击"确定"按钮，为对象填充图样，如图 2-200 所示。

图 2-198　双色填充　　　　　　　图 2-199　填充图样　　　　　　　图 2-200　填充图样

3. 位图填充

位图填充可为对象填充位图图像，单击图案预览下的"三角"按钮，打开其下拉列表，可从中选择填充图案。

课堂举例【2-53】：位图填充　　　　　　　　　　　　视频文件：mp4\第 02 章\课堂举例 2-53.mp4

① 打开本书配套光盘中"第 2 章\2.3\2.3.3\素材\鸡.cdr"文件，如图 2-201 所示。

② 绘制矩形，并将其选中。选择工具箱中的"填充工具" ，在隐藏的工具组中选择"图样填充" 选项；在弹出的"图样填充"对话框中选择"位图"填充类型；在"图样"下拉列表中选择图样，如图 2-202 所示。单击"确定"按钮，为对象填充图样，如图 2-203 所示。

图 2-201　位图填充

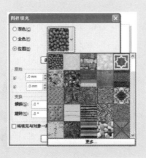
图 2-202　填充图样

图 2-203　底纹填充

2.3.4　底纹填充

底纹填充是随机生成的填充。底纹填充只能运用 RGB 颜色，但可以用其他的颜色模式来作参考。

课堂举例【2-54】：底纹填充　　　　　　　　　　　　视频文件：mp4\第 02 章\课堂举例 2-54.mp4

① 打开本书配套光盘中"第 2 章\2.3\2.3.4\素材\抽象人物.cdr"文件，如图 2-204 所示。

② 选择工具箱中的"填充工具" ，在隐藏的工具组中选择"底纹填充" 选项，弹出的"底纹填充"对话框，如图 2-205 所示。在"底纹"列表中选择底纹图案，单击"确定"按钮，即可为对象填充底纹效果

③ 在"底纹填充"对话框中，单击"选项"按钮，弹出"底纹选项"对话框。在"底纹选项"对话框中可以设置位图分辨率和底纹尺寸限度，如图 2-206 所示。

图 2-204　位图填充

图 2-205　填充图样

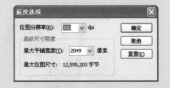
图 2-206　底纹填充

④ 单击"底纹填充"对话框中的 按钮，弹出"保存底纹为"对话框。在该对话框中设置"底纹名称"和保存的位置"库名称"，即可保存自定义的底纹，如图 2-207 所示。

⑤ 单击"确定"按钮,效果如图 2-208 所示。

图 2-207 底纹选项　　　　　　　　　　　　　　　　图 2-208 保存底纹为

2.3.5 PostScript 填充

PostScript 填充是用 PostScript 语言设计的一种特殊的纹理填充效果,其填充的纹理更加复杂。

课堂举例【2-55】: PostScript 填充　　　　　　　视频文件: mp4\第 02 章\课堂举例 2-55.mp4

① 打开本书配套光盘中"第 2 章\2.3\2.3.5\素材\杯子.cdr"文件,如图 2-209 所示。

② 选择工具箱中的"填充工具" ◇,在隐藏的工具组中选择"PostScript 填充"选项,弹出"PostScript 底纹"对话框,如图 2-210 所示。

③ 在"PostScript 底纹"对话框中勾选"预览填充"复选框,显示底纹图案,如图 2-211 所示。

图 2-209 PostScript 填充　　　　图 2-210 选择图样　　　　图 2-211 选择纹理

④ 在"PostScript 底纹"对话框中选择纹理,如图 2-212 所示。

⑤ 单击"确定"按钮,为对象填充纹理效果,如图 2-213 所示。

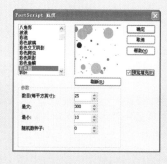

图 2-212 PostScript 填充　　　　　　　　　　　图 2-213 PostScript 填充效果

2.3.6 交互式填充和交互式网格填充

"交互式填充工具"是一个非常方便的工具。所谓"交互"是指在编辑一个对象时，可以动态地调整和看到编辑效果。本章前面介绍的几个填充工具，一旦填充了对象，即使要作微小的调整，也必须打开对话框重新调整参数，而"交互式填充工具"正好解决了这些问题，使用起来极为方便。

"交互式网状填充工具"可用来表现各种复杂形状的立体感，是自由度很高的一种填充方式。它可将对象划分为许多网格，在网格线的交点和网格内部都可填充颜色，并可通过调整网线来控制填充区域的形状。除了用交互式网状填充来局部处理对象外，它还有一个重要的应用，就是用来处理虚化背景。

1. 交互式填充

"交互式填充工具" 可以直接在对象上方便灵活的进行填充。在属性栏中可以选择填充类型，包括：均匀、线性、辐射、圆锥、正方形、双色图样、全色图样、位图图样、底纹填充和 PostScript 填充。

课堂举例【2-56】：交互式填充　　　视频文件：mp4\第 02 章\课堂举例 2-56.mp4

① 打开本书配套光盘中"第 2 章\2.3\2.3.6\素材\螃蟹.cdr 文件，如图 2-214 所示。

② 选择工具箱中的"交互式填充工具" ，选中螃蟹的一只钳子。在属性栏中选择"辐射"选项，选中节点，分别设置颜色类型，如图 2-215 所示。

③ 选择螃蟹的另一只钳子。选择工具箱中的"交互式填充工具" ，在属性栏中选择"圆锥"选项，同样的选中节点，填充颜色，如图 2-216 所示。

图 2-214　打开素材　　　图 2-215　填充效果　　　图 2-216　填充效果

2. 交互式网格填充

"网格填充工具"可以为对象填充复杂的渐变颜色，成网格状分布，在网点上分别填充不同颜色，或自定义网格扭曲形状，产生多变的特殊渐变效果。

课堂举例【2-57】：交互式网格填充　　　视频文件：mp4\第 02 章\课堂举例 2-57.mp4

① 按 Ctrl+N 快捷键，新建一个空白文档，选择"基本形状工具"，在属性栏中选择心形，在画面中绘制一个红色心形。选择工具箱中的"交互式填充工具" ，在隐藏的工具组中选择"网状填充工具" ，在属性栏中设置行和列数都为 5，如图 2-217 所示。

② 在调色板中选择颜色，直接拖至网点上，即可填充颜色。使用同样的操作方法，将不同的颜色拖到网点上，得到如图 2-218 所示的图像。

③ 选中网点并调整网格形状以改变渐变色的形状，如图 2-219 所示。

④ 选择工具箱中的"选择工具" ，选择图像，最终效果如图 2-220 所示。

图 2-217　网状填充

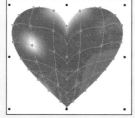

图 2-218　填充颜色

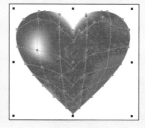

图 2-219　调整网格

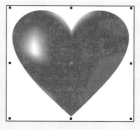

图 2-220　最终效果

2.3.7　滴管工具

"滴管工具"包括："颜色滴管工具"和"属性滴管工具"，在属性栏中可以更改其属性。

1.　颜色滴管工具

使用该工具，可以进行单色的拾取采样。

> 课堂举例【2-58】：颜色滴管工具　　　　　　　　　视频文件：mp4\第 02 章\课堂举例 2-58.mp4

❶ 打开本书配套光盘中"第 2 章\2.3\2.3.7\素材\海岛.cdr 文件，如图 2-221 所示。

❷ 选择工具箱中的"颜色滴管工具" ，在绘图页面吸取需要的颜色，之后自动切换到"颜料桶工具"，为对象填充颜色，填充的颜色只是单色，如图 2-222 所示。

图 2-221　打开文件

图 2-222　颜色滴管工具填充效果

2.　属性滴管工具

使用该工具，可以对目标对象的各种属性进行取样。

> 课堂举例【2-59】：属性滴管工具　　　　　　　　　视频文件：mp4\第 02 章\课堂举例 2-59.mp4

❶ 打开本书配套光盘中"第 2 章\2.3\2.3.7\素材\文字.cdr 文件，如图 2-223 所示。

❷ 选择工具箱中的"属性滴管工具" ，在绘图页面吸取需要的对象属性，之后自动切换到"颜料桶工具"，为对象填充与吸取对象相同的属性，填充的颜色为渐变色，如图 2-224 所示。

图 2-223　打开文件

图 2-224　属性滴管填充效果

2.4 实例演练

2.4.1 绚烂红酒

难易程度：★★☆☆☆	主要工具：贝塞尔工具、绘图工具、填充工具
文件路径：源文件\第 02 章\2.4.1	视频文件：mp4\第 02 章\2.4.1

本实例绘制酒类广告，主要运用了"绘图工具"和"填充工具"来完成，如图 2-225 所示。

01 执行"文件"｜"新建"命令，弹出"创建新文档"对话框，设置宽度为 286mm，高度为 194mm，单击"确定"按钮，新建一个空白文档。左键双击"矩形工具" ⬜，自动生成一个与页面大上一样的矩形，如图 2-226 所示。

02 执行"文件"｜"导入"命令，弹出"导入"对话框。选择本书配套光盘中"第 2 章\2.4\2.4.1\素材\酒瓶.cdr 文件，单击"导入"按钮。选择"选择工具" ⬚，在标尺上拖出一条辅助线，放置到合适位置，如图 2-227 所示。

图 2-225　效果图

图 2-226　绘制矩形

图 2-227　导入酒瓶

03 选择工具箱中的"贝塞尔工具" ✒，绘制图形，按 Shift+F11 快捷键，弹出均匀填充，颜色为黄白色（R250，G244，B196），单击"确定"，如图 2-228 所示。

04 按+键，复制一层，按 Shift+F11 快捷键，弹出均匀填充，颜色为橙色（R186，G120，B72），单击"确定"，选择"形状工具" ⬚，调整上方的节点，如图 2-229 所示。

05 参照上述操作，继续复制图形。选择"形状工具"，进行相应的调整，分别填充橙色（R210，G84，B36）和红色（R166，G20，B23），如图 2-230 所示。

图 2-228　绘制图形

图 2-229　导入酒瓶

图 2-230　绘制图形

06 单击选择工具 ⬚，框选所有绘制的彩色图形，按 Ctrl+G 快捷键，群组图形。选中图形，按住 Ctrl 键翻转图形。释放的同时单击右键，水平翻转复制一层，并调整好位置，放置到酒瓶下面，如图 2-231 所示。

07 选择工具箱中的"钢笔工具" ✒，绘制图形。按 F11 键，弹出"渐变填充"对话框，颜色值从（R2，G0，B22）到（R0，G95，B127）的渐变填充，设置参数如图 2-232 所示。

08 单击"确定"按钮，效果如图 2-233 所示。

图 2-231　水平复制图形

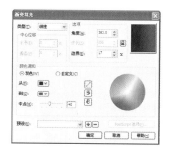

图 2-232　渐变参数

图 2-233　绘制图形

09 将图形调整至酒瓶图形下面。参照上述操作，再次绘制图形，并填充淡紫色（R181，G179，B200），效果如图 2-234 所示。

10 按+键，复制一层。选择"形状工具" <img>，调整形状，并填充蓝色（R3，G95，B160），效果如图 2-235 所示。

11 参照上述操作，继续复制并调整形状，分别填充不同的淡蓝色（R2，G124，B171）和墨绿色（R1，G101，B125），效果如图 2-236 所示。

图 2-234　绘制图形

图 2-235　绘制图形

图 2-236　复制图形并调整图形

12 群组图形，并将其调整到酒瓶图形下面。再次绘制图形，分别填充黑色，蓝色、和紫色，效果如图 2-237 所示。

13 复制并调整图形，分别改变颜色，调整好图形顺序，效果如图 2-238 所示。

14 参照上述操作，在酒瓶口处绘制图形，并分别填充不同的颜色，效果如图 2-239 所示。

图 2-237　绘制图形

图 2-238　绘制图形

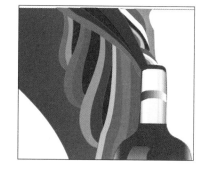

图 2-239　绘制图形

15 选择工具箱中的"3点曲线工具" ，在图形的左上角绘制图形，分别填充黄色（R251，G210，B4），土黄色（R127，G93，B32）和黄绿色（R219，G203，B29），如图 2-240 所示。

16 参照前面的绘制方法，绘制其他的图形，分别填充相应的颜色，效果如图 2-241 所示。

17 单击选择工具 ，框选酒瓶左边所有的图形，按 Ctrl+G 键，群组图形。按住 Ctrl 键，水平复制图形，并调整好位置，如图 2-242 所示。

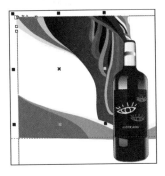

图 2-240　绘制图形　　　　　　　图 2-241　绘制图形　　　　　　　图 2-242　水平翻转复制图形

18 选中背景图，垂直翻转复制，如图 2-243 所示。

19 选择"矩形工具" ，沿辅助线拖动鼠标至页面下边，绘制出一个矩形，并将下面的翻转图形精确裁剪到矩形内，如图 2-244 所示。

图 2-243　绘制图形　　　　　　　　　　　　图 2-244　精确裁剪效果

20 选中下面的矩形，按+键复制一个。单击图形下面的"提取内容"按钮 ，按 Delete 键删除内容，并为图形填充黑色到灰色到黑色的线性渐变色，如图 2-245 所示。

21 选择工具箱中的"透明度工具" ，在图形上从上往下拖出渐变透明，得到最终效果如图 2-246 所示。

图 2-245　渐变填充效果　　　　　　　　　　图 2-246　最终效果

2.4.2 可口可乐

难易程度：★★　　　　　　　　　　　　　　　主要工具：星形工具、阴影工具、透明度工具

文件路径：源文件\第 02 章\2.4.2　　　　　　　　视频文件：mp4\第 02 章\2.4.2

本实例绘制可口可乐广告，主要运用了"椭圆工具、星形工具、阴影工具"和"渐变填充工具"来完成，如图 2-247 所示。

01 执行"文件"｜"新建"命令，弹出"创建新文档"对话框，设置宽度为 277mm，高度为 208mm，单击"确定"按钮，新建一个空白文档。左键双击"矩形工具" □，自动生成一个与页面大小一样的矩形，并填充橙色（C26，M83，Y100，K2），如图 2-248 所示。

02 按+键复制一个矩形，按 Ctrl+Q 快捷键，将图形转换为曲线。选择"形状工具" ，调整图形，为调整后的图形填充黑色（R23，G10，B1）。选择"透明度工具" ，在图形上从左下角往右上角拖出渐变透明度，如图 2-249 所示。

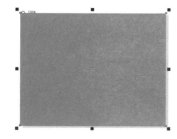

图 2-247　效果图　　　　　　　　　图 2-248　绘制矩形　　　　　　　　　图 2-249　透明度效果

03 按+键复制三个图形，分别放置到四个角上。并为复制的三个图形，填充深咖啡色（C72，M95，Y95，K70），如图 2-250 所示。

04 选择工具箱中的"椭圆形工具" ○，按住 Ctrl 键，绘制正圆，在属性栏中设置直径为 72mm，按 F11 键，弹出"渐变填充"对话框，设置参数如图 2-251 所示。设置颜色值分别为（R64，G0，B1）0%到（R64，G0，B1）32%到（R191，G73，B0）100%的辐射渐变。

05 单击"确定"按钮，去除轮廓线，效果如图 2-252 所示。

图 2-250　复制图形　　　　　　　　　图 2-251　渐变参数　　　　　　　　　图 2-252　绘制正圆

06 绘制正圆，并填充咖啡色（R64，G0，B1）。选中两个圆，单击鼠标右键将其拖动至橙色矩形内，在弹出的快捷菜单中选择"图框精确裁剪内部"选项。按住 Ctrl 键，单击图形，进入图框内调整好位置。单击右键，在弹出的快捷菜单中选择"结束编辑"选项，效果如图 2-253 所示。

07 绘制多个大小不一的交错放置的正圆，如图 2-254 所示。框选绘制的正圆，按+键，复制一层移开作备用。单击属性栏中的"合并"按钮 ，按 F11 键，弹出"渐变填充"对话框，如图 2-255 所示。设置颜色值为灰色 K10 到咖啡色（R119，G68，B47）的渐变填充。

第 2 章 基本绘图方法

01
02
03
04
05
06
07
08
09
10
11
12
13
14

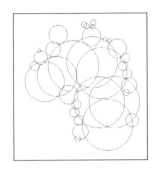
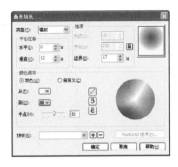

图 2-253　1精确裁剪内部效果　　　　　　图 2-254　绘制正圆　　　　　　图 2-255　渐变参数

08 单击"确定"按钮，去除轮廓线，如图 2-256 所示。

09 选中备用图形，选择"选择工具"移动和调整圆图形，使其区别于上述图形。再次合并图形，并填充从咖啡色（R110，G0，B0）到金色（R176，G71，B12）到橙色（R232，G102，B29）的辐射型渐变色，如图 2-257 所示。

10 参照上述操作，再次改变形状并合并，并填充相应的渐变色，如图 2-258 所示。

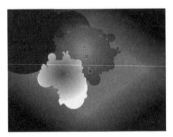

图 2-256　渐变效果　　　　　　图 2-257　渐变参数　　　　　　图 2-258　渐变效果

11 参照上述操作，绘制图形，并填充从（R110，G0，B0）到（R199，G83，B19）到（R153，G0，B0）的线性渐变色，如图 2-259 所示。

12 继续绘制，并填充相应的渐变色，如图 2-260 所示。

13 选择工具箱中的"手绘工具" ，在任意地绘制图形，填充任意色，如图 2-261 所示。

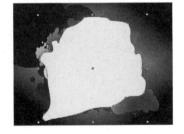

图 2-259　绘制图形　　　　　　图 2-260　绘制图形　　　　　　图 2-261　绘制图形

14 选择工具箱中的"阴影工具" ，在图形上拖出阴影，并在属性栏中设置阴影的不透明度为 40，羽化为 80，透明度操作为"添加"，颜色为黄色。按 Ctrl+K 快捷键，拆分阴影，删除原图形，保留阴影放置到合适位置，如图 2-262 所示。

15 选中阴影，按 Ctrl+PageDown 快捷键，往下调整图层顺序，效果如图 2-263 所示。

16 选择工具箱中的"星形工具" ，在属性栏中设置边数为 10，锐度为 70，在画面中绘制星形，并填充任意色。按 Ctrl+Q 快捷键，将星形转为曲线。选择"形状工具" ，调整星形尖点，如图 2-264 所示。

68

图 2-262　添加阴影效果　　　　　图 2-263　绘制图形　　　　　图 2-264　绘制星形

17 选择"阴影工具" ，在星形上拖出阴影，在属性栏中设置阴影的不透明度为 70%，羽化为 6，透明度操作为"正常"，阴影颜色为黄色。按 Ctrl+K 快捷键，打散阴影，删去原图，效果如图 2-265 所示。

18 按 Ctrl+PageDown 快捷键，将光束图层往下调整至合适位置。执行"文件"｜"导入"命令，选择本书配套光盘中"第 2 章\2.4\2.4.2\素材\可乐瓶及标志.cdr 文件，单击"导入"按钮。选择"选选择工具"，将可乐瓶和标志放置到合适位置，效果如图 2-266 所示。

19 参照前面绘制云朵状图形的方法，再次绘制图形，并填充从橙色到红色到橙色的线性渐变色，效果如图 2-267 所示。

图 2-265　阴影效果　　　　　　图 2-266　导入瓶子素材　　　　　图 2-267　绘制图形

20 绘制图形，稍微遮盖住可乐瓶的下端，并在白色云朵旁绘制椭圆，填充从咖啡色到白色的辐射型渐变色，如图 2-268 所示。

21 框选所有图形，按 Ctrl+G 快捷键，群组图形。选择"矩形工具"，自动生成一个矩形，将右键拖动群组图形至矩形内，在弹出的快捷菜单中选择"图框精确裁剪内部"选项。单击图形下面的"编辑内容"按钮，进入图框内进行调整。调整好位置后，单击图形下面的"停止编辑内容"按钮，选中图形。按 P 键，将图形放置于页面中心，得到最终效果如图 2-269 所示。

图 2-268　绘制图形　　　　　　　　图 2-269　最终效果

3

第　章

图形编辑

本章导读：

　　在 CorelDRAW X6 中，提供了多种编辑对象的工具和相关技巧。本章主要介绍了对象设置、装饰对象、轮廓线设置和图框精确剪裁的功能及相关技巧。通过学习本章的内容，可以自如地应用对象，轻松完成设计任务。

本章重点：

◆ 选择对象　　　　　　　　◆ 移动、旋转和缩放对象

◆ 复制对象　　　　　　　　◆ 装饰对象

◆ 编辑轮廓线　　　　　　　◆ 图框精确剪裁对象

◆ 透视效果　　　　　　　　◆ 透镜效果

◆ 实例演练

3.1 选择对象

在 CorelDRAW X6 中，所有的编辑处理都需要在选择对象的基础上进行，所以准确地选择对象，是进行图形操作和管理的第一步。对象的选择可以分为选择某一个对象和选择多个对象。

3.1.1 选择单个对象

选择某一对象时，首先在工具箱中选择"选择工具" ，然后可以通过用鼠标直接单击目标对象的方法来实现。

课堂举例【3-1】：选择单个对象　　　　　　　　　　　视频文件：mp4\第 03 章\课堂举例 3-1.mp4

❶ 打开本书配套光盘中"第 3 章\3.1\素材\香蕉.cdr"文件，如图 3-1 所示。

❷ 选择工具箱中的"选择工具" ，单击需要选择的图形，待对象周围出现控制点时，表明此对象已被选中，如图 3-2 所示。

图 3-1　打开文件　　　　　　　　　　　　　　　　图 3-2　选中对象

3.1.2 选择多个对象

选择多个对象的方法有多种，可以通过拖动鼠标进行框选，也可以结合 Shift 键，进行逐一选择以及使用工具箱中的"手绘选择工具"选择对象等手法，接下来通过案例就选择对象进行逐个的讲解。

1. 使用 Shift 键选择多个对象

在工具箱中选取"选择工具" ，单击其中一个对象，将其选中，然后按住 Shift 键不放，逐个单击其余的对象即可。

课堂举例【3-2】：使用 Shift 键选择多个对象　　　　　视频文件：mp4\第 03 章\课堂举例 3-2.mp4

❶ 打开本书配套光盘中"第 3 章\3.1\素材\少女.cdr"文件，如图 3-3 所示。

❷ 选择工具箱中的"选择工具" ，按住 Shift 键，使用鼠标左键单击要选择的多个对象，如图 3-4 所示，选择单个对象和选择多个对象。

图 3-3　打开文件　　　　　　　　　　　　　　　图 3-4　选中对象

 框选多个对象

在工具箱中选取"选择工具" ，单击并拖动鼠标左键不放，在页面拖拽出一个虚线的矩形框，即可选中矩形框内的多个对象。

课堂举例【3-3】：框选多个对象　　　　　　　　视频文件：mp4\第 03 章\课堂举例 3-3.mp4

① 打开本书配套光盘中"第 3 章\3.1\素材\游乐.cdr"文件，如图 3-5 所示。

② 选择工具箱中的"选择工具" ，使用鼠标在页面拖拽出一个选择框来框住对象，如图 3-6 所示。

③ 此时，在选择框内的对象被选中，框外的与选择框相交的对象不会被选中，如图 3-7 所示。

图 3-5　打开文件　　　　　　　图 3-6　框选对象　　　　　　　图 3-7　选中对象

④ 在拖拽选择框时，按住 Alt 键选择对象，如图 3-8 所示。

⑤ 这时在框内的对象被选中，与选择框相交的对象也会被选中，框外的不被选中，如图 3-9 所示。

图 3-8　按住 Alt 键选择对象　　　　　　　　　　图 3-9　选中对象

72

3. 手绘框选对象

在工具箱中选取"手绘选择工具" ，使用鼠标在页面拖拽出一个异形选择框，即可选中对象。

视频文件：mp4\第 03 章\课堂举例 3-4.mp4

课堂举例【3-4】：手绘框选对象

① 打开本书配套光盘中"第 3 章\3.1\素材\水果.cdr"文件，如图 3-10 所示。

② 选择工具箱中的"手绘选择工具" ，使用鼠标在页面拖拽出一个异形选择框，并框住对象，如图 3-11 所示。

③ 此时，在选择框内的对象被选中，如图 3-12 所示。

图 3-10 打开文件

图 3-11 框选对象

图 3-12 选中对象

技巧点拨：

可以执行"编辑" | "全选" | "对象"命令，或者按下 Ctrl+A 快捷键来全选所有对象。

3.2 移动、旋转和缩放对象

3.2.1 移动对象

在 CorelDRAW X6 中移动对象时，必须使被移动的对象处于选取状态，使用"选择工具" 选择需要移动的对象，在对象上按下鼠标左键并拖动即可移动对象。

视频文件：mp4\第 03 章\课堂举例 3-5.mp4

课堂举例【3-5】：移动对象

① 打开本书配套光盘中"第 3 章\3.2\素材\吊灯.cdr"文件，如图 3-13 所示。

② 选择工具箱中的"选择工具" ，单击选择的对象，按住鼠标左键不放，拖动对象到合适的位置时，释放鼠标左键，完成移动，如图 3-14 所示。

图 3-13 移动对象

图 3-14 移动对象

3.2.2 旋转对象

对对象进行旋转操作时，必须使被旋转的对象处于选取状态，使用"选择工具" 在对象上单击两次，对象处于旋转的状态，接下来通过案例来讲解。

课堂举例【3-6】：旋转对象　　　　　　　　　　　视频文件：mp4\第 03 章\课堂举例 3-6.mp4

① 打开本书配套光盘中"第 3 章\3.2\素材\饮料.cdr"文件，如图 3-15 所示。

② 选择工具箱中的"选择工具" ，选中对象。单击选择对象中心点上的 ✖ 按钮，使对象处于旋转状态。移动光标到顶端，当光标变为 ⟳ 形状时，拖动鼠标旋转对象，到合适位置释放鼠标左键，完成旋转，如图 3-16 所示。

图 3-15　移动对象　　　　　　　　　　　　　　　　图 3-16　移动对象

技巧点拨：

除此之外，还可以通过在属性栏中的旋转输入框中输入数值实现对象的旋转。

3.2.3 缩放对象

在设计工作中经常需要缩放图形对象，在 CorelDRAW X6 中，可使用"选择工具"直接拖动对象周围的控制点来实现缩放图形对象的目的。

1. 直接缩放

课堂举例【3-7】：直接缩放　　　　　　　　　　　视频文件：mp4\第 03 章\课堂举例 3-7.mp4

① 打开本书配套光盘中"第 3 章\3.2\素材\棒棒糖.cdr"文件，如图 3-17 所示。

② 选择工具箱中的"选择工具" ，选中对象，移动鼠标到顶端，当光标变为 ↗ 时，拖动鼠标缩放图形，如图 3-18 所示。

图 3-17　打开文件　　　　　　　　　　　　　　　　图 3-18　缩放对象

2. 精确缩放

除了使用"选择工具" 拖动控制点的方法调整对象的大小，还可以通过"窗口" | "泊坞窗" | "变换"中的大小选项或按 Alt+F10 快捷键，对图形的大小进行精确调整。

课堂举例【3-8】：精确缩放　　　　　　　　　　　　视频文件：mp4\第 03 章\课堂举例 3-8.mp4

① 打开本书配套光盘中"第 3 章\3.2\素材\插画.cdr"文件，如图 3-19 所示。

② 选择工具箱中的"选择工具" ，选中对象，执行"窗口" | "泊坞窗" | "变换"中的大小选项，在弹出的对话框中设置参数如图 3-20 所示。

③ 单击"应用"按钮，效果图 3-21 所示。

图 3-19　打开文件

图 3-20　大小泊坞窗

图 3-21　缩放对象

除了之前讲解的两种方法外，那么最简单的一种是选中对象后，直接在属性栏中输入对象的大小数值，即可。

3.3　复制对象

3.3.1　粘贴复制对象

执行"编辑" | "复制"命令，再执行"编辑" | "粘贴"命令，可以完成复制。

专家提示：

复制后，粘贴进来的对象和源对象处在工作区中的同一位置。但如果是在其他应用程序中复制对象，则粘贴进来的对象将处在页面的中心。

按下 Ctrl+C 快捷键，复制对象，再按下 Ctrl+V 快捷键，粘贴对象，完成复制操作。

课堂举例【3-9】：粘贴复制对象　　　　　　　　　　视频文件：mp4\第 03 章\课堂举例 3-9.mp4

① 打开本书配套光盘中"第 3 章\3.3\素材\图标.cdr"文件，如图 3-22 所示。

② 选择工具箱中的"选择工具" ，选中对象，按住鼠标左键，拖动到合适的位置时单击鼠标右键，复制对象如图 3-23 所示。

③ 单击标准工具栏中的"复制"按钮，再单击"粘贴"按钮，完成复制，如图 3-24 所示。

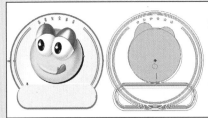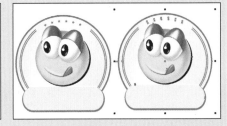

图 3-22　打开文件　　　　　　　图 3-23　移动对象　　　　　　　图 3-24　复制对象

 技巧点拨：

选择"选择工具" ，选中所要复制的对象，按住+键，可以进行原位复制对象。

3.3.2　再制对象

"再制对象"就是将复制的对象按一定的方式复制出多个对象。

1. 使用再制命令

 课堂举例【3-10】：使用再制命令　　　　　　视频文件：mp4\第 03 章\课堂举例 3-10.mp4

① 打开本书配套光盘中"第 3 章\3.3\素材\女孩.cdr"文件，如图 3-25 所示。

② 选择工具箱中的"选择工具" ，选中对象，按住鼠标左键，拖动到合适的位置时单击鼠标右键，复制对象，如图 3-26 所示。

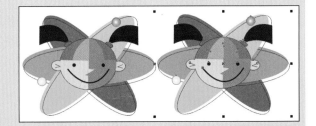

图 3-25　打开文件　　　　　　　　　　　　　图 3-26　移动对象

③ 复制好对象之后，执行"编辑"|"再制"命令，或者按下 Ctrl+D 快捷键，再制对象，如图 3-27 所示。

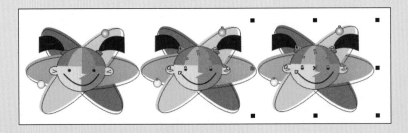

图 3-27　再制对象

④ 多次按下 Ctrl+D 快捷键，复制多个对象，如图 3-28 所示。

76

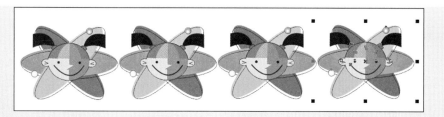

图 3-28　再制对象

2. 变换再制对象

执行"窗口"|"泊坞窗"|"变换"命令或按 Alt+F7 快捷键，设置参数，即可再制图形。

课堂举例【3-11】：变换再制对象　　　　视频文件：mp4\第 03 章\课堂举例 3-11.mp4

① 打开本书配套光盘中"第 3 章\3.3\素材\星形.cdr"文件，如图 3-29 所示。

② 选择工具箱中的"选择工具" ，选中星形，属性栏的参数值设置为如图 3-30 所示。

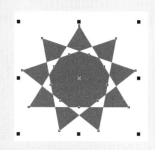

图 3-29　打开文件

图 3-30　属性栏参数

③ 执行"窗口"|"泊坞窗"|"变换"命令或按 Alt+F7 快捷键，弹出变换对话框，设置参数值为如图 3-31 所示。

④ 单击"应用"按钮，效果如图 3-32 所示。

图 3-31　变换对话框

图 3-32　再制对象

3.3.3　仿制对象

1. 克隆仿制对象

仿制对象，复制出来的对象与源对象保持着链接，就和父子关系一样，改变源对象时，仿制的对象也随之改变。但改变仿制对象时，源对象不变。

① 打开本书配套光盘中 "第 3 章\3.3\素材\布娃娃.cdr" 文件，如图 3-33 所示。

② 执行 "编辑" | "克隆" 命令，对象将被复制，移动对象到合适的位置，如图 3-34 所示。

③ 选中源对象，并将源对象变形，如图 3-35 所示。

图 3-33 打开文件   图 3-34 仿制对象效果   图 3-35 编辑源对象效果

2. 复制属性自

执行 "编辑" 菜单中的 "复制属性自" 命令，将弹出 "复制属性" 对话框，通过设置该对话框中的相关参数，可以复制对象的轮廓笔、轮廓色，填充以及文本属性。

3. 多重复制对象

执行菜单中的 "编辑" | "步长和重复" 命令能一次性地复制多个副本，以及分别设置副本在水平和垂直方向上的偏移量。因此，它可以用来模拟阵列复制对象的效果。选择对象后，执行该命令将打开 "步长和重复" 泊坞窗，如图 3-36 所示。

专家提示：

执行 "步长和重复" 命令，可以比较灵活地控制对象在水平和垂直方向上的偏移情况。除了在某一方向连续复制出一系列对象外，该命令还可以快速复制出矩形阵列对象。

图 3-36 "步长和重复" 泊坞窗

3.3.4 镜像复制

镜像效果经常被应用到设计作品中。在 CorelDRAW X6 中，可以使用多种方法使对象沿水平、垂直或对角线的方向翻转镜像，接下来通过案例进行讲解。

① 打开本书配套光盘中 "第 3 章\3.3\素材\麦子.cdr" 文件，如图 3-37 所示。

② 选择工具箱中的 "选择工具" ，选中对象并复制。单击属性栏中的 "垂直镜像" 按钮，垂直镜像所复制的图形，如图 3-38 所示。

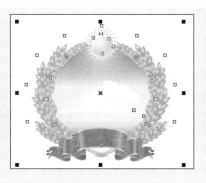

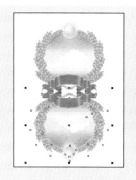

图 3-37　打开文件　　　　　　　　　　　　　　　　　　图 3-38　镜像对象

3.3.5　对齐和分布对象

在绘图过程中，很多时候需要对齐对象，除了利用相关辅助工具来进行对齐的操作外，CorelDRAW X6
还提供了"对齐和分布"功能，将对象按照一定的方式准确地对齐和分布。

1.　对齐对象

对象的对齐方式可设置成多种。

🏠 课堂举例【3-14】：对齐对象　　　　　　　　　　　　视频文件：mp4\第 03 章\课堂举例 3-14.mp4

❶ 打开本书配套光盘中"第 3 章\3.3\素材\水晶球.cdr"文件，如图 3-39 所示。

❷ 选择需要的对象，执行"排列"|"对齐和分布"|"对齐与分布"命令，弹出"对齐与分布"对话
框，单击"顶端对齐"按钮，即可，如图 3-40 所示。

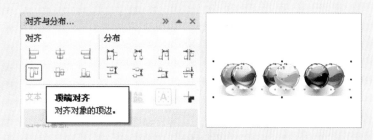

图 3-39　打开文件　　　　　　　　　　　　　图 3-40　对齐对象

📶 专家提示：

除了上述讲解的方法外，还可以直接执行"排列"|"对齐和分布"|"顶端对齐"命令或按快捷键 T
来完成。

2.　分布对象

该对齐方式，是将多个对象以散开分布的形式展现。

🏠 课堂举例【3-15】：分布对象　　　　　　　　　　　　视频文件：mp4\第 03 章\课堂举例 3-15.mp4

❶ 选择工具箱中的"选择工具" ，选择需要的对象。执行"排列"|"对齐和分布"|"对齐与分布"
命令，在弹出的"对齐与分布"对话框中，单击"分布"中的左分散排列，如图 3-41 所示。

② 在"对齐与分布"对话框中，再次单击水平分散排列中心，效果如图 3-42 所示。

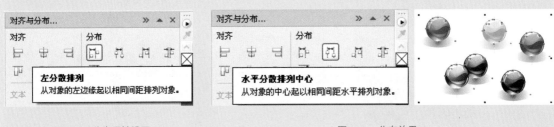

图 3-41 分布属性设置　　　　　　　　　　　　　　　　　　图 3-42 分布效果

3.3.6 重新整形对象

"排列"|"造形"子菜单中提供了一些改变对象形状的功能命令，在属性栏中还提供了与造形命令相对应的功能按钮，以便快捷地使用这些命令。

1. 合并对象

合并对象就是将多个图形合并为一个图形，相当于多个图形相加以得到新图形。除图形外，还能合并单独的线条，但不能合并段落文本和位图图像。新对象会沿用目标对象的属性，所有对象间的重叠线都会消失。

🏠 课堂举例【3-16】：合并对象　　　　　　　　　　　　视频文件: mp4\第 03 章\课堂举例 3-16.mp4

① 打开本书配套光盘中"第 3 章\3.3\素材\柿子.cdr"文件，如图 3-43 所示。

② 选择工具箱中的"选择工具"，选择需要的对象。单击属性栏中的"合并"按钮，如图 3-44 所示。

图 3-43 打开文件　　　　　　　　　　　　　　　　　　　图 3-44 合并效果

2. 修剪对象

通过修剪功能可以剪掉目标对象与其他对象重叠的部分，且仍保留目标对象原来的填充和轮廓属性。可以将上面的图层对象剪到下面的图层对象中，也可将下面的图层对象剪掉上面的图层对象中。

🏠 课堂举例【3-17】：修剪对象　　　　　　　　　　　　视频文件: mp4\第 03 章\课堂举例 3-17.mp4

① 打开本书配套光盘中"第 3 章\3.3\素材\女巫.cdr"文件，如图 3-45 所示。

② 选中月亮，按小键盘+键复制一个，并向右移动，如图 3-46 所示。

③ 运用工具箱中的"选择工具"，选中两个圆。单击属性栏中的"修剪"按钮，选中复制的圆，按 Delete 键删去，如图 3-47 所示。

图 3-45　打开文件　　　　　　　　图 3-46　复制圆　　　　　　　　图 3-47　修剪效果

3. 相交对象

相交对象就是从两个或是多个相交对象重叠的区域创建新对象。

课堂举例【3-18】：相交对象　　　　　　　　　　视频文件: mp4\第 03 章\课堂举例 3-18.mp4

① 打开本书配套光盘中 "第章\3.3\素材\蝴蝶.cdr" 文件，如图 3-48 所示。

② 选择工具箱中的 "选择工具" ，选择需要的蝴蝶的翅膀，单击属性栏中的 "相交" 按钮 ，如图 3-49 所示。

③ 为相交后的图形填充青色，效果如图 3-50 所示。

图 3-48　打开文件　　　　　　　　图 3-49　相交效果　　　　　　　　图 3-50　填充颜色

4. 简化对象

简化对象就是修剪对象中重叠的部分。删除交叉的部分，除去重叠部分之后的图形而得到的新图形。

课堂举例【3-19】：简化对象　　　　　　　　　　视频文件: mp4\第 03 章\课堂举例 3-19.mp4

① 打开本书配套光盘中 "第 3 章\3.3\素材\喇叭.cdr" 文件，如图 3-51 所示。

② 选择工具箱中的 "选择工具" ，移开喇叭套，如图 3-52 所示。

③ 选择工具箱中的 "选择工具" ，选择喇叭套和喇叭后座。单击属性栏中的 "简化" 按钮 ，移开喇叭套，效果如图 3-53 所示。

图 3-51　打开文件　　　　　　　　图 3-52　未简化前移开效果　　　　　　　　图 3-53　简化后前移开效果

5. 移除前面和后面对象

移除功能可以删掉前面或是后面的对象，在另一个对象上只留剪影。

① 打开本书配套光盘中"第 3 章\3.3\素材\兔子.cdr"文件，如图 3-54 所示。

② 选择工具箱中的"选择工具" 🔓 ，选择需要的对象。单击属性栏中的"移除后面对象"按钮 🔲 ，如图 3-55 所示。

③ 选择工具箱中的"选择工具" 🔓 ，选择需要的对象。单击属性栏中的"移除前面对象"按钮 🔲 ，如图 3-56 所示。

　　图 3-54　打开文件　　　　　　　图 3-55　前减后效果　　　　　　　图 3-56　后减前效果

6. 创建边界

通过创建边界功能，可以绘制一个与所选对象的边界一样的图形。

① 打开本书配套光盘中"第 3 章\3.3\素材\靴子.cdr"文件，如图 3-57 所示。

② 选择工具箱中的"选择工具" 🔓 ，选择需要的对象，如图 3-58 所示。

③ 单击属性栏中的"创建边界"按钮 🔲 ，拖动鼠标移动图形到合适的位置，如图 3-59 所示。

　　图 3-57　打开文件　　　　　　　图 3-58　选择对象　　　　　　　图 3-59　创建边界效果

3.4 装饰对象

在编辑图形时，除了使用形状工具和刻刀工具外，还可以使用粗糙笔刷、涂抹笔刷、自由变换和虚拟段删除这些工具编辑图形。

3.4.1 粗糙笔刷工具

"粗糙笔刷工具"能够使线条产生波折变化，是专门用来处理曲线的工具，而对于其他非曲线图形，可以将其转化为曲线。

选择工具箱中的"粗糙笔刷工具"![icon]，可在属性栏中设置笔尖大小、笔压、水分浓度和笔斜移数值，如图 3-60 所示。

图 3-60 粗糙笔刷工具属性栏

该属性栏上各参数的含义如下：

- "笔尖大小"数值框 ⊟ 2.1 mm ⬍ ：用来设置笔刷大小，数值越大，处理出的粗糙度也就越大。
- "尖突频率"按钮和"尖突频率"数值框 ⬍ 2 ⬍ ：与"涂抹笔刷工具"类似，该项前面的按钮仅对压力笔可用，单击它可以通过施加在笔上的压力来控制尖突频率，压力越大，尖突频率越高。后面的数值框则用来设置尖突频率，该值越大，粗糙频率也越高。
- "水分浓度"数值框 ✐ 0 ⬍ ：用来增加水分浓度，以逐渐淡化粗糙效果，使其变得逐渐模糊，并使线条逐渐向外扩散，最后趋于平稳。
- "斜移"数值框 ⬍ 45.0° ⬍ ：用来设置笔刷的旋转角度，当设为 0° 时尖突幅度最大；设为 90° 时，尖突幅度为 0。
- "尖突方向"下拉列表框和"笔方位"数值框 ✐ 自动 ∨ .0° ⬍ ：该项前面的下拉列表中有自动、固定方向和笔设置 3 个选项。当设置为"自动"时，尖突方向始终垂直于曲线方向；当设置为"固定方向"时，可在后面的数值框中输入固定角度值，此时尖突方向始终不变；当设置为"笔设置"时，可通过旋转压力笔来控制尖突方向。

"粗糙笔刷工具"是一种多变的扭曲变形工具，它可以改变矢量图形对象中曲线的平滑度，从而产生粗糙的边缘变形效果。

🏠 **课堂举例【3-22】：粗糙笔刷工具** ┃ 视频文件：mp4\第 03 章\课堂举例 3-22.mp4

❶ 打开本书配套光盘中"第 3 章\3.4\素材\火轮.cdr"文件，如图 3-61 所示。

❷ 选择工具箱中的"粗糙笔刷工具"![icon]，按下鼠标左键不放，沿对象边缘进行拖动，即可使对象产生粗糙的边缘效果，如图 3-62 所示。

❸ 得到想要的效果之后，释放鼠标，如图 3-63 所示。

图 3-61 打开文件

图 3-62 涂抹对象

图 3-63 粗糙笔刷涂抹效果

3.4.2 涂抹笔刷工具

"涂抹笔刷"工具可以创建更为复杂的曲线图形。选择"涂抹工具"涂抹或擦拭对象，若该对象是非曲线图形，则会弹出"转化为曲线"对话框，只需单击"确定"按钮，即可转化为曲线进行涂抹。

选择工具箱中的"涂抹笔刷工具" ![图标]，在属性栏中设置笔尖大小、笔压、水分浓度和笔斜移数值，如图 3-64 所示。

图 3-64　涂抹笔刷工具属性栏

该属性栏上各参数的含义如下：

● "笔尖大小"数值框 ![1.0 mm]：用来设置涂抹线条的宽度。

● "笔压"按钮 ![图标]：该按钮仅对压力笔可用，通过施加在笔上的压力来控制涂抹线条的粗细。

● "水分浓度"数值框 ![0]：用来逐渐减小涂抹出的线条的宽度。在笔尖大小相同的情况下，该值越大，宽度减小得越快。

● "斜移"数值框 ![45.0°]：用来设置笔尖的圆度。设置范围为 15°~90°，当取下限 15° 时，笔尖几乎为一条垂直直线段；取上限 90° 时，笔尖为一个圆形。设置为中间值时，笔尖为不同程度的椭圆。

● "方位"数值框 ![.0°]：用来设置笔尖的旋转角度，设置范围为 0°~359°。

"涂抹笔刷工具" ![图标]可以在矢量图形边缘或内部任意涂抹，达到变形对象的目的。

🏠 课堂举例【3-23】：涂抹笔刷工具　　　　　视频文件：mp4\第 03 章\课堂举例 3-23.mp4

① 打开本书配套光盘中"第 3 章\3.4\素材\伞.cdr"文件，如图 3-65 所示。

② 选择工具箱中的"涂抹笔刷工具" ![图标]，按住鼠标左键在图形外向内拖动鼠标，即可涂抹擦除图形区域，如图 3-66 所示。

③ 按住鼠标左键，在图形内向外拖动鼠标，即可将图形的颜色延伸到外部，如图 3-67 所示。

图 3-65　打开文件　　　　　图 3-66　涂抹除去效果　　　　　图 3-67　涂抹延伸效果

3.4.3 自由变换工具

"自由变换工具"是将对象自由旋转、自由角度镜像和自由调节的一种变换工具。变换对象可以是简单或是复杂的图形，也可以是文本对象。

选择工具箱中的"自由变换工具" ，在属性栏中可以选择自由旋转、自由角度反射、自由缩放和自由倾斜四种选项，如图 3-68 所示。

图 3-68 "自由变换工具"属性栏

1. 自由旋转

选择该选项，是以鼠标单击处为旋转中心点，向任意方向的旋转。

课堂举例【3-24】：自由旋转　　　　　视频文件：mp4\第 03 章\课堂举例 3-24.mp4

❶ 打开本书配套光盘中"第 3 章\3.4\素材\水果.cdr"文件，如图 3-69 所示。

❷ 选择工具箱中的"选择工具" ，选中对象。选择工具箱中的"形状工具" ，在隐藏的工具组中选择"自由变换工具" 。单击属性栏中的"自由旋转"按钮 ，在选中的对象上按住鼠标左键并拖动，如图 3-70 所示。

❸ 调整到合适的位置时，释放鼠标左键，对象将会被旋转，如图 3-71 所示。

图 3-69　打开文件　　　　　　图 3-70　拖动对象　　　　　　图 3-71　自由旋转效果

2. 自由角度反射

该选项是以鼠标单击处为旋转中心点，以任意角度进行旋转。在旋转的过程中。旋转的对象将自动以反射状进行旋转。

课堂举例【3-25】：自由角度反射　　　　　视频文件：mp4\第 03 章\课堂举例 3-25.mp4

❶ 打开本书配套光盘中"第 3 章\3.4\素材\罐子.cdr"文件，如图 3-72 所示。

❷ 选择工具箱中的"选择工具" ，单击选中对象。选择工具箱中的"形状工具" ，在隐藏的工具组中选择"自由变换工具" 。单击属性栏中的"自由角度反射"按钮 ，移动光标到绘图页面的任意位置，按下鼠标左键并拖动，如图 3-73 所示。

❸ 选择的对象以拖拽鼠标的方向线为镜像轴，镜像图形，如图 3-74 所示。

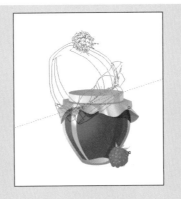

图 3-72 打开文件　　　　　　　　图 3-73 拖动对象　　　　　　　　图 3-74 自由角度反射效果

3. 自由缩放

选择该选项，将以鼠标单击处为旋转中心点进行自由缩放。

课堂举例【3-26】：自由缩放　　　　　　　　　　　　视频文件：mp4\第 03 章\课堂举例 3-26.mp4

① 打开本书配套光盘中 "第 3 章\3.4 素材\野果.cdr" 文件，如图 3-75 所示。

② 选择工具箱中的 "选择工具" ，单击选中对象。选择工具箱中的 "形状工具" ，在隐藏的工具组中选择 "自由变换工具" 。单击属性栏中的 "自由缩放" 按钮，在对象上按住鼠标左键，拖动鼠标，并调整对象到合适的大小，如图 3-76 所示。

③ 释放鼠标左键，如图 3-77 所示。

④ 在属性栏中缩放对象的同时还可以对其进行再制。单击属性栏中的 "自由缩放" 按钮，再单击 "应用到再制" 按钮，在对象上单击鼠标左键并拖动，调整对象到合适的大小时，释放鼠标左键，如图 3-78 所示。

图 3-75 打开文件　　　图 3-76 拖动对象　　　图 3-77 自由缩放效果　　　图 3-78 缩放再制效果

4. 自由倾斜

该选项是以鼠标单击处为旋转中心点进行的自由倾斜。使用 "自由倾斜工具" 可以扭曲对象，其使用方法与 "自由缩放工具" 的类似。

课堂举例【3-27】：自由倾斜　　　　　　　　　　　　视频文件：mp4\第 03 章\课堂举例 3-27.mp4

① 打开本书配套光盘中 "第 3 章\3.4 素材\蘑菇.cdr" 文件，如图 3-79 所示。

② 选择工具箱中的 "自由变换工具" ，单击属性栏中的 "自由倾斜" 按钮，再单击 "应用到再制" 按钮，如图 3-80 所示。

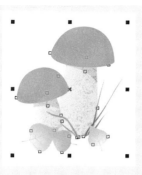

图 3-79　打开文件

图 3-80　自由倾斜再制效果

3.4.4　涂抹工具

使用"涂抹工具"，可以涂抹塑造对象。

 课堂举例【3-28】：涂抹工具　　　　视频文件：mp4\第 03 章\课堂举例 3-28.mp4

❶ 打开本书配套光盘中"第 3 章\3.4\素材\火焰.cdr"文件，如图 3-81 所示。

❷ 选中要涂抹的对象，选择工具箱中的"涂抹工具" 🖉，在属性栏中设置笔尖半径为 8。单击"平滑涂抹"按钮 ⌐，涂抹火焰，如图 3-82 所示。

❸ 按 Ctrl+Z 快捷键，撤消涂抹效果，单击属性栏中的"锐角涂抹"，再次涂抹图形，如图 3-83 所示。

图 3-81　打开文件

图 3-82　平滑涂抹效果

图 3-83　锐角涂抹效果

3.4.5　转动工具

使用"转动"工具，可以通过沿对象轮廓拖动工具，使对象产生转动现象。

 课堂举例【3-29】：转动工具　　　　视频文件：mp4\第 03 章\课堂举例 3-29.mp4

❶ 打开本书配套光盘中"第 3 章\3.4\素材\叶子.cdr"文件，如图 3-84 所示。

❷ 选中要旋转扭曲的对象，选择工具箱中的"转动工具" �’，在属性栏中设置笔尖半径为 8。单击"逆时针旋转"按钮 ↺，在叶里子上按住鼠标左键不放，如图 3-85 所示。

❸ 多次按 Ctrl+Z 快捷键，撤消涂抹效果，选择"顺时针旋转"按钮 ↻，选中要转动的对象位置，按住左键不放，如图 3-86 所示。

| 图 3-84　打开文件 | 图 3-85　左向转动效果 | 图 3-86　右向转动效果 |

3.4.6　吸引工具

使用"吸引工具"，可以通过将对象的节点吸引到光标处，从而调整对象形状。

 课堂举例【3-30】：吸引工具　　　　　　　　　　　　视频文件：mp4\第 03 章\课堂举例 3-30.mp4

❶ 打开本书配套光盘中"第 3 章\3.4\素材\南瓜.cdr"文件，如图 3-87 所示。

❷ 选中要收缩的对象，选择工具箱中的"吸引工具"　📭，在属性栏中设置笔尖半径为 8，在对象上按住鼠标左键不放，如图 3-88 所示。当收缩到合适程度，释放左键，如图 3-89 所示。

| 图 3-87　打开文件 | 图 3-88　按住左键 | 图 3-89　吸引对象效果 |

3.4.7　排斥工具

使用"排斥工具"，通过将对象的节点排离光标处，从而调整对象的形状。

课堂举例【3-31】：排斥工具　　　　　　　　　　　　视频文件：mp4\第 03 章\课堂举例 3-31.mp4

❶ 打开本书配套光盘中"第 3 章\3.4\素材\西红柿.cdr"文件，如图 3-90 所示。

❷ 选中要排斥的对象，选择工具箱中的"排斥工具"　📭，在属性栏中设置笔尖半径为 8，在对象上按住鼠标左键不放，如图 3-91 所示。当膨胀到合适程度，释放左键，如图 3-92 所示。

| 图 3-90　打开文件 | 图 3-91　选择排斥对象 | 图 3-92　排斥效果 |

3.4.8 虚拟段删除工具

使用"虚拟段删除工具",可以删除线段之间相交或是多余的线段。

  课堂举例【3-32】: 虚拟段删除工具 　　　　　　　　　　　视频文件: mp4\第 03 章\课堂举例 3-32.mp4

① 执行"文件"|"新建"命令,选择"表格工具" ，绘制一表格,并填充黄色,设置轮廓宽度为 3mm,颜色为红色。按 Ctrl+K 快捷键,拆分表格;按 Ctrl+U 快捷键,解散群组,如图 3-93 所示。

② 选择工具箱中的"虚拟段删除工具" ，将鼠标放置到表格线上。当光标变为垂直小刀时,单击即可删除线条,如图 3-94 所示。

③ 在绘图页面拖动鼠标绘制矩形框,框住要删除的对象,如图 3-95 所示。

④ 释放鼠标,得到如图 3-96 所示图形。

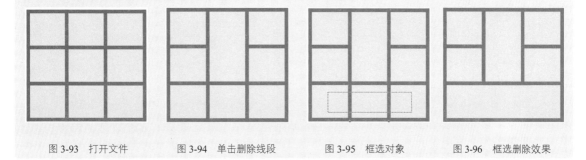

　　图 3-93　打开文件　　　　　　图 3-94　单击删除线段　　　　　图 3-95　框选对象　　　　　图 3-96　框选删除效果

3.4.9 裁剪工具

使用"切剪工具",可以移除选定内容外的区域。

  课堂举例【3-33】: 裁剪工具 　　　　　　　　　　　　视频文件: mp4\第 03 章\课堂举例 3-33.mp4

① 打开本书配套光盘中"第 3 章\3.4\素材\树.cdr"文件,如图 3-97 所示。

② 选择工具箱中的"裁剪工具" ，在树中间的部分,单击鼠标左键不放并拖动,如图 3-98 所示。

③ 拖动鼠标到合适位置后释放左键,双击图形,完成裁剪,如图 3-99 所示。

  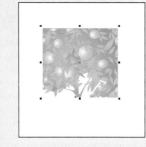

　　图 3-97　打开文件　　　　　　　图 3-98　绘制裁剪框　　　　　　　图 3-99　裁剪对象

3.4.10 刻刀工具

"刻刀工具"用于切割对象,将其分成两个独立的部分。

课堂举例【3-34】：刻刀工具　　　　　　　　　　　　　　视频文件：mp4\第 03 章\课堂举例 3-34.mp4

① 打开本书配套光盘中"第 3 章\3.4\素材\橙子.cdr"文件，如图 3-100 所示。

② 选择工具箱中的"刻刀工具"，在橙子边缘切割起点处单击一次，在切割末端单击一次。选择"选择工具"，选中并拖动另一半，如图 3-101 所示。

③ 多次按 Ctrl+Z 快捷键，撤消切割。使用鼠标右键单击调色板上的黑色块，为橙子添加轮廓。单击属性栏中的"成为一个对象"按钮，切割橙子。选择"选择工具"拖开橙子的另一半，此时橙子并没有分开，还是一个对象，如图 3-102 所示。若要分开，按 Ctrl+K 快捷键，拆分对象即可。

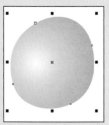

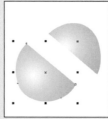
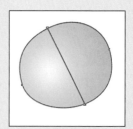

图 3-100　打开文件　　　图 3-101　刻刀切割　　　图 3-102　切割对象效果

3.4.11　橡皮擦工具

"橡皮擦工具"用于移除绘图中不需要区域。

 课堂举例【3-35】：橡皮擦工具　　　　　　　　　　　视频文件：mp4\第 03 章\课堂举例 3-35.mp4

① 打开本书配套光盘中"第 3 章\3.4\素材\画板.cdr"文件，如图 3-103 所示。

② 选择工具箱中的"橡皮擦工具"，在画框上拖动，如图 3-104 所示。

③ 单击属性栏中的"圆形/方形有"按钮，此时笔触形状切换为方形，在画框上拖动，如图 3-105 所示。

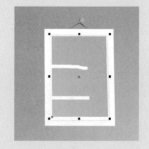

图 3-103　打开文件　　　图 3-104　圆形笔触擦除效果　　　图 3-105　方形笔触擦除效果

3.5　编辑轮廓线

在 CorelDRAW X6 中，图形对象的轮廓是由填充属性与轮廓属性构成的。但是，开放对象只具有轮廓属性，不具有填充属性，而闭合对象则同时具有填充属性和轮廓属性。所谓对象的轮廓，就是对象的边缘线，它决定了对象的形状，并具有粗细与颜色等特征。图形对象的轮廓线可以看作是由一个可调整形状、颜色、大小及笔尖角度的轮廓笔绘制出来的。

3.5.1 设置轮廓线宽度

改变轮廓线宽度的操作方法有三种:

选中对象,在属性栏"轮廓宽度"选项下拉列表中,选择宽度,也可以直接输入轮廓宽度值,如图3-106所示。

选择工具箱中的"轮廓笔工具" ,在隐藏的工具组中选择需要的轮廓宽度,如图3-107所示。

在状态栏中双击"轮廓笔工具"图标,弹出"轮廓笔"对话框,在该对话框中设置宽度,如图3-108所示。

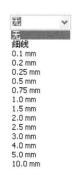

图3-106 轮廓宽度

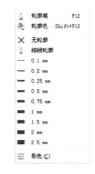

图3-107 轮廓样式

图3-108 "轮廓笔"对话框

3.5.2 设置轮廓线样式

在"轮廓笔"对话框中,可以对对象的轮廓线进行颜色、样式、粗细等设置。

课堂举例【3-36】:设置轮廓线样式　　　视频文件: mp4\第03章\课堂举例3-36.mp4

① 打开本书配套光盘中"第3章\3.5\素材\牵牛花.cdr"文件,如图3-109所示。

② 运用手绘工具,在画面中任意绘制一曲线,如图3-110所示。

③ 选中曲线,选择工具箱中的"轮廓笔工具",在隐藏的工具组中选择"轮廓笔"选项,弹出"轮廓笔"对话框,在"样式"下拉列表中选择虚线样式,如图3-111所示。

④ 单击"确定"按钮,如图3-112所示。

图3-109 打开文件

图3-110 绘制曲线

图3-111 设置轮廓属性

⑤ 在"样式"下拉列表中默认的为直线,可以选择直线或虚线还可以自定义样式。在"轮廓笔"对话

框中，单击"编辑样式"按钮，在打开的"编辑线条样式"对话框中自定义样式，如图 3-113 所示。在"轮廓笔"对话框的"角"选项中，可以将线条的拐角设置为尖角、圆角和斜角三种样式，如图 3-114 所示。

<table>
<tr><td>图 3-112　添加轮廓效果</td><td>图 3-113　编辑线条样式对话框</td><td>图 3-114　线条拐角样式</td></tr>
</table>

⑥ 选中曲线，按+键，复制一条并拖至合适位置，如图 3-115 所示。

⑦ 按 F12 键，弹出"轮廓笔"对话框，选择"箭头"选项，在第一个下拉列表中选择起始线条的样式，在第二个下拉列表中选择终点线条的样式。在"轮廓线"对话框中设置参数，如图 3-116 所示。

⑧ 单击"确定"按钮，如图 3-117 所示。

<table>
<tr><td>图 3-115　复制曲线</td><td>图 3-116　箭头样式设置</td><td>图 3-117　箭头样式效果</td></tr>
</table>

 专家提示：

后台填充是指将轮廓线的显示限制到对象后面。按图像比例显示：设置的轮廓线在对象放大缩小时进行相应的放大缩小。

3.5.3　设置轮廓线颜色

在 CorelDRAW X6 中，设置轮廓线的方法很多，本节介绍常用的几种方法。

1. 调色板

调色板位于 CorelDRAW X6 工作界面的右边，包含了多种常用颜色块。

课堂举例【3-37】：调色板　　　　　　　　　　　视频文件：mp4\第 03 章\课堂举例 3-37.mp4

① 打开本书配套光盘中"第 3 章\3.5\素材\酒杯.cdr"文件，如图 3-118 所示。

② 选择工具箱中的"选择工具"，选中对象。使用鼠标右键单击调色板上的颜色色块，为对象填充轮廓色，如图 3-119 所示。

图 3-118　打开文件

图 3-119　添加轮廓颜色

2. "轮廓笔"对话框

通过"轮廓笔"对话框可以对对象的轮廓进行各种属性的设置，如颜色、样式、轮廓起始端形状等。

课堂举例【3-38】："轮廓笔"对话框　　　　　　　　　　　　视频文件：mp4\第 03 章\课堂举例 3-38.mp4

❶ 打开本书配套光盘中"第 3 章\3.5\素材\运动美女.cdr"文件，如图 3-120 所示。

❷ 选择工具箱中的"选择工具" ，选中对象。再选择工具箱中的"轮廓笔工具" ，在隐藏的工具组中选择"轮廓笔"选项，弹出"轮廓笔"对话框，在"颜色"下拉列表中选择颜色，如图 3-121 所示。

❸ 单击"确定"按钮，如图 3-122 所示。

图 3-120　打开文件

图 3-121　　"轮廓笔"对话框

图 3-122　轮廓颜色效果

3. "彩色"泊坞窗

"彩色"泊坞窗在默认情况下为关闭状态，若要启用，在"窗口"菜单中的"泊坞窗"子菜单中选择"彩色"即可，此泊坞窗主要设置对象的颜色。

课堂举例【3-39】："彩色"泊坞窗　　　　　　　　　　　　视频文件：mp4\第 03 章\课堂举例 3-39.mp4

❶ 打开本书配套光盘中"第 3 章\3.5\素材\旗子.cdr"文件，如图 3-123 所示。

❷ 执行"窗口"|"泊坞窗"|"彩色"命令，在绘图页面的右方弹出"颜色"泊坞窗。在泊坞窗中单击"显示颜色滑块"按钮 ，拖动滑块，设置颜色，如图 3-124 所示。

❸ 单击"轮廓"按钮，如图 3-125 所示。

图 3-123　打开文件　　　　　图 3-124　颜色泊坞窗颜色设置　　　　　图 3-125　添加轮廓颜色效果

4. "轮廓色"对话框

"轮廓色"对话框主要用来设置对象的轮廓颜色。

🏠 课堂举例【3-40】："轮廓色"对话框　　　　　视频文件：mp4\第 03 章\课堂举例 3-40.mp4

① 打开本书配套光盘中"第 3 章\3.5\素材\少先队.cdr"文件，如图 3-126 所示。

② 选择工具箱中的"选择工具" ，选中对象。再选择工具箱中的"轮廓笔工具" ，在隐藏的工具组中选择"轮廓色"选项，弹出"轮廓颜色"对话框，设置颜色，如图 3-127 所示。

③ 单击"确定"按钮，如图 3-128 所示。

图 3-126　打开文件　　　　　图 3-127　轮廓颜色属性设置　　　　　图 3-128　轮廓色效果

3.5.4 轮廓线转换

对象的轮廓线的宽度、样式和颜色，是可以改变的。若是需要为轮廓填充渐变色、图样或是纹理效果，则应首先进行相关设置。

 课堂举例【3-41】：轮廓线转换　　　　　视频文件：mp4\第 03 章\课堂举例 3-41.mp4

① 打开本书配套光盘中"第 3 章\3.5\素材\卡通人.cdr"文件，如图 3-129 所示。

② 选中蝴蝶结，执行"排列"|"将轮廓线转换为对象"命令，此时可以将对象的轮廓线转化为对象。按 F11 键，弹出"渐变填充"对话框，设置参数如图 3-130 所示。

③ 单击"确定"按钮，为轮廓线填充渐变色，如图 3-131 所示。

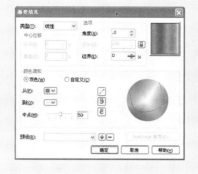

图 3-129　打开文件　　　　图 3-130　渐变填充参数设置　　　　图 3-131　渐变轮廓色效果

3.5.5　清除轮廓线

若要去掉对象的轮廓线，直接使用鼠标右键单击调色板上的⊠按钮，或在"轮廓笔"对话框设置"宽度"为"无"即可。

3.6 图框精确剪裁对象

执行"图框精确剪裁"命令，可以将一个对象放置到另一个对象内部来显示。在 CorelDRAW X6 中进行图像编辑、版式编排等实际操作时，常常用到该命令。

3.6.1　放置在容器中

课堂举例【3-42】：使用快捷菜单的方法　　　　视频文件：mp4\第 03 章\课堂举例 3-42.mp4

❶打开本书配套光盘中"第 3 章\3.6\素材\荷花.cdr"文件，如图 3-132 所示。

❷选择工具箱中的"基本形状工具"，在属性栏的"完美形状"下拉列表中选择环形，在绘图页面拖动鼠标绘制图形，如图 3-133 所示。

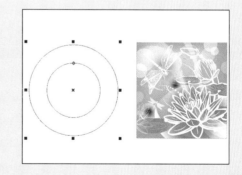

图 3-132　打开文件　　　　　　　　　　　图 3-133　绘制图形

❸使用鼠标右键拖动素材到环形上，如图 3-134 所示。

❹到合适的位置时释放鼠标右键，弹出快捷菜单栏，选择"图框精确剪裁内部"选项，如图 3-135 所示。最终效果如图 3-136 所示。

移动 (M)
复制 (C)

复制填充 (P)
复制轮廓 (O)
复制所有属性 (A)

图框精确剪裁内部 (I)
添加到翻转 (R)   ▶

取消

图 3-134　拖动素材　　　　　图 3-135　快捷菜单　　　　　图 3-136　最终效果

课堂举例【3-43】：使用菜单的方法　　　　　视频文件：mp4\第 03 章\课堂举例 3-43.mp4

① 打开本书配套光盘中 "第 3 章\3.6\素材\庄园.cdr" 文件，如图 3-137 所示。

② 选择工具箱中的 "基本形状工具" ，在属性栏的 "完美形状" 下拉列表中选择心形，在绘图页面拖动鼠标绘制图形，如图 3-138 所示。

③ 选中庄园图形，将其拖入到合适位置，如图 3-139 所示。

④ 选中庄园图片，执行 "效果" | "图框精确剪裁" | "置于图文框内部" 命令。当光标变为 ➡ 时，单击绘制的心形，将素材放到绘制的心形内，如图 3-140 所示。

图 3-137　打开文件　　　图 3-138　绘制图形　　　图 3-139　调整位置　　　图 3-140　最终效果

3.6.2　编辑 PowerClip

将对象精确剪裁放到容器中后，一般素材的位置不是我们想要的最佳位置，这时需要调整它的位置大小。

课堂举例【3-44】：编辑内容　　　　　视频文件：mp4\第 03 章\课堂举例 3-44.mp4

① 打开本书配套光盘中 "第 3 章\3.6\素材\蛋蛋.cdr" 文件，如图 3-141 所示。

② 选择 "椭圆形工具" ，绘制一个椭圆。选择工具箱中的 "选择工具" ，选中对象。执行 "效果" | "图框精确剪裁" | "置于图文框内部" 命令，当光标变为 ➡ 时，单击椭圆，如图 3-142 所示。

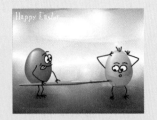

图 3-141　打开文件　　　　　　　图 3-142　放置在容器中

③ 选中椭圆，单击椭圆下面的"编辑 PowerClip"按钮🖻，此时视图显示如图 3-143 所示。

④ 选中素材，调整其位置和大小，如图 3-144 所示。

图 3-143　编辑内容

图 3-144　调整素材

3.6.3　结束编辑

"结束编辑"是相对于图框内的对象而言，此命令只有在出现对象处于图框正在编辑状态，才可以使用。

完成编辑对象之后，执行"效果"|"图框精确剪裁"|"结束编辑"命令，或是使用鼠标右键单击素材，在弹出的快捷菜单栏中选择"结束编辑"选项（或单击椭圆下面的"停止编辑内容"按钮🖻，结束编辑），如图 3-145 所示。

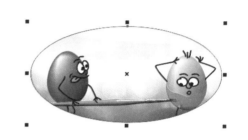

图 3-145　结束编辑

3.6.4　提取内容

执行"提取内容"命令，可将放置到容器中的素材提取出来。

 课堂举例【3-45】：提取内容　　　　视频文件：mp4\第 03 章\课堂举例 3-45.mp4

① 打开本书配套光盘中"第 3 章\3.6\素材\蝴蝶花.cdr"文件，如图 3-146 所示。

② 执行"效果"|"图框精确剪裁"|"提取内容"命令，或直接在对象上单击鼠标右键，弹出快捷菜单，并选择"提取内容"选项（或单击图片下面的"提取内容"按钮🖻），如图 3-147 所示。

图 3-146　打开文件

图 3-147　提取内容

3.6.5 锁定图框精确剪裁的内容

锁定图框精确剪裁内容，即锁定放置到容器中的素材。执行此命令后，图框内的素材不可移动，而图框可以移动。

课堂举例【3-46】：锁定图框精确剪裁的内容　　　　视频文件：mp4\第 03 章\课堂举例 3-46.mp4

① 打开本书配套光盘中 "第 3 章\3.6\素材\庭院.cdr" 文件，如图 3-148 所示。

② 锁定图框精确剪裁内容后，对容器进行变化时，容器内的对象随之改变。若想解除锁定对象，可再执行 "锁定图框精确剪裁内容" 命令。同时，在移动容器时，容器内的对象不发生变化，如图 3-149 所示

图 3-148　锁定后移动图框效果

图 3-149　解锁后移动图框效果

3.7 透视效果

透视效果可以扭曲对象，产生一种近大远小的立体效果。添加透视点的应用只针对独立对象或是群组对象，选中多个对象时则不能添加。

课堂举例【3-47】：透视效果　　　　视频文件：mp4\第 03 章\课堂举例 3-47.mp4

① 打开本书配套光盘中 "第 3 章\3.7\素材\不倒翁.cdr" 文件，如图 3-150 所示。

② 执行 "效果" | "添加透视" 命令，会出现红色矩形虚线框，如图 3-151 所示。

图 3-150　导入素材

图 3-151　添加透视

③ 在四角处的黑色控制点上，拖动任何一个点，产生不同效果，如图 3-152 所示。

④ 按住 Shift+Ctrl 快捷键不放，拖动鼠标，在透视的末端会出现透视的消失点，如图 3-153 所示。

⑤ 单击 "选择工具" ，得到如图 3-154 所示效果。

图 3-152　透视效果

图 3-153　透视消失点

图 3-154　最终效果

 专家提示：

　　如果群组对象后不能添加透视效果框的话，一定是其中存在不能添加透视框的对象，如位图、段落文本、符号、链接群组等。此时要将它们转换为可添加透视框对象，可将次要的对象排除到群组之外，再对其单独应用其他变形来模拟透视效果，如斜切变形。

 技巧点拨：

　　按住 Ctrl 键拖动透视框的节点时，可限制节点仅在临近的两条边或其延长线上移动。

3.8　透镜效果

　　透镜可使其下方的对象的区域外观产生不同的效果，但是不会改变原对象的属性，可以对任何矢量对象应用透镜。此外，它还可以改变美术字和位图的外观。

🏠 课堂举例【3-48】：透镜效果　　　　　　视频文件：mp4\第 03 章\课堂举例 3-48.mp4

　① 打开本书配套光盘中"第 3 章\3.8\素材\小白兔.cdr"文件，如图 3-155 所示。

　② 执行"窗口"|"泊坞窗"|"透镜"命令，或按快捷键 Alt+F3，在绘图页面右边打开"透镜"泊坞窗，如图 3-156 所示。

　③ 选择工具箱中的"椭圆形工具" 🔘，在素材上拖动鼠标绘制圆形，如图 3-157 所示。

图 3-155　打开文件

图 3-156　透镜泊坞窗

图 3-157　绘制图形

　　在"透镜"泊坞窗中有三个复选框：

● 　冻结：会将透镜下面的对象组成透镜效果的一部分，即使透镜移动，底下的对象也保持透镜效果不变。

- 视点：背景对象发生变化时，对象还会以动态形式维持视点。
- 移除表面：透镜效果只显示对象与其他对象重叠的地方，被透镜覆盖的区域不可见。

在透镜类型中，有很多种不同的效果：

- 变亮：可以将对象区域变亮或是变暗。在"透镜"泊坞窗下拉列表中选择"变亮"选项，如图 3-158 所示。
- 颜色添加：透镜的颜色与透镜下的对象的颜色相加，得到混合光线。在"透镜"泊坞窗的下拉列表中选择"颜色添加"选项，如图 3-159 所示。

图 3-158 变亮效果 　　　　　　　　　　　　　　　图 3-159 颜色添加效果

- 色彩限度：将对象中的黑色和与透镜颜色一样的色彩过滤掉，在"透镜"泊坞窗的下拉列表中选择"色彩限度"选项，如图 3-160 所示。
- 自定义彩色图：在颜色中设置颜色，可以将透镜下方对象区域颜色在设置的两种颜色以渐变形式显示。在"透镜"泊坞窗的下拉列表中选择"自定义彩色图"选项，如图 3-161 所示。

图 3-160 色彩限度效果 　　　　　　　　　　　　　　图 3-161 自定义彩色图效果

- 鱼眼：将对象按百分比放大或缩小。在"透镜"泊坞窗的下拉列表中选择"鱼眼"选项，如图 3-162 所示。
- 热图：将透镜下方的对象以冷暖的形式来显示。在"透镜"泊坞窗的下拉列表中选择"热图"选项，如图 3-163 所示。

图 3-162 鱼眼效果 　　　　　　　　　　　　　　　　图 3-163 热图效果

- 反显：将透镜下方的对象颜色变为互补色显示。在"透镜"泊坞窗的下拉列表中选择"反显"选项，如图 3-164 所示。
- 放大：按指定的数值将透镜下方对象的某个区域放大，对象看起来是透明效果。在"透镜"泊坞窗的下拉列表中选择"放大"选项，如图 3-165 所示。

图 3-164　反显效果　　　　　　　　　　　　　　图 3-165　放大效果

- 灰度浓缩，将透镜下方对象区域颜色变为等值的灰度。在"透镜"泊坞窗的下拉列表中选择"灰度浓缩"选项，如图 3-166 所示。
- 透明度：将透镜变为透明的颜色，以显示透镜下的对象。在"透镜"泊坞窗的下拉列表中选择"透明度"选项，如图 3-167 所示。

图 3-166　灰度浓缩效果　　　　　　　　　　　　图 3-167　透明度效果

- 线框：在颜色列表选择颜色，为透镜的轮廓和填充色，以透镜设置的颜色来显示。在"透镜"泊坞窗的下拉列表中选择"线框"选项，如图 3-168 所示。

图 3-168　线框效果

3.9 实例演练

3.9.1 鞋类广告

难易程度：★★★★★　　　　　　　　　　主要工具：文本工具、艺术笔工具、星形工具

文件路径：源文件\第 03 章\3.9.1　　　　　　视频文件：mp4\第 03 章\3.9.1

本实例绘制的是一款运动鞋的广告，此广告色彩红艳绚烂，放射状的图形，增添了画面的动感，配以时尚潮流人物元素，体现了此鞋类的前沿时尚特色，如图 3-169 所示。

01 执行"文件"｜"新建"命令，弹出"创建新文档"对话框，设置宽度为 213mm，高度为 261mm，单击"确定"按钮，新建一个空白文档。双击"矩形工具" ▭，自动生成一个与页面大小一样的矩形。按 F11 键，弹出"渐变填充"对话框，设置参数如图 3-170 所示。其中颜色值为红色（C36，M100，Y100，K4）和橙色（C0，M73，Y78，K0）。

02 单击"确定"按钮，如图 3-171 所示。

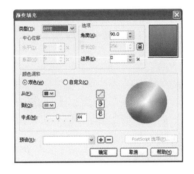

图 3-169　效果图　　　　　　　图 3-170　渐变参数　　　　　　　图 3-171　渐变填充效果

03 选择工具箱中的"星形工具" ☆，在属性栏中设置边数为 20，锐度为 70，在页面中绘制星形。按 Shift+F11 快捷键，弹出"均匀填充"对话框，设置颜色值为深红色（R193，G61，B38）。选择工具箱中的"透明度工具" ▣，在星形上从上往下拖出线性透明度，如图 3-172 所示。

04 单击星形，执行"效果"｜"图框精确裁剪"｜"置于图文框内部"命令。如出现黑色粗箭头 ➡ 时，单击矩形，如图 3-173 所示。

05 执行"文件"｜"导入"命令，弹出"导入"对话框，选择本书配套光盘中"第 3 章\3.9\3.9.1\素材\人物.cdr"文件，单击"导入"按钮。选择"选择工具" �，调整好位置和大小，如图 3-174 所示。

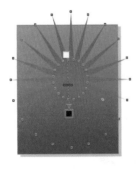

图 3-172　透明度效果 　　　　　　图 3-173　精确裁剪效果　　　　　　图 3-174　导入人物素材

06 选择工具箱中的"椭圆形工具"⬡，按住 Ctrl 键，在画面中绘制多个大小不一的正圆，分别填充黄色（R241，G225，B54）和蓝色（R62，G92，B203），如图 3-175 所示。

07 选中所有圆，按 Ctrl+G 快捷键，群组圆图形。按 Ctrl+PageDown 快捷键，将其放置到人物图层后面。参照前面导入素材的方法，继续导入"鞋子"素材，并调整好大小和位置，如图 3-176 所示。

08 选择工具箱中的"艺术笔工具"🖉，在属性栏中设置参数，在画面中绘制，如图 3-177 所示。

图 3-175　绘制正圆　　　　　　图 3-176　导入鞋子素材　　　　　图 3-177　艺术笔绘制效果

09 将绘制的图形，分别填充黄色、蓝色和绿色，效果如图 3-178 所示。

10 将艺术笔绘制的图形，移到鞋子和人物图层下面，效果如图 3-179 所示。

11 选择"星形工具"⬠，在属性栏中设置边数为 5，锐度为 40。按住 Ctrl 键，在画面中绘制多个星形。选中星形，在属性栏中设置 1~2mm 不等的轮廓宽度，如图 3-180 所示。

图 3-178　填充颜色效果　　　　　图 3-179　调整图层顺序　　　　　图 3-180　绘制星形

12 选择"椭圆形工具"⬡，在鞋子下方绘制两个细长的椭圆，并填充蓝色，如图 3-181 所示。

13 选择工具箱中的"文本工具"字，在画面上方输入文字，并填充黄色，如图 3-182 所示。

14 选中文字，按+键，复制一层，填充黑色。按 Ctrl+PageDown 快捷键，往下调整一层，按右方向键和下方向键，将黑色文字往右下角微移稍许，如图 3-183 所示。

图 3-181　绘制椭圆　　　　　　图 3-182　输入文字　　　　　　图 3-183　复制文字

15 选择工具箱中的"基本形状工具" ，在属性栏中单击"完美形状"按钮 ，在下拉列表中选中心形。在画面中绘制心形，并填充红色，去除轮廓线，如图 3-184 所示。

16 选中心形，将其放置到文字图层下面，如图 3-185 所示。

17 选中黑色空心星形，按 Ctrl+PageDown 快捷键，放置到鞋子图层下面，得到最终效果如图 3-186 所示。

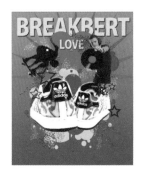

图 3-184　绘制心形　　　　　　　　图 3-185　调整图层顺序　　　　　　　图 3-186　最终效果

3.9.2　香水广告

难易程度：★★☆☆☆	主要工具：椭圆形工具、矩形工具和"透镜"泊坞窗
文件路径：源文件\第 03 章\3.9.2	视频文件：mp4\第 03 章\3.9.2

本实例绘制的是一款香水广告，此广告主要运用了"矩形工具、椭圆形工具"和"透镜、图框精确剪裁"命令等，如图 3-187 所示。

01 执行"文件" | "新建"命令，弹出"创建新文档"对话框，设置宽度为 203mm，高度为 276mm，单击"确定"按钮，新建一个空白文档。双击"矩形工具" ，自动生成一个与页面大小一样的矩形。按 F11 键，弹出"渐变填充"对话框，设置参数如图 3-188 所示。其中颜色值为蓝色（R38，G90，B121）0%、绿色（R123，G176，B60）54%和（R204，G221，B176）100%。

02 单击"确定"按钮，效果如图 3-189 所示。

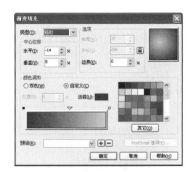

图 3-187　效果图　　　　　　　　　图 3-188　渐变参数　　　　　　　　　图 3-189　渐变效果

03 选择工具箱中的"椭圆形工具" ，按住 Ctrl 键，在画面中绘制多个大小不一的正圆，分别填充土黄色（R163，G136，B67）、黄绿色（R161，G184，B53）和蓝色（R84，G168，B119），效果如图 3-190 所示。

04 选择工具箱中的"椭圆形工具" ，按住 Ctrl 键，再次绘制两个大小不一的正圆，效果如图 3-191 所示。

05 选择工具箱中的"调和工具"，从一个正圆拖至另一个正圆上，在属性栏中设置调和步长为 3。单击"对象和颜色加速"按钮，设置参数，按 Enter 键，效果如图 3-192 所示。

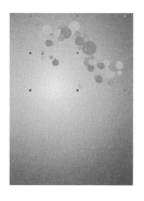

图 3-190　绘制正圆

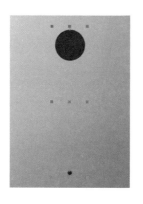

图 3-191　绘制正圆

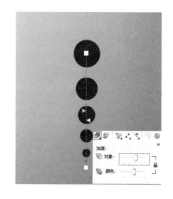

图 3-192　调和效果

06 选中调和图形，单击图形，使其处于旋转状态。向下移动旋转中心点，并放置到合适位置。将光标定位在右上角，待出现旋转箭头后拖动到合适，释放的同时，单击右键。再按 Ctrl+D 键，进行再制。框选图形，填充白色，效果如图 3-193 所示。

07 选中图形，按 Ctrl+G 快捷键，群组图形。选择工具箱中的"透明度工具"，在属性栏中设置透明类型为"标准"。右键拖动群组图形至矩形内，在弹出的快捷菜单中选择"图框精确裁剪内部"选项。单击图形下面的"编辑 PowerClip"按钮，完成后单击图形下面的"停止编辑内容"按钮，效果如图 3-194 所示。

08 参照上述操作，绘制正圆，并复制，如图 3-195 所示。

图 3-193　旋转复制效果

图 3-194　透明度效果

图 3-195　绘制正圆

09 框选正圆，单击属性栏中的"合并"按钮。按 F11 键，弹出"渐变填充"对话框，设置参数如图 3-196 所示。

10 选择"椭圆形工具"，绘制一个直径为 83 的正圆。按+键复制一层，移开作备用，将小正圆精确裁剪到大正圆，效果如图 3-197 所示。

11 选中备用的正圆，放置到裁剪图形上层。执行"窗口"｜"泊坞窗"｜"透镜"命令，打开"透镜"泊坞窗，在"透镜"类型下拉列表中选择"鱼眼"，效果如图 3-198 所示。

12 将彩球放置到背景图形上，选择"矩形工具"，绘制小矩形，并复制多个。在属性栏中设置轮廓宽度为 1mm，作为彩球链，效果如图 3-199 所示。

13 选择"矩形工具"，绘制小矩形，设置轮廓颜色为粉红色（C9，M24，Y0，K0），轮廓宽度为 0.5mm，选中不同的小矩形，填充不同的红色，如图 3-200 所示。

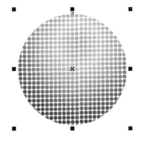

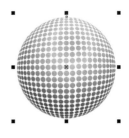

图 3-196　渐变参数　　　　　　　图 3-197　渐变填充效果　　　　　　图 3-198　鱼眼效果

14 绘制中间留有适当间距小正方形并矩阵，如图 3-201 所示。

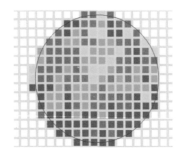

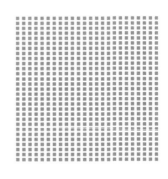

图 3-199　绘制矩形链　　　　　　图 3-200　绘制矩形　　　　　　　图 3-201　绘制矩形

15 框选小正方形，单击属性栏中的"合并"按钮 ，按 F11 键，弹出"渐变填充"对话框，设置颜色从此红色（R101，G15，B81）0%到红色（R224，G12，B43）50%到黄色（C0，M16，Y100，K0）76%到黄色（R255，G243，B17）100%，其他参数如图 3-202 所示。

16 单击"确定"按钮，如图 3-203 所示。

17 参照前面的操作方法，给此图形添加球形效果，如图 3-204 所示。

图 3-202　渐变参数　　　　　　　图 3-203　渐变填充效果　　　　　　图 3-204　变形球体

18 参照前面的操作方法，绘制更多的球体，如图 3-205 所示。

19 双击"矩形工具" ，自动生成一个与页面大小一样的矩形，将所有的图形，精确裁剪至矩形内，效果如图 3-206 所示。

20 执行 "文件" | "导入" 命令, 弹出 "导入" 对话框, 选择本书配套光盘中 "第 3 章\3.9\3.9.2\
素材\香水瓶.cdr 文件, 单击 "导入" 按钮。选择 "选择工具" [▯], 调整好位置和大小, 如图 3-207 所示。

图 3-205　绘制图形

图 3-206　精确裁剪效果

图 3-207　导入素材

21 选中香水瓶, 按住 Ctrl 键, 将光标定位在图形上方。出现双向箭头后, 往下拖动, 释放的同时单
击右键, 垂直翻转复制一个, 效果如图 3-208 所示。

22 选择工具箱中的 "透明度工具" [▯], 在复制的香水瓶上从上往下拖出线性透明度, 效果如图 3-209
所示。

23 最终效果如图 3-210 所示。

图 3-208　垂直翻转复制

图 3-209　透明度效果

图 3-210　最终效果

4 第 章 交互式特效

本章导读：

前面几章介绍了 CorelDRAW 的一些基本绘图和编辑操作，本章讲解 CorelDRAW X6 提供的高级编辑工具——交互式工具，这些工具的应用更能使图形产生锦上添花的效果。交互式工具可以为对象添加调和效果、轮廓图效果、变形效果、阴影效果、封套效果、立体化效果和透明度效果。

本章重点：

- ◆ 交互式调和工具
- ◆ 交互式轮廓图工具
- ◆ 交互式变形工具
- ◆ 交互式阴影工具
- ◆ 交互式封套工具
- ◆ 交互式立体化工具
- ◆ 交互式透明工具
- ◆ 实例演练

4.1 交互式调和工具

调和效果可以使绘图对象之间产生形状和颜色的过渡。"交互式调和工具"是 CorelDRAW X6 中应用得很广泛的工具之一，在不同对象之间应用调和时，其填充色、外形轮廓和排列顺序等都会对调和效果产生直接影响。

"交互式调和工具" 的属性栏如图 4-1 所示。通过设置属性栏中的参数可改变图形调和的形式、方向、中间图形的数量、距离、旋转方式和颜色，并可对其进行拆分、熔合或清除等操作。

图 4-1 "交互式调和工具"属性栏

该属性栏上各参数的含义如下：

- "预置列表"下拉列表框 预设... ：可从中选择系统预设的图形调和样式。
- "添加预设"按钮 ：可保存制作的图形调和样式。
- "删除预设"按钮 ：可在"预设列表"中删除选择的新建图形的调和样式，但是它只有在"预设列表"中选择了新创建的图形调和样式时才可用。
- "调和步长数"按钮 和"调和间距"按钮 ：用于设置图形在路径上是按制定的步数还是按固定的间距进行调和。它们只有在创建了沿路径调和的图形后才可用。
- "步数或调和形状之间的偏移量"微调框 ：用来设置中间调和图形的数量和中间调和图形之间的偏移量。
- "调和方向"微调框 ：用来旋转调和中的中间图形。参数为正时，图形将以逆时针方向旋转；参数为负时则相反。
- "环绕调和"按钮 ：可在调和图形之间围绕调和的中心点旋转中间的图形，但是它只有在设置了"调和方向"后才可用。
- "直接调和"按钮 ：可在调和图形时，用直接渐变的方式填充中间的图形。
- "顺时针调和"按钮 ：可在调和图形时，用色盘顺时针方向的色彩填充中间的图形。
- "逆时针调和"按钮 ：可在调和图形时，用色盘逆时针方向的色彩填充中间的图形。
- "对象和颜色加速"按钮 ：单击此按钮将出现"对象和颜色加速"选项面板。通过拖动相应的滑块可调整渐变路径上的图形和色彩的分布。
- "加速调和时的图形大小调整"按钮 ：可在调和图形的对象加速时，调整中间图的大小。
- "杂项调和选项"按钮 ：单击此按钮将出现 "杂项调和"选项面板。
- "映射节点"按钮 ：此按钮可调节调和图形的节点。
- "拆分"按钮 ：此按钮可从调和图形中将选中的图形拆分出来。
- "熔合始端"按钮 和"熔合末端"按钮 ：按住 Ctrl 键的同时单击拆分后的调和图形或复合调和图形中的某一图形，再单击这两个按钮中的一个，可用将其熔合为直接调和图形。
- "沿全路径调和"选项：可将调和图形沿整个路径排列。
- "旋转全部对象"选项：勾选此选项，沿路径排列的调和图形将跟随路径的形态旋转。
- "起始和结束对象属性"按钮 ：单击此按钮将出现一个 "起始和结束对象属性"选项面板，从中可对调和图形进行相应调整。

- "路径属性"按钮：单击此按钮将出现一个选项面板，从中可对路径调和的图形进行相应调整。
- "复制调和属性"按钮：可将图形的调和属性复制到当前选择的调和图形上。
- "清除调和"按钮：可删除调和图形的调和属性。

4.1.1 创建对象的调和

选择该选项，可使对象之间产生形状和颜色的过渡。

课堂举例【4-1】：创建对象的调和　　　　　　　　　　　视频文件：mp4\第 04 章\课堂举例 4-1.mp4

① 打开本书配套光盘中"第 4 章\4.1\4.1.1\素材\瓶子.cdr"文件，如图 4-2 所示。

② 选择工具箱中的"选择工具"，选中两个图形。选择工具箱中的"交互式调和工具"，在属性栏中的"预设"下拉列表框中选择"直接 10 步长"，设置调和步长的调和对象数值为 10，如图 4-3 所示。

③ 按 Ctrl+Z 快捷键，撤消调和。选择工具箱中的"交互式调和工具"，选择一个对象为起始对象。按下鼠标左键并拖动到另一个对象上也可实现对象调和，如图 4-4 所示。

图 4-2　打开文件　　　　　　　图 4-3　调和效果　　　　　　　图 4-4　设置调和效果

④ 选择工具箱中的"交互式调和工具"，可在属性栏中设置调和对象数值，设置好之后按下 Enter 键，将产生不同效果，如图 4-5 所示是设置数值为 20 时的效果。

⑤ 在属性栏的调和方向中可以设置调和的旋转角度，设置调和方向数值为 55，调和对象数值为 20，按下 Enter 键，效果如图 4-6 所示。

⑥ 单击属性栏中的"环绕调和"按钮，则除了调和对象自身会旋转外，和终点之间的图形也将以中心位置为中心轴进行旋转，如图 4-7 所示。

图 4-5　设置调和效果　　　　　　图 4-6　设置调和角度　　　　　　图 4-7　环绕调和效果

⑦ 在属性栏中还有"直接调和"按钮、"顺时针调和"按钮和"逆时针调和"按钮，单击不

同的按钮，产生不同的效果。默认的是"直接调和"，如图 4-8 所示是按下"顺时针调和"的效果，如图 4-9 所示是按下"逆时针调和"的效果。

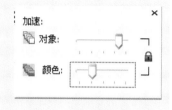

图 4-8　顺时针调和　　　　　　　　　图 4-9　逆时针调和　　　　　　　　图 4-10　"加速"对话框

⑧ 单击属性栏中"对象和颜色加速"按钮 不放，弹出"加速"对话框，如图 4-10 所示。在此对话框中设置对象和颜色，效果如图 4-11 所示。

⑨ 保持上述操作不变，单击属性栏中的"调整加速大小"按钮 ，如图 4-12 所示。

⑩ 单击属性栏中的"更多调和选项"按钮 ，在其下拉列表中单击"拆分"按钮 。当光标变为 时，在调和图形中单击调和中的某一个对象，拆分对象，拉开图形可以发现调和图形多出一个小正方形，如图 4-13 所示。

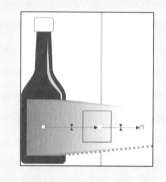

图 4-11　加速效果　　　　　　　　　图 4-12　调整加速大小　　　　　　　图 4-13　拆分调和

4.1.2　改变起点或终点对象

改变调和对象的起点和终点，可达到重新调和的目的。

课堂举例【4-2】：改变起点或终点对象　　　　　　　　视频文件：mp4\第 04 章\课堂举例 4-2.mp4

① 打开本书配套光盘中"第 4 章\4.1\4.1.2\素材\麦子.cdr"文件，如图 4-14 所示。

② 选择工具箱中的"星形工具" ，在绘图页面拖动鼠标绘制星形，如图 4-15 所示。

③ 选中调和对象，单击属性栏中的"起始和结束属性"按钮 ，在其下拉列表中选择"新终点"选项。当光标变为 时，在绘制的星形上单击鼠标左键，如图 4-16 所示。

④ 选中调和对象，单击属性栏中的"起始和结束属性"按钮 ，在其下拉列表中选择"新起点"选项，当光标变为 时，在绘制的星形上单击鼠标左键，如图 4-17 所示。

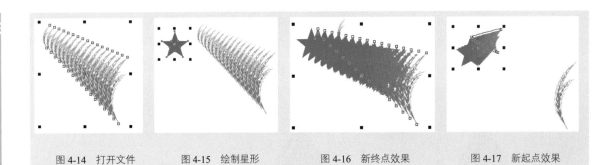

| 图 4-14 打开文件 | 图 4-15 绘制星形 | 图 4-16 新终点效果 | 图 4-17 新起点效果 |

4.1.3 沿路径调和

建立调和之后，通过运用路径属性功能，可使对象按照指定的路径进行调和。

课堂举例【4-3】：沿路径调和　　　　　　　　　　　视频文件：mp4\第 04 章\课堂举例 4-3.mp4

❶ 打开本书配套光盘中"第 4 章\4.1\4.1.3\素材\草.cdr"文件，运用贝塞尔工具绘制一条曲线，如图 4-18 所示。

❷ 选中调和对象，单击属性栏中的"路径属性"按钮，在其下拉列表中选择"新路径"选项，如图 4-19 所示。

❸ 当光标变为　时，单击绘制的曲线，如图 4-20 所示。

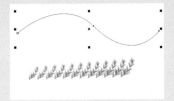  

| 图 4-18 绘制曲线 | 图 4-19 新路径 | 图 4-20 沿文字路径效果 |

❹ 执行"效果"|"调和"命令，在绘图页面右边弹出"混合"泊坞窗。在该泊坞窗中勾选"沿全路径调和"复选框，如图 4-21，单击"应用"按钮，如图 4-22 所示。

❺ 在"混合"泊坞窗中再勾选"旋转全部对象"复选框，如图 4-23 所示。

 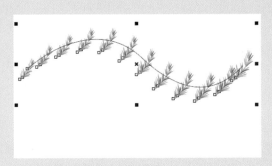 

| 图 4-21 到路径效果 | 图 4-22 沿全路径调和 | 图 4-23 旋转全部对象 |

❻ 单击"应用"按钮，如图 4-24 所示。

❼ 使用鼠标右键单击调色板上的　按钮，隐藏曲线，如图 4-25 所示。

112

图 4-24 旋转全部对象   图 4-25 隐藏曲线

4.1.4 复合调和

一个对象可以与多个对象进行调和，下面讲解具体操作方法。

 课堂举例【4-4】：复合调和   视频文件：mp4\第 04 章\课堂举例 4-4.mp4

① 打开本书配套光盘中 "第 4 章\4.1\4.1.4\素材\礼物.cdr" 文件，如图 4-26 所示。

② 选择工具箱中的 "交互式调和工具" ，从星形拖至红色圆形上，如图 4-27 所示。

③ 从红色圆拖至紫色形上，创建调和效果，如图 4-28 所示。

图 4-26 打开文件   图 4-27 调和效果   图 4-28 调和效果

专家提示：

除了用上述的方法建立复合调和外，还可以用 "调和工具" 在单一调和中间对象上双击，将单一调和拆分为复合调和，则被双击的中间对象将变为过渡调和对象（即中间带方框控制符的对象）。如双击过渡调和对象上的小方框，可融合两侧的子调和。

4.1.5 复制调和属性

当绘图页面有两个或两个以上的调和对象时，单击属性栏中的 "复制调和属性" 按钮，可以将其中一个调和对象的属性复制到另一个调和对象上，得到两个具有相同属性的调和对象图形。

课堂举例【4-5】：复制调和属性   视频文件：mp4\第 04 章\课堂举例 4-5.mp4

① 打开本书配套光盘中 "第 4 章\4.1\4.1.5\素材\牛牛.cdr" 文件，选中需要复制调和的对象，如图 4-29 所示。

② 单击属性栏中的 "复制调和属性" 按钮，当光标变为 ➡ 时，单击另一个调和对象，效果如图 4-30 所示。

图 4-29　选中对象　　　　　　　　　　　图 4-30　复制调和属性

4.2　交互式轮廓图工具

轮廓图效果是图形向内部或者外部放射的层次效果，它由多个同心线圈组成，可以通过向中心、向内和向外 3 种方向创建轮廓图，方向不同效果不同。

4.2.1　创建对象的轮廓图

"交互式轮廓工具"可以制作出对象的轮廓向内或向外放射的同心效果。创建轮廓图效果和创建调和效果不同的是轮廓图只需要在一个对象上就能完成。

课堂举例【4-6】：创建对象的轮廓图　　　　　　视频文件：mp4\第 04 章\课堂举例 4-6.mp4

❶ 打开本书配套光盘中"第 4 章\4.2\4.2.1\素材\彩色背景.cdr"文件，如图 4-31 所示。

❷ 选择工具箱中的"椭圆形工具"　，在绘图页面绘制椭圆并填充任意色，轮廓颜色为青色，如图 4-32 所示。

❸ 选择工具箱中的"交互式轮廓工具"　，单击属性栏中的"线性轮廓色"按钮　，设置轮廓图步长为 4，效果如图 4-33 所示。

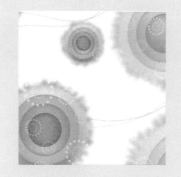
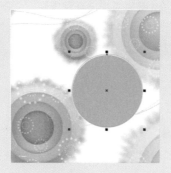
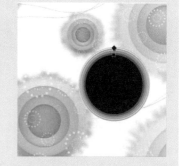

图 4-31　打开文件　　　　　　图 4-32　填充颜色　　　　　　图 4-33　设置轮廓属性

专家提示：

运用"交互式轮廓图工具"处理的轮廓对象必须是独立的对象，不能是群组对象。

选择工具箱中的"交互式轮廓图工具"　，在属性栏中设置数值，如图 4-34 所示：

图 4-34 交互式轮廓工具属性栏

该属性栏上各参数的含义如下：

- "预设"列表：在该下拉列表中可以选择内向流动或外向流动两种预设轮廓图样。
- "到中心"按钮 ![]：调整为由图形边缘向中心放射的轮廓效果。
- "内部轮廓"按钮 ![]：设置对象为内部放射轮廓效果。
- "外部轮廓"按钮 ![]：设置对象为外部放射轮廓效果。
- 轮廓图步长 ![]：在其下拉列表中设置数值可以改变轮廓图的发射数量。
- 轮廓图偏移 ![]：设置轮廓图效果中的步数间的距离。
- "线形轮廓色"按钮 ![]：直线形式对图形进行颜色渐变填充轮廓图。
- "顺时针轮廓色"按钮 ![]：在色轮盘中按顺时针颜色填充图形的轮廓图。
- "逆时针轮廓色"按钮 ![]：在色轮盘中按逆时针颜色填充图形的轮廓图。
- 轮廓色 ![]：设置轮廓图效果中最后一轮廓图的轮廓颜色，过渡色随之变化。
- 填充色 ![]：改变轮廓图效果中最后一轮廓图的填充颜色，过渡色随之变化。

4.2.2 轮廓色和填充色的设置

轮廓色和填充色的设置，是对轮廓图终端对象进行的轮廓颜色和填充颜色的设置。在应用轮廓图效果时，可以设置不同的轮廓颜色和内部填充颜色，不同的颜色设置可产生不同的轮廓图效果。

课堂举例【4-7】：轮廓色和填充色的设置　　　　　视频文件：mp4\第 04 章\课堂举例 4-7.mp4

① 选中轮廓效果对象，单击属性栏中的"轮廓色"下拉列表，选择颜色为红色，如图 4-35 所示。

② 选择工具栏中的"轮廓笔工具" ![]，在弹出的"轮廓笔"对话框的宽度中设置合适的数值，如图 4-36 所示。

图 4-35　填充颜色　　　　　　　　　　　图 4-36　"轮廓笔"对话框

③ 单击"确定"按钮，效果如图 4-37 所示。

④ 在调色板上单击黄色色块，选择起始端轮廓的填充色，如图 4-38 所示。

⑤ 在属性栏中的"填充色"下拉列表中选择颜色，为轮廓图的终端的对象选择填充色，如图 4-39 所示。

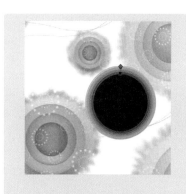

图 4-37 填充轮廓效果

图 4-38 设置起始端颜色

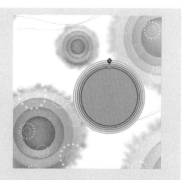

图 4-39 设置终端颜色

4.2.3 清除和拆分轮廓设置

轮廓图同其他交互式工具一样，可以直接去除已有轮廓图效果的对象，同时也可以将其拆分为单独的图形。

课堂举例【4-8】：清除和拆分轮廓设置　　　　　　视频文件：mp4\第 04 章\课堂举例 4-8.mp4

① 打开本书配套光盘中 "第 4 章\4.2\4.2.3\素材\圣诞.cdr" 文件，如图 4-40 所示。

② 清除轮廓效果时，选中轮廓图对象，执行 "效果" | "清除轮廓" 命令即可，效果如图 4-41 所示。

③ 按 Ctrl+Z 键，撤消 "清除轮廓" 命令。选中轮廓图对象，执行 "排列" | "拆分轮廓图群组" 命令。选择工具箱中的 "选择工具" ☒，拖动对象到合适的位置，如图 4-42 所示。

图 4-40 打开文件

图 4-41 清除轮廓

图 4-42 拆分轮廓图群组

专家提示：
拆分后的图形为两部分，分别为起始对象和调和对象部分。调和对象部分不会被拆分。

4.2.4 复制轮廓图属性

其是对已有轮廓图效果的对象，进行轮廓图各种属性的复制。

课堂举例【4-9】：复制轮廓图属性　　　　　　视频文件：mp4\第 04 章\课堂举例 4-9.mp4

① 打开本书配套光盘中 "第 4 章\4.2\4.2.4\素材\女孩.cdr" 文件，如图 4-43 所示。

② 选择工具箱中的 "基本形状工具" ☒在属性栏中的完美形状下拉列表中找到水滴的图形，在绘图页面拖动鼠标绘制图形，如图 4-44 所示。

③ 选择工具箱中的 "交互式轮廓图工具" ☒，单击属性栏中的 "复制轮廓图属性" 按钮☒，当光标

变为➡时，鼠标左键单击轮廓效果图形，如图 4-45 所示。

图 4-43　打开素材　　　　　　　图 4-44　绘制图形　　　　　　　图 4-45　复制轮廓图属性

专家提示：

　　轮廓图效果的属性被复制到图形上，复制后的效果只复制轮廓对象的步数、偏移和轮廓色，但填充颜色不能被复制。

4.3　交互式变形工具

　　使用"交互式变形工具"可以对选中的对象进行不同效果的变形。在属性栏中提供了三种不同类型的扭曲效果：推拉变形、拉链变形和扭曲变形，如图 4-46 所示。

图 4-46　交互式变形工具属性栏

该属性栏上各参数的含义如下：

- "添加新变形"按钮：可将当前选择的变形图形作为一个新的图形，再次对其进行变形操作。
- "推拉失真振幅"微调框：用来设置图形推拉变形的振幅大小，其参数设置范围为 -200~200。当参数为负时，可将图形推进变形；反之则将图形拉出变形。
- "中心变形"按钮：可将图形变形的中心点调整到图形的中心位置。
- "转换为曲线"按钮：可将变形后的图形转换为曲线图形。

4.3.1　推拉变形

　　"推拉变形"按钮：推拉对象节点以产生不同的推拉效果。

　　在属性栏的"预设"列表中，提供了多种变形效果，在该下拉列表中选择需要的变形效果，如图 4-47 所示。

课堂举例【4-10】：推拉变形　　　　　　　视频文件：mp4\第 04 章\课堂举例 4-10.mp4

　① 打开本书配套光盘中"第 4 章\4.3\4.3.1\素材\流线图形.cdr"文件，如图 4-48 所示。

　② 选择工具箱中的"复杂星形工具"，在属性栏中设置边数为 9，锐度为 2，在页面拖动鼠标绘制复杂星形，并填充绿色。鼠标右键单击调色板上的▢图标，去掉轮廓线，如图 4-49 所示。

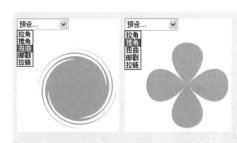

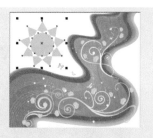

图 4-47 预设变形效果　　　　　　　图 4-48 打开文件　　　　　　图 4-49 绘制图形

③ 选择工具箱中的"交互式变形工具" ，单击属性栏中的"推拉变形"按钮 ，在图形上按住鼠标左键从内往外拖动，得到合适的图形时，释放鼠标左键，得到如图 4-50 所示的图形。

④ 在属性栏的"推拉删除振幅"中，设置数值为 50，如图 4-51 所示。

⑤ 在属性栏的"推拉删除振幅"中，设置数值为-50，如图 4-52 所示。

图 4-50 添加扭曲效果　　　　　　图 4-51 最终效果　　　　　　图 4-52 设置推拉振幅

4.3.2 拉链变形

"拉链变形"按钮 ：在对象的内外侧产生很多节点，使对象的轮廓变为锯齿状效果。

课堂举例【4-11】：拉链变形　　　　　　　　　视频文件：mp4\第 04 章\课堂举例 4-11.mp4

① 打开本书配套光盘中"第 4 章\4.3\4.3.2\素材\瓶子.cdr"文件，如图 4-53 所示。

② 选择工具箱中的"交互式变形工具" ，单击属性栏中的"拉链变形"按钮 ，在属性栏"拉链删除振幅"中设置数值为 50，"拉链删除频率"中设置数值为 10，按下 Enter 键，如图 4-54 所示。选中图形，单击属性栏中的"随机变形"按钮 ，效果如图 4-55 所示。

图 4-53 打开文件　　　　　　图 4-54 拉链变形效果　　　　　图 4-55 随机变形效果

③ 按 Ctrl+Z 快捷键，撤消"随机变形"命令，选中图形。单击属性栏中的"平滑变形"按钮 $\boxed{\boxtimes}$ ，效果如图 4-56 所示。

④ 按 Ctrl+Z 快捷键，撤消"平滑变形"命令。单击属性栏中的"局部变形"按钮 $\boxed{\boxtimes}$ ，拖动图形上的小白色正方形块，效果如图 4-57 所示。

图 4-56　平滑变形效果

图 4-57　局部变形效果

4.3.3　扭曲变形

使用"扭曲变形"按钮 $\boxed{\boxtimes}$ ，可以使对象围绕自身旋转产生一种旋涡效果。

课堂举例【4-12】：扭曲变形　　　　　　　　　视频文件：mp4\第 04 章\课堂举例 4-12.mp4

① 打开本书配套光盘中"第 4 章\4.3\4.3.3\素材\心形.cdr"文件，如图 4-58 所示。

② 选择工具箱中的"变形工具" $\boxed{\text{♥}}$ ，在属性栏中单击"扭曲变形"按钮 $\boxed{\boxtimes}$ ，在属性栏中设置完全旋转的数值为 9。单击"逆时针旋转"按钮 $\boxed{\circlearrowleft}$ ，按下 Enter 键，效果如图 4-59 所示。

图 4-58　打开素材

图 4-59　添加变形效果

4.4　交互式阴影工具

阴影效果是绘图过程中常用到的一种特效，使用"交互式阴影工具"可以快速地为绘制的图形添加阴影效果，使对象产生较强的立体感。在属性栏还可以设置阴影的偏移、角度、透明度、羽化、位置和颜色。

4.4.1 创建对象的阴影

对象的阴影类型有多种，所投射的方向也有不同，下面介绍阴影的设置。

课堂举例【4-13】：创建对象的阴影　　　　视频文件：mp4\第 04 章\课堂举例 4-13.mp4

① 打开本书配套光盘中 "第 4 章\4.3\4.4.1\素材\食物.cdr" 文件，如图 4-60 所示。

② 选择工具箱中的 "交互式阴影工具" 🔲，属性栏会出现关于阴影效果的参数，如图 4-61 所示。

图 4-60　打开文件

图 4-61　"交互式阴影工具" 属性栏

- 阴影偏移：设置阴影与图形之间的偏移距离，数值为正数时阴影向上或是向右偏移，为负值时阴影向下或是向左偏移。创建阴影效果后阴影偏移才会被激活。在阴影偏移中设置 "x" 的值为-5，"y" 的值为 1.5，按下 Enter 键，如图 4-62 所示。

- 阴影角度：设置阴影的方向。

- 阴影的不透明度：设置阴影的透明效果，数值越大阴影效果颜色越重，数值越小阴影颜色效果越淡。如图 4-63 所示为阴影不透明度数值为 20%时的效果，如图 4-64 所示为阴影不透明度数值为 80%时的效果。

图 4-62　阴影偏移效果　　　　图 4-63　设置透明度 20%　　　　图 4-64　设置透明度 80%

- 阴影羽化：设置阴影的羽化效果，羽化数值越大阴影的边缘越平滑，如图 4-65 所示是羽化值为 3 时的效果，如图 4-66 所示是羽化值为 20 时的效果。

图 4-65　设置羽化值　　　　　　　　　　图 4-66　设置羽化值

● 羽化方向：可在其下拉列表中选择阴影羽化方向，如图 4-67 所示。

　　"向内"羽化　　　　　　"中间"羽化　　　　　　"向外"羽化　　　　　　"平均"羽化

图 4-67　羽化方向

● 阴影颜色：在"颜色"下拉列表中可选择合适的颜色作为阴影色，如图 4-68 所示。

图 4-68　设置阴影颜色

4.4.2　复制对象阴影

为已有对象的阴影复制各种属性。前提是需要复制阴影的对象，必须也添加了阴影效果。

🏠 课堂举例【4-14】：复制对象阴影　　　　　　　　视频文件：mp4\第 04 章\课堂举例 4-14.mp4

① 打开本书配套光盘中 "第 4 章\4.3\4.4.2\素材\小鸡.cdr" 文件，如图 4-69 所示。

② 选择工具箱中的 "选择工具" ，选中图形。再选择工具箱中的 "交互式阴影工具" ，单击属性栏中的 "复制阴影效果属性" 按钮 。当光标变为 ➡ 时，单击图形，如图 4-70 所示。

图 4-69　打开文件　　　　　　　　　　　　图 4-70　复制阴影

4.4.3 拆分阴影

其作用是分离阴影与对象。进行拆分后，两者都为独立的对象。分离后的对象和阴影仍保持原有的颜色和状态不变。

 课堂举例【4-15】：拆分阴影   视频文件：mp4\第 04 章\课堂举例 4-15.mp4

① 打开本书配套光盘中"第 4 章\4.3\4.4.3\素材\玫瑰.cdr"文件，如图 4-71 所示。

② 选择工具箱中的"选择工具"，选中图形，按下 Ctrl+K 快捷键拆分图形与阴影。选中阴影，将阴影移动到合适位置，如图 4-72 所示。

图 4-71　打开文件

图 4-72　拆分阴影

4.4.4 清除阴影

"清除阴影"按钮：去除对象的阴影效果。

 课堂举例【4-16】：清除阴影   视频文件：mp4\第 04 章\课堂举例 4-16.mp4

① 打开本书配套光盘中"第 4 章\4.3\4.4.4\素材\章鱼.cdr"文件，如图 4-73 所示。

② 选择工具箱中的"交互式阴影工具"，单击属性栏中的"清除阴影"按钮，如图 4-74 所示。

图 4-73　打开文件

图 4-74　清除阴影

4.5 交互式封套工具

封套是指通过使用形状工具操作对象封套的控制点来改变对象的基本形状。CorelDRAW X6 提供了功能非常强大的交互式封套工具，使用它可以很容易地对图形或文字进行变形，将对象的外形修饰得非常漂亮或满足设计要求。

4.5.1　创建对象的封套效果

"封套工具" 为对象提供了一系列简单的变形效果，为对象添加封套后，通过调整封套上的节点可以使对象产生各种形状的变形效果。

🏠 课堂举例【4-17】：创建对象的封套效果　　　　　　　　视频文件：mp4\第 04 章\课堂举例 4-17.mp4

❶ 打开本书配套光盘中 "第 4 章\4.3\4.4.4\素材\个性人物.cdr" 文件，如图 4-75 所示。

❷ 选择工具箱中的 "交互式封套工具" ，此时在图片的周围会出现一个蓝色的虚线矩形框，如图 4-76 所示。

❸ 用鼠标拖拽控制点，效果如图 4-77 所示。

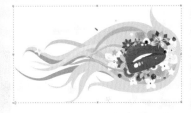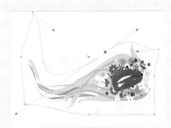

图 4-75　打开文件　　　　　　　　图 4-76　虚线框　　　　　　　　图 4-77　调整形状

❹ 在属性栏预设中，提供了多种不同的预置封套效果，如图 4-78 所示为选择 "挤远" 之后的效果。图 4-79 所示为选择 "上推" 之后的效果。

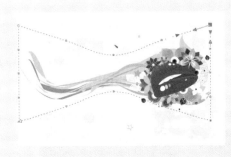

图 4-78　"挤远" 效果　　　　　　　　　　　　图 4-79　"上推" 效果

4.5.2　封套效果的编辑

在对象四周出现封套编辑框后，可以结合该属性栏中的 5 种模式进行编辑。

🏠 课堂举例【4-18】：封套效果的编辑　　　　　　　　视频文件：mp4\第 04 章\课堂举例 4-18.mp4

❶ 打开本书配套光盘中 "第 4 章\4.5\4.5.2\素材\封套素材.cdr" 文件，如图 4-80 所示。

❷ 选择工具箱中的 "交互式封套工具" ，属性栏中有多种模式供选择，如图 4-81 所示。

图 4-80　打开文件　　　　　　　　图 4-81　"交互式封套工具"属性栏

❑　直线模式

"直线模式"按钮▢：移动封套控制点时保持封套边线为直线，如图 4-82 所示。

图 4-82　直线模式

❑　单弧模式

"单弧模式"按钮▢：沿水平或是垂直方向移动封套的控制点，封套边线即会变为单弧线，如图 4-83 所示。

图 4-83　单弧模式

❑　双弧模式

"双弧模式"按钮▢：可将封套调整为双弧形状，移动封套的控制点，封套边线会变为 S 形弧线，如图 4-84 所示。

124

图 4-84 双弧模式

❑ 非强制模式

"非强制模式"按钮 ![]: 可以不受限制的编辑封套形状，还可以增加或删除封套的控制点，如图 4-85
所示。

图 4-85 非强制模式

❑ 添加新封套

"添加新封套"按钮 ![]: 将对象进行变形之后，单击此按钮可以再次对对象添加封套并进行形状调整，
如图 4-86 所示。

  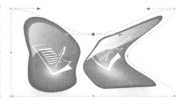

图 4-86 添加新封套

- "映射模式"下拉列表框 自由变形 ▾: 用来选择控制封套改变图形外观的模式。
- "保留线条"按钮 ![]: 为图形添加封套变形效果时，按下此按钮可保持图形中的直线不被改变为
  曲线。
- "创建封套自"按钮 ![]: 单击此按钮后将鼠标移动到图形上单击，可将单击图形的形状为选择的
  封套图形添加新封套。

125

4.6 交互式立体化工具

立体效果是利用三维空间的立体旋转和光源照射的功能来完成的。CorelDRAW X6 中的交互式立体化工具可以制作和编辑图形的三维效果，使对象具有很强的纵深感和空间感。下面将具体来介绍如何制作图形的立体效果。

4.6.1 创建对象的立体化效果

应用立体化工具 🔘 ，可以为对象添加三维效果，使对象具有很强的纵深感和空间感，立体效果可以应用于图形和文本对象中。

🏠 **课堂举例【4-19】：创建对象的立体化效果**　　　　视频文件：mp4\第 04 章\课堂举例 4-19.mp4

① 打开本书配套光盘中"第 4 章\4.6\4.6.1\素材\手彩图.cdr"文件，如图 4-87 所示。

② 选择工具箱中的"交互式立体化工具" 🔘 ，在图形上拖动鼠标为图形添加立体化效果。单击在属性栏中的"颜色"下拉按钮 🔲 ，设置好参数，效果如图 4-88 所示。

图 4-87　打开文件　　　　　　　　　　　　　　　　图 4-88　添加立体化效果

4.6.2 立体化效果的编辑

立体化效果是比较多样的，可以对其进行颜色，深度，立体方向等的设置。

🏠 **课堂举例【4-20】：立体化效果的编辑**　　　　视频文件：mp4\第 04 章\课堂举例 4-20.mp4

① 打开本书配套光盘中"第 4 章\4.6\4.6.1\素材\彩图.cdr"文件，如图 4-89 所示。

② 选择工具箱中的"交互式立体化工具" 🔘 之后，在属性栏中可以设置数值，改变立体化效果，如图 4-90 所示。

图 4-89　打开文件　　　　　　　　　　　　　　图 4-90　"交互式立体化工具"属性栏

- "预设"下拉列表框：在预设列表中，提供了多种不同的立体化效果，如图 4-91 所示。可以直接选择，即可赋予对象。

- "立体化类型"列表：在立体化类型下拉列表中提供了多种不同立体化效果类型，如图 4-92 所示。

图 4-91 "预设"列表

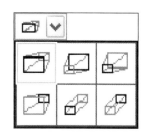

图 4-92 "立体化类型"列表

- 深度：在深度数值框中输入的数值越大，对象的立体化效果越深，数值越小，立体化效果越浅，如图 4-93 所示是深度数值为 20 时的立体效果，图 4-94 所示是深度数值为 50 时的效果。

图 4-93 设置深度值为 20

图 4-94 设置深度值为 50

- 灭点坐标：可以设置对象的立体化灭点坐标位置，灭点就是指对象的消失点，如图 4-95 所示为灭点坐标 X 为-70mm，Y 为 10mm 的效果。所图 4-96 示为灭点坐标 X 为 60mm，Y 为 20mm 的效果。

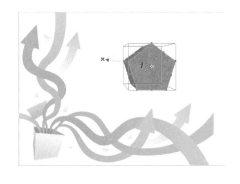

图 4-95 设置坐标灭点

图 4-96 设置坐标灭点

- 灭点属性：在"灭点属性"下拉列表中，如图 4-97 所示。选择不同选项，可以用来设置灭点属性。

- "立体化方向"按钮：可以调整对象的立体化视图角度，如图 4-98 所示。

- "立体化颜色"按钮：单击此按钮，会弹出"颜色"下拉列表，如图 4-99 所示。可以从中选择立体化对象的颜色填充类型。

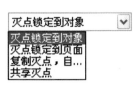

图 4-97　"灭点属性"列表　　　　　　图 4-98　立体化方向　　　　　　图 4-99　"颜色"列表

- "立体化倾斜"按钮：单击此按钮，会弹出"斜角修饰边"下拉列表，如图 4-100 所示。从中勾选"使用斜角修饰边"选项，进行数值设置。
- "照明"按钮：单击此按钮，会弹出"照明"下拉列表，如图 4-101 所示。在对话框中为对象添加灯光效果，图 4-102 所示为单击"光源 1"按钮之后的效果。

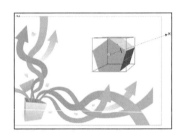

图 4-100　"立体化倾斜"列表　　　　图 4-101　"照明"列表　　　　　图 4-102　添加照明

4.6.3　清除立体化

立体化的清除很简单，同其他交互工具一样，在属性栏中直接单击"去除立体化"按钮，取可实现。

课堂举例【4-21】：清除立体化　　　　　　　　　　视频文件：mp4\第 04 章\课堂举例 4-21.mp4

① 打开本书配套光盘中"第 4 章\4.6\4.6.3\素材\星星.cdr"文件，如图 4-103 所示。

② 单击"立体化工具"，在属性栏中单击"立体化倾斜"按钮，在弹出的下拉列表中，勾选"使用斜角修饰边"选项，如图 4-104 所示。

③ 单击"立体化工具"，选中五角星，单击属性栏中的"清除立体化"按钮，对象效果如图 4-105 所示。

图 4-103　打开文件　　　　　　　图 4-104　斜角修饰边　　　　　　图 4-105　清除立体化

4.7 交互式透明度工具

使用交互式透明度工具可以为对象制作出透明图层效果，此工具可以为对象很好地表现质感，并增强对象的真实效果。

4.7.1 创建对象的透明效果

使对象产生透明效果，可为对象创建透明图形的效果。在对物体的造型处理上，应用透明度效果可很好地表现出对象的光滑质感，增强对象的真实效果。交互式透明效果可以应用于矢量图形、文本和位图图像。

课堂举例【4-22】：创建对象的透明效果　　视频文件：mp4\第 04 章\课堂举例 4-22.mp4

① 打开本书配套光盘中"第 4 章\4.7\4.7.1\素材\水晶球.cdr"文件，如图 4-106 所示。

② 选择工具箱中的"三点曲线工具"，在绘图页面拖动鼠标绘制图形。单击调色板上的白色色块，为图形填充该颜色。鼠标右键单击调色板上的⊠图标，去掉轮廓线，如图 4-107 所示。

③ 选中绘制的白色高光，再选择工具箱中的"交互式透明度工具"，在属性栏中的"透明度类型"下拉列表中，选择"标准"选项，添加透明效果前后对比，如图 4-108 所示为添加透明效果前后对比。

图 4-106　打开文件　　　　　图 4-107　绘制图形　　　　　图 4-108　添加透明效果

4.7.2 透明效果的编辑

用户可以通过"交互式透明度工具"属性栏来调整对象的透明效果。

课堂举例【4-23】：透明效果的编辑　　视频文件：mp4\第 04 章\课堂举例 4-23.mp4

① 打开本书配套光盘中"第 4 章\4.6\4.6.3\素材\透明效果素材.cdr"文件，如图 4-109 所示。

② 选择工具箱中的"交互式透明度 工具"之后，在属性栏中设置数值，可改变透明效果，如图 4-110 所示。

图 4-109　打开文件　　　　　图 4-110　"交互式透明工具"属性栏

"透明度类型"下拉列表中提供了多种类型：

❑ 标准

选择此类型后，可以相同的形式对对象所有部分添加透明效果，如图 4-111 所示。

图 4-111　标准透明效果

❑ 线性

选择此类型，则可沿直线方向为对象添加透明效果，如图 4-112 所示。

❑ 辐射

选择此类型，则透明效果以中心向外进行渐变，如图 4-113 所示。

图 4-112　线性透明效果　　　　　　　　　　　　　　　图 4-113　辐射透明效果

❑ 圆锥

选择此类型，则透明效果按圆锥形式进行渐变，如图 4-114 所示。

❑ 正方形

选择此类型，则透明效果按正方形形式进行渐变，如图 4-115 所示。

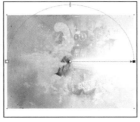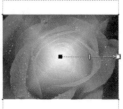

图 4-114　圆锥透明效果　　　　　　　　　　　　　　　图 4-115　正方形透明效果

❏   双色图样、全色图样、位图图样和底纹

选择此类型，则可为对象添加图样或是纹理的透明效果，如图 4-116 所示为对象添加双色图样的效果，如图 4-117 所示是为对象添加全色图样的效果。

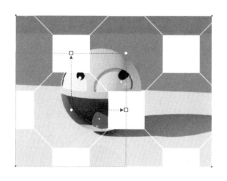

图 4-116   双色图样透明效果

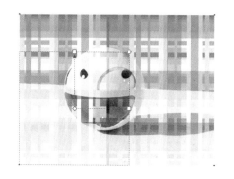

图 4-117   全色图样透明效果

如图 4-118 所示为添加位图图样透明效果，如图 4-119 所示为添加底纹透明效果。

图 4-118   位图图样透明效果

图 4-119   底纹透明效果

- "透明中心点"选项 ✥—□ 100 ：用来设置图形透明的强度，改变图形透明中心点位置的对比效果。
- "渐变透明角度和边衬"微调框 ：用来设置添加透明效果的角度和透明程度。
- "透明度目标"下拉列表框 全部 ：用来选择透明效果应用于图形的部位，包括填充、轮廓和全部 3 个选项。
- "冻结"按钮 ：可将图形的透明效果冻结。当移动该图形时，图形之间叠加产生的效果将不会发生改变。

4.8 实例演练

4.8.1 农产品广告

难易程度：★★☆☆☆	主要工具：调和工具、立体化工具、椭圆形工具
文件路径：源文件\第 04 章\4.8.1	视频文件：mp4\第 04 章\4.8.1

本实例绘制的是一款农产品的广告，此广告主要运用了"调和工具、立体化工具、椭圆形工具、星形工

131

具、填充工具、矩形工具"和"图框精确剪裁"命令等，如图 4-120 所示。

01 执行"文件"｜"新建"命令，弹出"创建新文档"对话框，设置宽度为 166mm，高度为 202mm，单击"确定"按钮，新建一个空白文档。双击"矩形工具" 📐，自动生成一个与页面大小一样的矩形。按 Shift+F11 快捷键，弹出"均匀填充"对话框，设置颜色为黄色（R246，G234，B24），单击"确定"按钮，效果如图 4-121 所示。

02 选择工具箱中的"多边形工具" 🔘，在属性栏中设置边数为 3，在画面中绘制三角形，填充白色。选择工具箱中的"透明度工具" 🍸，在三角形上从下往上拖出线性透明度，效果如图 4-122 所示。

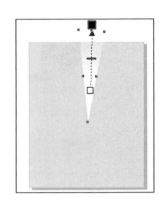

图 4-120　效果图　　　　　　　图 4-121　绘制矩形　　　　　　　图 4-122　效果图

03 按 Alt+F8 快捷键，打开"旋转"泊坞窗，设置"旋转度"为 45，将旋转中心点定位在下方，设置"复制"为 7，单击"应用"按钮。框选所有三角形，按 Ctrl+G 快捷键群组图形，使用鼠标右键将其拖至矩形内。在弹出的快捷菜单中选择"图框精确裁剪内部"选项，调整好位置以后，单击图片下面出现的"停止编辑内容"按钮 🖼，效果如图 4-123 所示。

04 选择"椭圆形工具" 🔘，按住 Ctrl 键，绘制多个大小不一的正圆，并填充白色，效果如图 4-124 所示。

05 选择"星形工具" 🌟，在属性栏中设置边数为 45，锐度为 80。按住 Ctrl 键，绘制星形，并填充黄色（R202，G191，B40），去除轮廓线，效果如图 4-125 所示。

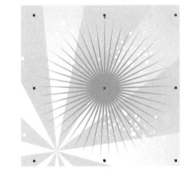

图 4-123　旋转复制图形　　　　　图 4-124　效果图　　　　　　　图 4-125　旋转复制图形

06 按+键，复制一层，在属性栏中设置旋转角度为 4。按住 Shift 键，将光标定位在图形左上角，出现四向箭头后，往内拖动，等比例缩小图形，效果如图 4-126 所示。

07 选中两个星形，单击属性栏中的"合并"按钮 🔲，再选择"椭圆形工具"绘制一个正圆，填充黄色（R248，G236，B64），如图 4-127 所示。

08 选中正圆，选择工具箱中的"轮廓图工具" 🔲，在正圆上从内往外拖出轮廓，在属性栏中设置轮廓图步长为 2，轮廓图偏移为 2，如图 4-128 所示。

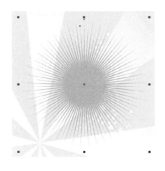

图 4-126 复制星形

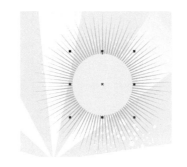

图 4-127 绘制椭圆

图 4-128 轮廓图效果

09 按 Ctrl+K 快捷键，拆分轮廓图组。选择工具箱中的"选择工具" ，单击属性栏中的"取消全部群组"按钮 。选中最外面轮廓和星形，单击属性栏中的"修剪"按钮 ，删去黑色正圆。选中中间正圆，填充黄色（R202，G191，B40），如图 4-129 所示。

10 按 Ctrl+F11 快捷键，打开"插入字符"泊坞窗，选中第二个符号，拖入画面中，填充黄色（R202，G191，B40），调整好位置和大小，如图 4-130 所示。

11 选择工具箱中的"椭圆形工具" ，按 Ctrl 键绘制两个大小不一的正圆，选择其中较大的一个，单击两次，使其显示中心点。选择"选择工具" ，在标尺上拖出两条相交辅助线，定位好中心点，选择小正圆，同样单击两次，将旋转中心点移至辅助线相交处，如图 4-131 所示。

图 4-129 修剪效果

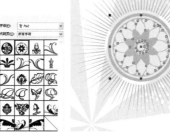

图 4-130 插入字符效果

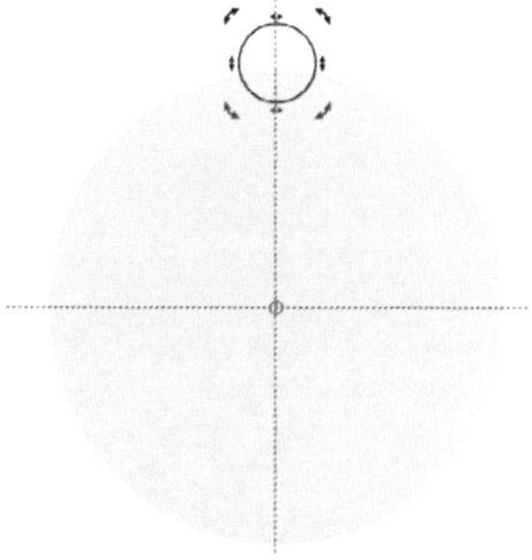

图 4-131 绘制正圆

12 将光标定位在小圆右上角，出现旋转箭头时，拖动至合适位置，释放的同时单击右键，按 Ctrl+D 快捷键，进行再制，如图 4-132 所示。

13 框选图形，单击属性栏中的"合并"按钮 。按 F11 键，弹出"渐变填充"对话框，设置颜色从暗黄色（R175，G173，B62）到（R218，G205，B38）57%到（R230，G217，B30）67%到（R237，G227，B18）100%，其他参数，如图 4-133 所示。单击"确定"按钮，效果如图 4-134 所示。

图 4-132 绘制正圆

图 4-133 渐变参数

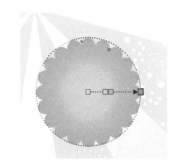

图 4-134 渐变效果

14 选择"椭圆形工具" ，按 Ctrl 键绘制两个大小不一的正圆，填充任意色，效果如图 4-135 所示。

15 选择工具箱中的"调和工具"，从一个正圆拖至另一正圆，在属性栏中设置调和对象为 4。单击"对象和颜色加速"按钮，单击解除锁定的图标，将"对象"游标往左移动稍许，效果如图 4-136 所示。

16 参照前面的操作方法，对复制图形进行旋转复制，效果如图 4-137 所示。

图 4-135　绘制正圆　　　　　　　　图 4-136　调和效果　　　　　　　　图 4-137　旋转复制效果

17 框选所有的复制圆，按 Ctrl+G 快捷键，群组图形。选择工具箱中的"透明度工具"，在属性栏中设置透明类型为"标准"，效果如图 4-138 所示。

18 选择工具箱中的"文本工具"，输入文字。按 F11 键，弹出"渐变填充"对话框，填充从绿色到白色到黄色的线性渐变色，设置轮廓宽度为 1.5mm，轮廓颜色为绿色，效果如图 4-139 所示。

19 选择工具箱中的"立体化工具"，在文字上拖出立体效果，如图 4-140 所示。

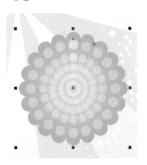

图 4-138　透明度效果　　　　　　　图 4-139　输入文字　　　　　　　　图 4-140　立体化效果

20 选择"选择工具"，单击文字表面，按+键复制一层，以作备用。选中立体化文字，填充绿色，如图 4-141 所示。

21 选中备用文字，放置到文体文字上层，如图 4-142 所示。

22 选择"贝塞尔工具"，绘制一条曲线。选择"文本工具"，在曲线上单击，输入路径文字，设置文字大小为 80，字体为 Ft73，如图 4-143 所示。

图 4-141　填充颜色　　　　　　　　图 4-142　调整图形　　　　　　　　图 4-143　输入路径文字

23 按 Ctrl+K 快捷键，拆分路径文字，删除曲线。单击文字，填充黄色，选择属性栏中的"轮廓图工具" ，在文字上从内往外拖出轮廓，如图 4-144 所示。

24 按 Ctrl+K 快捷键，拆分轮廓图群组，切换到"选择工具" 。按 Ctrl+U 快捷键，解散全部群组，选中最外围轮廓，填充绿色。选择"立体化工具"，拖出立体效果，如图 4-145 所示。

25 选中中间文字层，填充嫩绿色（R75，G182，B76），如图 4-146 所示。

图 4-144　轮廓图效果　　　　　　图 4-145　立体化效果　　　　　　图 4-146　填充颜色效果

26 参照上述立体字的制作方法，制作另一组立体字，如图 4-147 所示。

27 再次选择"文本工具"，输入文字，设置字体大小为 174pt，填充白色，并添加 3mm 宽的绿色轮廓，如图 4-148 所示。

28 执行"文件"｜"导入"命令，弹出"导入"对话框，选择本书配套光盘中"第 4 章\4.8\4.8.1\素材 cdr"文件，单击"导入"按钮。选择"选择工具"，调整好位置和大小，得到最终效果如图 4-149 所示。

图 4-147　制作立体文字　　　　　　图 4-148　输入文字　　　　　　图 4-149　最终效果

4.8.2　饮料广告

难易程度：★★★	主要工具：透明度工具、阴影工具、贝塞尔工具
文件路径：源文件\第 04 章\4.8.2	视频文件：mp4\第 04 章\4.8.2

本实例绘制的是一款饮料广告，此广告主要运用了"透明度工具、阴影工具、贝塞尔工具、椭圆形工具、填充工具、矩形工具"和"图框精确剪裁"命令等，如图 4-150 所示。

135

01 执行"文件" | "新建"命令，弹出"创建新文档"对话框，设置宽度为178mm，高度为232mm，单击"确定"按钮，新建一个空白文档。双击"矩形工具"□，自动生成一个与页面大小一样的矩形。按F11键，弹出"渐变填充"对话框，设置颜色为橙色（R204，G51，B0）到（R255，G102，B51）31%到（R255，G102，B51）75%到（R204，G51，B0）的线性渐变色，单击"确定"按钮，效果如图4-151所示。

02 选择工具箱中的"贝塞尔工具"，绘制流线图形，并填充橙色（R255，G102，B0）到黄色（R255，G204，B0）相间的线性渐变色，效果如图4-152所示。

图4-150　效果图　　　　　　　　　　图4-151　绘制矩形　　　　　　　　　　图4-152　绘制图形

03 参照此方法，再次绘制多条，如图4-153所示。

04 选择"贝塞尔工具"，绘制图形，并填充红色（R228，G67，B21），如图4-154所示。

05 选中红色图形，选择工具箱中的"透明度工具"，在属性栏中选择透明类型为"标准"，效果如图4-155所示。

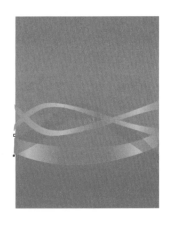

图4-153　绘制图形　　　　　　　　　　图4-154　绘制图形　　　　　　　　　　图4-155　透明效果

06 选中所有流线图形，按Ctrl+G快捷键群组，单击鼠标右键拖动图形至矩形内，在弹出的快捷菜单中选择"图框精确裁剪内部"选项，效果如图4-156所示。

07 执行"文件" | "导入"命令，弹出"导入"对话框，选择本书配套光盘中"第4章\4.8\4.8.2\素材\饮料瓶.cdr文件，单击"导入"按钮。选择"选择工具"，调整好位置和大小，效果如图4-157所示。

08 选中瓶子，选择工具箱中的"阴影工具"，在瓶子上拖出一条阴影，在属性栏中设置阴影角度为84，阴影的不透明度为50，羽化为40，如图4-158所示。

图 4-156　绘制图形　　　　　　　　图 4-157　导入素材　　　　　　　　图 4-158　阴影效果

09 选择工具箱中的"椭圆形工具" ，按住 Ctrl 键，在画面中绘制正圆，并填充黑色，如图 4-159 所示。

10 选择工具箱中的"基本形状工具"，在属性栏中的完美形状下拉列表找到水滴，并填充蓝色，如图 4-160 所示。

11 框选图形，按 Ctrl+G 快捷键，群组图形。再次选择"椭圆形工具"，绘制黑色正圆，选择"矩形工具"，绘制两个垂直矩形，并分别填充橙色和红色，如图 4-161 所示。

图 4-159　绘制正圆　　　　　　　　图 4-160　绘制图形　　　　　　　　图 4-161　绘制图形

12 选择"椭圆形工具"，绘制如图 4-162 所示图形。

13 选中绿色椭圆，按 Ctrl+G 快捷键群组图形，再次单击群组图形，将旋转中心点移到较大绿色圆的中心处。将光标定位在图形右上角，出现旋转箭头后，拖动图形到适合位置，释放的同时单击右键。按 Ctrl+D 快捷键，进行再制，如图 4-163 所示。

14 参照前面的操作方法，选择"贝塞尔工具"和"椭圆形工具"，绘制图形，如图 4-164 所示。

图 4-162　绘制图形　　　　　　　　图 4-163　绘制图形　　　　　　　　图 4-164　绘制图形

15 选择"选择工具" ⬚，将所有绘制的黑色图形，散布在瓶口处，如图 4-165 所示。

16 执行"文件" | "导入"命令，弹出"导入"对话框，选择本书配套光盘中"第 4 章\4.8\4.8.2\素材\飞溅.cdr 文件，单击"导入"按钮。选择"选择工具" ⬚，将飞溅图形放置到瓶口处，效果如图 4-166 所示

17 选择工具箱中的"文本工具" 字，输入文字，得到最终效果如图 4-167 所示。

图 4-165　调整图形

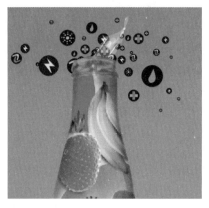

图 4-166　导入素材

图 4-167　最终效果

5 第 章

文本编辑

本章导读：

文本编辑是 CorelDRAW X6 中重要功能之一，在进行平面设计时，图形、色彩和文本是其基本三大构成。文字有画龙点睛的作用，可使图形图像的主题一目了然，直接将信息传达给读者。在 CorelDRAW 中不仅仅可以对文字进行输入和编辑，还可以对文字进行各种效果的添加。

本章重点：

◆ 输入文本   ◆ 文本设置
◆ 导入文本   ◆ 图文编排
◆ 实例演练

5.1 输入文本

CorelDRAW X6 中的文本类型包括两种，一种是美术文本，另一种是段落文本。这两种类型都是文本的输入，不同的是：美术文本用于添加少量文字的特殊效果，而段落文本主要用于输入大篇幅的文字，并可以对其进行编排。

5.1.1 美术文本

"美术文本"工具多用于添加标题或是有代表性文字，可当作一个单独的图形对象来处理。

 课堂举例【5-1】：美术文本 　　　　　　　　　　　　　视频文件：mp4\第 05 章\课堂举例 5-1.mp4

① 打开本书配套光盘中 "第 5 章\5.1\5.1.1\素材\购物.cdr" 文件，如图 5-1 所示。

② 输入美术文本。选择工具箱中的 "文本工具" 字，在绘图页面中需要输入文字的位置单击鼠标左键，出现光标后，此时即可输入文字，如图 5-2 所示，

③ 输入文字，如图 5-3 所示。

图 5-1　出现输入文字光标　　　　　图 5-2　插入输入点　　　　　图 5-3　输入文字

④ 在属性栏中可以设置文本属性，如图 5-4 所示。

⑤ 在 "字体列表" 中可以设置文本的字体。在 "字体大小列表" 中可以设置文本字体的大小。在属性栏中单击 "字体效果" 按钮，可以为字体添加粗体、斜体或是下划线效果，如图 5-5 所示。

图 5-4　"文本工具" 属性栏　　　　　　　　　图 5-5　文本属性设置

5.1.2 段落文本

"段落文本"工具广泛应用于为成段文本或有格式的大篇幅文本添加特殊效果。

课堂举例【5-2】：段落文本　　　　　　　　　　　视频文件：mp4\第 05 章\课堂举例 5-2.mp4

❶ 打开本书配套光盘中 "第 5 章\5.1\5.1.2\素材\花.cdr" 文件，如图 5-6 所示。

❷ 段落文本与美术文本输入文字的方法不同。选择工具箱中的 "文本工具" 字，在绘图页面中需要输入段落文本的位置按住鼠标左键不放，拖动鼠标，拖拽一个段落文本框。释放鼠标之后，在文本框中出现一个闪动的光标，在文本框中输入文本，如图 5-7 所示。

❸ 输入的文字很多而超出文本框时，超出的范围的文字自动被隐藏。此时文本框下方中间的控制点变为 ▼ 时，将鼠标放置其上，光标变为 ↕ ，按住鼠标左键向下拖动，文字即会出现，如图 5-8 所示。

图 5-6　绘制段落文本框　　　　　图 5-7　输入文字　　　　　图 5-8　显示所有文字

5.1.3 文本类型的转换

执行该命令，可以实现美术文本和段落文本之间的相互转换。

课堂举例【5-3】：文本类型的转换　　　　　　　　视频文件：mp4\第 05 章\课堂举例 5-3.mp4

❶ 打开本书配套光盘中 "第 5 章\5.1\5.1.3\素材\叶.cdr" 文件，如图 5-9 所示。

❷ 选择工具箱中的 "文本工具" 字，输入文字，如图 5-10 所示。

❸ 执行 "文本" | "转换为段落文本" 命令，或按 Ctrl+F8 快捷键，如图 5-11 所示。

❹ 再次按下 Ctrl+F8 快捷键，即可将段落文本转化为美术文本，如图 5-12 所示。

图 5-9　打开文件　　　图 5-10　输入文字　　　图 5-11　转化为段落文本　　　图 5-12　转换为美工文本

专家提示：

当美术文本转换成段落文本后，它就不是图形对象了，也就不能添加进行特殊效果。当段落文本转换成美术文本后，它会丢失段落文本的格式。

5.2 文本设置

CorelDRAW X6 有强大的文本输入、编辑和处理功能。除了进行常规的文本输入和编辑之外，还可以对文本进行较复杂的特效文本处理。

5.2.1 填充文本颜色

1. 填充美术文本

在进行文字处理时，可以直接使用"文本工具" 字 输入文字，选中文字，对文字进行各种颜色填充。

课堂举例【5-4】：填充美术文本　　　　　视频文件：mp4\第 05 章\课堂举例 5-4.mp4

1️⃣ 打开本书配套光盘中 "第 5 章\5.2\5.2.1\素材\蝴蝶花.cdr" 文件，如图 5-13 所示。

2️⃣ 选择工具箱中的 "文本工具" 字，在绘图页面单击鼠标左键分别输入文字，如图 5-14 所示。

3️⃣ 选择工具箱中的 "选择工具" ，选中 "花儿" 两个字，在属性栏字体列表中选择字体为 "方正琥珀简体"，在 "字体大小" 列表中设置字体大小为 48，如图 5-15 所示。

图 5-13　导入素材　　　　　图 5-14　输入文字　　　　　图 5-15　设置字体

4️⃣ 选择工具箱中的 "填充工具" ，在隐藏的工具组中选择 "渐变填充" 选项，在弹出的 "渐变填充" 对话框中，设置颜色为从红色到黄色的辐射类型渐变色，如图 5-16 所示。

5️⃣ 单击 "确定" 按钮，为文字填充渐变色，效果如图 5-17 所示。

6️⃣ 运用同样的方法为 "蝴蝶" 两个字设置字体和字体大小，并调整好文字的位置，如图 5-18 所示。

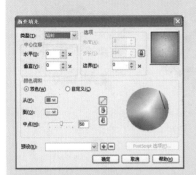

图 5-16　渐变填充　　　　　图 5-17　填充渐变色　　　　　图 5-18　设置字体

⑦ 选择工具箱中的"填充工具" ，在隐藏的工具组中选择"图样填充" 图样 ，在弹出的"图样填充"对话框类型中选择"位图"，在"位图"列表中选择需要的图案，如图 5-19 所示。

⑧ 单击"确定"按钮，为文字填充图案，如图 5-20 所示。

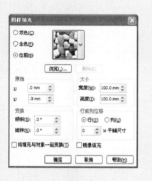

图 5-19　图样填充参数

图 5-20　填充图样

2. 填充段落文本

"段落文本"颜色的填充，方法有多种。

课堂举例【5-5】：填充段落文本　　　　视频文件：mp4\第 05 章\课堂举例 5-5.mp4

① 执行"文件"|"打开"命令，打开本书配套光盘中"第 5 章\5.2\5.2.1\素材\背景.cdr"文件，如图 5-21 所示。

② 选择工具箱中的"文本工具" 字，按住并拖动鼠标绘制一个文本框，输入文字，如图 5-22 所示。

③ 按下 Ctrl+A 快捷键，将全部文字选中，在属性栏中设置字体为"方正胖娃简体"、字体大小设置为 12，如图 5-23 所示。

④ 选中需要改变颜色的文字，单击调色板上的颜色，即可为文字填充颜色，如图 5-24 所示。

图 5-21　打开文件

图 5-22　输入文字

图 5-23　设置字体

图 5-24　设置颜色

技巧点拨：

按住 Alt 键拖拽文本框，段落文本的大小随着文本框大小的改变而改变。

5.2.2　设置段落文本格式

1. 文本对齐

文本的对齐方式分为 5 种，分别为左、中、右、全部调整、强制调整对齐。

中文版 CorelDRAW X6 从入门到精通

① 打开本书配套光盘中 "第 5 章\5.2\5.2.2\素材\边框.cdr" 文件，如图 5-25 所示。

② 选中段落文本，执行 "文本" | "文本属性" 命令，在绘图页面的右边弹出 "文本属性" 泊坞窗，如图 5-26 所示。

③ 在 "段落格式" 选项组中，选择 "左对齐" 按钮 如图 5-27 所示。

图 5-25　打开文件　　　　　图 5-26　"段落格式" 选项组　　　　　图 5-27　左对齐

④ 选择 "居中" 对齐按钮，如图 5-28 所示。

⑤ 选择 "右对齐" 按钮，如图 5-29 所示。

⑥ 选择 "两端对齐" 按钮，如图 5-30 所示。

⑦ 选择 "强制两端对齐" 按钮，效果如图 5-31 所示。

图 5-28　居中对齐　　　　图 5-29　右对齐　　　　图 5-30　全部调整　　　　图 5-31　强制调整

2. 设置间距

在文字配合图形进行编辑的过程中，经常需要对文本间距进行调整，以达到构图产上的平衡和视觉上的美观。调整文本间距的方法有使用 "形状工具" 调整和精确调整两种，下面分别进行介绍。

① 打开本书配套光盘中 "第 5 章\5.2\5.2.2\素材\花框.cdr" 文件，如图 5-32 所示。

② 选中文本对象，执行 "文本" | "文本属性" 命令，在绘图页面右边弹出 "段落" 泊坞窗，展开 "间距" 选项，如图 5-33 所示。

③ 在 "行距" 选项中设置 "行" 为 200，按下 Enter 键，即可调整文本间的行距，效果如图 5-34 所示。

图 5-32　打开文件　　　　　　　　　　　　图 5-33　段落格式设置

❹ 设置"字符间距"为 100，按下 Enter 键，即可调整文本的字间距，如图 5-35 所示。

图 5-34　设置行间距　　　　　　　　　　　　图 5-35　设置字间距

除了运用"段落"泊坞窗来调整间距外，使用"形状工具" [形状图标] 也能完成此操作。

课堂举例【5-8】：设置文本的间距　　　　视频文件：mp4\第 05 章\课堂举例 5-8.mp4

❶ 选中段落文本对象，如图 5-36 所示。

❷ 选择工具箱中的"形状工具" [形状图标] ，文本状态如图 5-37 所示。

图 5-36　选中文本　　　　　　　　　　　　图 5-37　选择"形状工具"

③ 将光标放置到文本框右下角的 ▯▮ 控制点上，按下鼠标左键并向右拖动鼠标，即可改变文本的字间距，效果如图 5-38 所示。

④ 将光标放置到文本框右下角的 ☰ 控制点上，按下鼠标左键并向下拖动鼠标，即可改变文本的行距，效果如图 5-39 所示。

图 5-38　设置字间距　　　　　　　　　　　　　　　　　　图 5-39　设置行间距

3. 缩进

文本的段落缩进，可以改变文本框与框内文本的距离。用户可以缩进整个段落，或从文本框的右侧或左侧缩进，还可以移除缩进格式，而不会删除文本或重新输入文本。设置文本段落缩进的操作方法如下：

课堂举例【5-9】：缩进　　　　　　　　　　　　　　　视频文件：mp4\第 05 章\课堂举例 5-9.mp4

① 打开本书配套光盘中"第 5 章\5.2\5.2.2\素材\荷花.cdr"文件。

② 选中段落文本，执行"文本"|"文本属性"命令，在绘图页面的右边弹出"段落"泊坞窗，展开"缩进量"选项，在其中设置"首行"为 10，按下 Enter 键，效果如图 5-40 所示。

图 5-40　首行缩进

- 首行：段落文本首行缩进。
- 左：除了首行之外的所有行进行缩进。
- 右：段落文本全部靠右边缩进。

如图 5-41 所示为设置"左"的数值为 10 的缩进效果。

图 5-41　左缩进

如图 5-42 所示为设置 "右" 的数值为 10 的缩进效果。

图 5-42　右缩进

4. 首字下沉

在段落中应用首字下沉功能可以放大句首字符，以突出段落的句首。

① 打开本书配套光盘中 "第 5 章\5.2\5.2.2\素材\心形.cdr" 文件，选择工具箱中的 "选择工具" 🔖，选中段落文本，如图 5-43 所示。

② 执行 "文本" | "首字下沉" 命令，弹出 "首字下沉" 对话框，勾选 "使用首字下沉" 选项，如图 5-44 所示。

图 5-43　选中文本　　　　　　　　　　　　　　　图 5-44　首字下沉

③ 在 "下沉行数" 中输入数值为 2，在 "首行下沉后的空格" 中输入数值为 2.5，如图 5-45 所示。

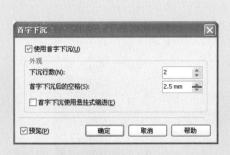

图 5-45　首字下沉效果

④ 勾选"首字下沉使用悬挂式缩进"复选框，单击"确定"按钮，效果如图 5-46 所示。

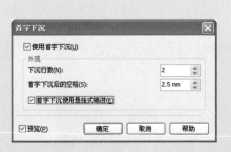

图 5-46　首字下沉使用悬挂式缩进

专家提示：

单击属性栏上的"显示/隐藏首字下沉"按钮，可以将段落文本中每一段的第一个字设置为下沉效果。再次单击该按钮，可以取消首字下沉。

执行此命令时，段落文本的首字不能为空格。

5. 栏的设置

使文本产生分栏现象，并可以设置栏宽、栏间距。

课堂举例【5-11】：栏的设置　　　　　　　视频文件：mp4\第 05 章\课堂举例 5-11.mp4

① 打开本书配套光盘中 "第 5 章\5.2\5.2.2\素材\底图.cdr" 文件，如图 5-47 所示。

② 选择工具箱中的"文本工具"，拖动鼠标绘制文本对话框，输入文字，如图 5-48 所示。

③ 执行"文本"|"栏"命令，弹出"栏设置"对话框，在"栏数"中输入数值为 2，如图 5-49 所示。

图 5-47　打开文件

图 5-48　输入文字

图 5-49　栏数设置

④ 在"宽度"和"栏间宽度"中输入相应的数值，单击"确定"按钮，如图5-50所示。

图 5-50　设置栏间宽度

6. 设置项目符号

选择该选项，可以对对象文本进行项目符号的选择，删除以及大小等设置。

课堂举例【5-12】：设置项目符号　　　　　　　　　　　视频文件：mp4\第 05 章\课堂举例 5-12.mp4

① 打开本书配套光盘中 "第 5 章\5.2\5.2.2\素材\花朵图.cdr" 文件，如图5-51所示。

② 选择工具箱中的 "文本工具" 字，拖动鼠标绘制文本框，输入文字，如图5-52所示。

③ 将光标放置到需要添加符号的位置，执行 "文本" | "项目符号" 命令，弹出 "项目符号" 对话框，如图5-53所示。

图 5-51　导入素材　　　　　　　图 5-52　输入文字　　　　　　　图 5-53　项目符号设置

④ 勾选 "使用项目符号" 选项，在 "字体" 下拉列表中选择需要的字体，在 "符号" 下拉列表中选择需要的符号，并设置符号的大小，如图5-54所示。单击 "确定" 按钮，效果如图5-55所示。

⑤ 按下 Enter 键，其他行也插入同样的符号，如图5-56所示。

图 5-54　使用项目符号　　　　　　图 5-55　添加效果　　　　　　图 5-56　添加效果

⑥ 若想改变其中一个符号时，可将光标放置到符号前，执行"文本"|"项目符号"命令，在"项目符号"选项中选择需要的符号，如图 5-57 所示。设置好之后，单击"确定"按钮，原来的符号即被替代，效果如图 5-58 所示。

图 5-57 选择项目符号   图 5-58 替换符号

7. 文本链接

在 CorelDRAW X6 中，若一个段落文本过长，超出文本框的容纳范围而不能显示时，可以将其拆分为多个相互链接的文本框。链接的文本框是相互联系的，可一起出现。

课堂举例【5-13】：文本链接   视频文件：mp4\第 05 章\课堂举例 5-13.mp4

① 打开本书配套光盘中"第 5 章\5.2\5.2.2\素材\紫色花框.cdr"文件，如图 5-59 所示。

② 选择工具箱中的"文本工具"字，在绘图页面拖动鼠标绘制文本框，在文本框中输入文字，如图 5-60 所示。

③ 输入的文字超出文本框的容纳范围时，文本框的下面会出现▼图标，将鼠标放置到该图标上。待光标变为↕时，单击鼠标左键，光标变为▤形状，如图 5-61 所示。

④ 运用"文本工具"，在绘图页面按下并拖动鼠标绘制文本框。单击有文字的文本框下面的黑三角▼按钮，将鼠标放置到按钮上，待光标变为↕时，单击鼠标左键；光标变为▤形状，将光标移至空文本框中并单击，此时多出的文字自动移入新文本框中，如图 5-62 所示。

图 5-59 打开文件   图 5-60 输入文字   图 5-61 显示链接图标   图 5-62 添加链接

专家提示：

创建链接时，如果背景是位图，则不能直接在位图中添加链接。这就需要在背景以外的绘图页面绘制文本框，再选择工具箱中的"选择工具"，选中绘制的文本框拖动到位图合适的位置即可。

8. 链接文本与其他图形的方法

文本还可以链接到绘制的图形对象中。

课堂举例【5-14】：链接文本与其他图形的方法　　视频文件：mp4\第 05 章\课堂举例 5-14.mp4

❶ 打开本书配套光盘中 "第 5 章\5.2\5.2.2\素材\黄色花框.cdr" 文件，如图 5-63 所示。

❷ 选择工具箱中的 "文本工具" 字，在绘图页面拖动鼠标绘制文本框，在文本框中输入文字，如图 5-64 所示。

❸ 选择 "基本形状工具" ，绘制一个心形。选择工具箱中的 "选择工具" ，选中文本对象。将光标放置到文本框的下面的 图标上，待光标变为 ，单击鼠标左键；变为 形状，再将光标放置到心形上，光标变为 。单击鼠标左键，文本即会链接到图形中，如图 5-65 所示。

图 5-63　打开文件

图 5-64　输入文字

图 5-65　添加链接

❹ 选择工具箱中的 "选择工具" ，将原文本框选中，按下 Delete 键，将其删除，选中图形，图形下面会出现 图标，如图 5-66 所示。

❺ 将光标放置到控制点上，光标变为 时，按下鼠标左键并拖动，如图 5-67 所示。调整图形大小和位置，隐藏文本随之显示，效果如图 5-68 所示。

图 5-66　删除文本框

图 5-67　放大图形

图 5-68　文本效果

9. 内置文本

文本还内置到绘制的图形对象中，并且可以随绘制对象的放大缩小而放大缩小。

课堂举例【5-15】：内置文本　　视频文件：mp4\第 05 章\课堂举例 5-15.mp4

❶ 打开本书配套光盘中 "第 5 章\5.2\5.2.2\素材\小山.cdr" 文件，选择工具箱中的 "文本工具" 字，在绘图页面输入段落文本，如图 5-69 所示。

❷ 选择工具箱中的"星形工具" ，在绘图页面图动鼠标绘制五角星形，为其填充黄色。设置轮廓线为红色，调整好角度，效果如图 5-70 所示。

❸ 选择工具箱中的"选择工具" ，选中段落文本，单击鼠标右键并拖动，将段落文本拖动到星形上。此时，光标变为十字圆环形状，如图 5-71 所示。

| 图 5-69 输入文字 | 图 5-70 绘制星形 | 图 5-71 移动文本框 |

❹ 释放鼠标右键，弹出快捷菜单，选择其中的"内置文本"选项，如图 5-72 所示。

❺ 此时段落文本被放置到星形内，如图 5-73 所示。

❻ 执行"文本"|"段落文本框"|"使文本适合框架"命令，调配文本与图形，如图 5-74 所示。

| 图 5-72 内置文本 | 图 5-73 文本框效果 | 图 5-74 文本适合框架 |

5.2.3 设置美术文本格式

1. 文字位移

文字可以进行水平、垂直和旋转的变动。

课堂举例【5-16】：文字位移　　　　　　　　　　视频文件：mp4\第 05 章\课堂举例 5-16.mp4

❶ 打开本书配套光盘中"第 5 章\5.2\5.2.3\素材\古典花.cdr"文件，如图 5-75 所示。

❷ 选择工具箱中的"文本工具" ，在绘图页面单击鼠标左键，输入文字。按下 Ctrl+A 快捷键，选中文字，如图 5-76 所示。

❸ 执行"文本"|"文本属性"命令，在绘图页面右侧弹出"字符"泊坞窗，在泊坞窗中展开"字符位移"选项，在角度、水平位移和垂直位移中设置数值，如图 5-77 所示。

❹ 按下 Enter 键，调整好位置，效果如图 5-78 所示。

图 5-75 打开文件

图 5-76 输入文字

图 5-77 字符格式化

图 5-78 字符格式化效果

- 角度: 旋转文字的角度。
- 水平位移: 设置文字在水平方向的移动距离。
- 垂直位移: 设置文字在垂直方向的移动距离。

2. 使用"形状工具"移动文字

如果目标文字是一个整体,则使用"形状工具"移动后的文字,仍然是一个整体。

课堂举例【5-17】: 使用"形状工具"移动文字　　视频文件: mp4\第05章\课堂举例5-17.mp4

① 打开本书配套光盘中 "第 5 章\5.2\5.2.3\素材\烟花醉.cdr" 文件,如图 5-79 所示。

② 选中文字,选择工具箱中的"形状工具" ，文字下方会出现节点。单击文字下面的节点,空心点变为实心点,按住鼠标左键并拖动,如图 5-80 所示。

③ 到合适的位置释放鼠标左键,即可改变文字的位置,如图 5-81 所示。

④ 运用同样的操作方法,调整文字的位置,效果如图 5-82 所示。

图 5-79 打开文件

图 5-80 形状工具

图 5-81 改变文字位置

图 5-82 最终效果

3. 复制文本属性

文本属性有多种,复制文本属性,则会复制原文本填充色、轮廓、样式、字体等所有属性。

课堂举例【5-18】: 复制文本属性　　视频文件: mp4\第05章\课堂举例5-18.mp4

① 打开本书配套光盘中 "第 5 章\5.2\5.2.3\素材\ 沙滩人物.cdr" 文件,选择工具箱中的"文本工具" ，在绘图页面单击鼠标左键,输入文字,如图 5-83 所示。

② 选择工具箱中的"选择工具" ⟨⟩ ，选中"周末了，"，选择工具箱中的"填充工具" ⟨⟩ ，在隐藏的工具组中选择"渐变填充"选项，在弹出的"渐变填充"对话框中选中"自定义"单选项，设置起始位置的颜色为红色（C0、M100、Y100、K0），55%位置的颜色为黄色（C0、M0、Y100、K0），终点位置的颜色为红色，在"选项"中设置角度为25。

③ 设置好颜色，单击"确定"按钮，效果如图5-85所示。

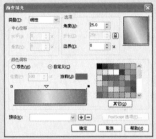

图5-83　输入文字　　　　　　　　图5-84　渐变填充　　　　　　　　图5-85　渐变效果

④ 在属性栏中设置字体为"方正彩云简体"，如图5-86所示。

⑤ 选择工具箱中的"轮廓笔工具" ⟨⟩ ，在隐藏的工具组中选择"轮廓笔"选项，在弹出的"轮廓笔"对话框中设置"宽度"为0.2mm，"颜色"为黑色，如图5-87所示。

⑥ 单击"确定"按钮，为文字添加轮廓线，效果如图5-88所示。

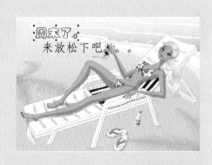

图5-86　设置字体　　　　　　　　图5-87　轮廓笔设置　　　　　　　　图5-88　轮廓线效果

⑦ 选择工具箱中的"选择工具" ⟨⟩ ，选中"周末了，"文字，单击鼠标右键并拖动到"来放松下吧。。。"文字上。此时，光标变为 **A** 形状，如图5-89所示。

⑧ 释放鼠标右键，弹出快捷菜单，选择"复制所有属性"选项，如图5-90所示。

⑨ 此时"周末了，"的文字属性被"来放松下吧。。。"文字复制，效果如图5-91所示。

图5-89　拖动文字　　　　　　　　图5-90　复制文字属性　　　　　　　　图5-91　文字效果

4. 字符效果

字符效果的具体形式有多种，包括各种划线效果，参过添加字体效果，以达到突出某一文本的目的。

课堂举例【5-19】：字符效果　　　　视频文件：mp4\第 05 章\课堂举例 5-19.mp4

① 选择工具箱中的"文本工具"[字]，在绘图页面输入文字。执行"文本"|"字符格式化"命令，在绘图页面右侧弹出"字符格式化"泊坞窗，在泊坞窗中展开"字符效果"选项，在"下划线"下拉列表中选择下划线样式，如图 5-92 所示。

② 单击字符格式化下面的小黑三角 ▽ 按钮，展开其他划线选项，如图 5-93 所示。

③ 打开本书配套光盘中 "第 5 章\5.2\5.2.3\素材\ 花季.cdr" 文件，如图 5-94 所示。

 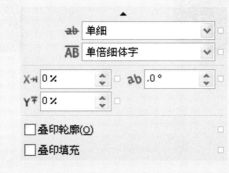 

图 5-92　字符格式化　　　　　图 5-93　下划线　　　　　图 5-94　打开文件

④ 在"下划线样式"下拉列表中选择不同的选项，显示不同的效果，如图 5-95 所示。

⑤ 在"字符格式"泊坞窗中，展开"字符效果"选项；在"删除线"下拉列表中选择不同选项，制作不同删除线效果，如图 5-96 所示。

⑥ 在"字符格式"泊坞窗中展开"字符效果"选项，在"上划线"下拉列表中选择不同选项，制作不同上划线效果，如图 5-97 所示。

⑦ 在"字符格式"泊坞窗中展开"字符效果"选项，在"大写"下拉列表中选择不同选项，制作不同字体大小效果，如图 5-98 所示。

图 5-95　下划线　　　　图 5-96　删除线　　　　图 5-97　上划线　　　　图 5-98　大写效果

5. 文字位置

文字的位置分为上标、下标和居中。

课堂举例【5-20】：文字位置　　　　　　　　　　　　　　　　视频文件：mp4\第 05 章\课堂举例 5-20.mp4

❶ 打开本书配套光盘中"第 5 章\5.2\5.2.3\素材\ 植物.cdr"文件，如图 5-99 所示。

❷ 选择工具箱中的"文本工具"$\boxed{字}$，在绘图页面输入文字，选择工具箱中的"形状工具"$\boxed{↖}$，选中"2"。在"字符"泊坞窗中的"位置"下拉列表中选择下标选项，如图 5-100 所示。

图 5-99　打开文件

图 5-100　位置效果

5.3 导入文本

在 CorelDRAW X6 中导入现成文本时，可以导入 Word 或是写字板等格式中的文本，可以运用菜单命令导入，也可以用粘贴板导入。

5.3.1 菜单命令导入

在 CorelDRAW X6 中文本的导入方法，同导入图片的操作方法差不多的。

课堂举例【5-21】：菜单命令导入　　　　　　　　　　　　　　视频文件：mp4\第 05 章\课堂举例 5-21.mp4

❶ 打开本书配套光盘中"第 5 章\5.2\5.2.3\素材\ 鸟.cdr"文件，如图 5-101 所示。

❷ 执行"文件"|"导入"命令，或按下 Ctrl+I 快捷键，弹出"导入"对话框，选择需要的 Word 文本文件，如图 5-102 所示。

❸ 单击"导入"按钮，弹出"导入/粘贴文本"对话框，在其中选择需要的导入方式，如图 5-103 所示。

图 5-101　导入素材

图 5-102　导入文本

图 5-103　"导入/粘贴"对话框

④ 单击"确定"按钮，在绘图页面出现标题光标时，拖动鼠标绘制文本框，如图 5-104 所示。

⑤ 调整文本框大小，将隐藏的文本显示出来，并调整好大小和颜色，如图 5-105 所示。

图 5-104　绘制文本框

图 5-105　调整文字

5.3.2　粘贴板导入

1. 美术文本的导入

在 Word 文档中选中需要的文本，按下 Ctrl+C 快捷键，复制文本。

在 CorelDRAW X6 的工具箱中选择"文本工具"字，在绘图页面需要插入文字的位置单击鼠标左键。待光标变为闪动光标│时，按下 Ctrl+V 快捷键，将文本粘贴到光标位置，完成美术文本的导入。

2. 段落文本的导入

在 Word 文档中选中需要的文本，按下 Ctrl+C 快捷键，复制文本。

在 CorelDRAW X6 的工具箱中选择"文本工具"字，在绘图页面拖拽鼠标绘制一个文本框，按下 Ctrl+V 快捷键，将文本粘贴到绘制的文本框中，完成段落文本的导入。

5.4　图文编排

无论是平面设计还是排版设计，都会运用到图形图像与文本间的编排，在 CorelDRAW 中，图文编排有常用的两种方法：文本沿路径排列和文本环绕图形排列。

5.4.1　文本沿路径排列

在进行设计创作的时候，比如在进行某些标志，商标设计时，为了能够使文字跟图案紧密地结合在一起，可以通过应用文字沿路径排列的设计的方法，接下来通过案例来实现。

🏠 课堂举例【5-22】：文本沿路径排列　　　　　　视频文件：mp4\第 05 章\课堂举例 5-22.mp4

❶ 打开本书配套光盘中"第 5 章\5.4\5.4.1\素材\ 笔.cdr"文件，如图 5-106 所示。

❷ 选择工具箱中的"贝赛尔工具"，在绘图页面绘制曲线，如图 5-107 所示。

❸ 选择工具箱中的"文本工具"字，将光标放置到曲线边缘，当光标变为时，如图 5-108 所示。单击鼠标左键，输入文字，文字将会沿曲线排列，效果如图 5-109 所示。

 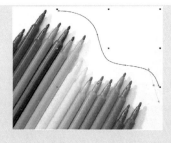 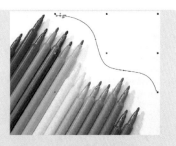

图 5-106　导入素材　　　　　图 5-107　绘制曲线　　　　　图 5-108　光标变化

④ 选择工具箱中的"选择工具" ，选中曲线，执行"排列"|"拆分在一路径上的文本"命令，分离曲线与文字。选中曲线，按下 Delete 键，将其删除，文字仍保持原状态，如图 5-110 所示。

⑤ 选中文字，在属性栏中设置字体为"方正剪纸简体"，字体大小设置为 40，如图 5-111 所示。

图 5-109　输入文字　　　　　图 5-110　拆分路径和文本　　　　图 5-111　设置文字

⑥ 选择工具箱中的"填充工具" ，在隐藏的工具组中选择"渐变填充"选项，在弹出的"渐变填充"对话框中设置颜色，如图 5-112 所示。

⑦ 设置好之后，单击"确定"按钮，为文字添加渐变色，效果如图 5-113 所示。

图 5-112　渐变填充参数　　　　　　　　图 5-113　渐变效果

专家提示：

将曲线和文本一起选中，执行"文本"|"使文本适合路径"命令，也可使文字沿曲线排列。

5.4.2　文本环绕图形排列

文本与图形之间的相互嵌合，可以起到既不遮盖文字，又节省空间，同时达到高度融合文本与图形的作用。

158

① 打开本书配套光盘中"第 5 章\5.4\5.4.2\素材\ 花纹.cdr"文件，如图 5-114 所示。

② 选择工具箱中的"文本工具"［字］，在绘图页面拖动鼠标绘制文本框，输入文字。选中文字，在属性栏中设置字体和大小，如图 5-115 所示。

③ 执行"文件"|"导入"命令，导入"第 5 章\5.4\5.4.2\素材\ 花朵.cdr"文件，如图 5-116 所示。

图 5-114 导入素材   图 5-115 输入文字   图 5-116 导入素材

④ 选择工具箱中的"选择工具"［▯］，在图像上单击鼠标右键，弹出快捷菜单，选择"段落文本换行"选项。单击属性栏中的"文本换行"按钮［▯］，弹出"文本换行"下拉列表，如图 5-117 所示。

⑤ 在"文本换行"列表中选择"文本从左向右排列"选项，效果如图 5-118 所示。

⑥ 在"文本换行"列表中选择"文本从右向左排列"选项，效果如图 5-119 所示。

⑦ 在"文本换行"列表中选择"上/下"选项，效果如图 5-120 所示。

图 5-117 换行样式   图 5-118 从左向右   图 5-119 从右向左   图 5-120 上/下

5.5 实例演练

5.5.1 点单

难易程度：★★★	主要工具：美术文本、段落文本、填充工具
文件路径：源文件\第 05 章\5.5.1	视频文件：mp4\第 05 章\5.5.1

本实例绘制的是一款奶茶店的点单，主要运用"矩形工具、美术文本、段落文本、填充工具"和"导入"命令和"排列"命令来完成，效果如图 5-121 所示。

01 启动 CorelDRAW X6，执行"文件" | "新建"命令，新建一个默认为 A4 大小的空白文档。单击属性栏中的"横向"按钮 ⬜，改变纸张方向。

02 选择工具箱中的"矩形工具" ⬜，在绘图页面拖动鼠标，绘制与页面大小相等两个矩形，如图 5-122 所示。

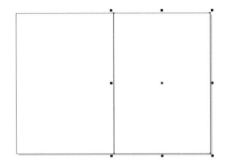

图 5-121　奶茶店点单　　　　　　　　　　　图 5-122　绘制矩形

03 选择工具箱中的"选择工具" ▯，选中其中一个矩形。选择工具箱中的"填充工具" ◈，在隐藏的工具组中选择"均匀填充"选项，在弹出的"均匀填充"对话框中设置颜色为黄色（C0、M25、Y91、K0），如图 5-123 所示。

04 单击"确定"按钮，为矩形填充颜色，如图 5-124 所示。

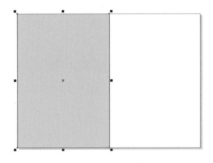

图 5-123　均匀填充　　　　　　　　　　　　图 5-124　填充颜色

05 选中另一个矩形，选择工具箱中的"填充工具" ◈，在隐藏的工具组中选择"渐变填充"选项，弹出的"渐变填充"对话框。选中"自定义"单选项，设置起始的颜色为淡紫色（C20、M20、Y0、K0），40%位置的颜色为灰紫色（C40、M40、Y0、K20），65%位置的颜色为深紫色（C60、M60、Y0、K0），88%位置的颜色为灰紫色；设置终点位置的颜色为淡紫色。在"角度"中输入-35，如图 5-125 所示。

06 单击"确定"按钮，为矩形填充渐变色，如图 5-126 所示。

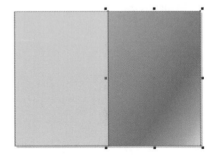

图 5-125　渐变填充　　　　　　　　　　　　图 5-126　填充渐变色

07 选择工具箱中的"文本工具"字，在绘制的图形中单击鼠标左键，待出现闪动的光标|时，输入文字，如图 5-127 所示。

08 按下 Ctrl+A 快捷键，选中输入的文字，在属性栏中设置其字体为"方正胖娃简体"，大小为 36，如图 5-128 所示。

09 选择工具箱中的"选择工具"，单击调色板上的枚红色色块，为文字填充该颜色，如图 5-129 所示。

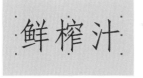  

图 5-127 输入文字　　　　图 5-128 设置字体　　　　图 5-129 填充颜色

10 按下 Ctrl+K 快捷键，打散文字，如图 5-130 所示。

11 分别调整文字的位置，如图 5-131 所示。

12 将文字全部选中，按下 Ctrl+G 快捷键，群组文字。选择工具箱中的"轮廓笔工具"，在隐藏的工具组中选择"轮廓笔"选项，在弹出的"轮廓笔"对话框中，设置"宽度"为 1.0mm，"颜色"为白色，并勾选"后台填充"，如图 5-132 所示。

13 单击"确定"按钮，为文字添加轮廓线，效果如图 5-133 所示。

图 5-130 打散文字　　图 5-131 调整文字位置　　图 5-132 轮廓笔设置　　图 5-133 添加轮廓效果

14 运用同样的操作方法输入其他文字，效果如图 5-134 所示。

15 选择工具箱中的"文本工具"字，在图形中单击并拖动鼠标，绘制文本框，并输入文字。在属性栏设置字体为"黑体"，字体大小为 14，效果如图 5-135 所示。

图 5-134 输入文字　　　　图 5-135 输入段落文本

161

16 运用同样的操作方法输入其他文字，如图 5-136 所示。

17 执行"文件"|"导入"命令，弹出"导入"对话框，选择本书配套光盘中"第 4 章\5.5\5.5.1\素材\素材.cdr 文件，单击"导入"按钮。选择"选择工具"，调整好位置和大小，放置到合适的位置，如图 5-137 所示。

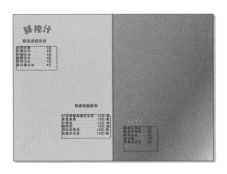

图 5-136　输入文字

图 5-137　导入素材

18 选择工具箱中的"矩形工具"，在绘图页面拖动鼠标绘制矩形，并为其填充黄色（C0、M20、Y100、K0）。使用鼠标右键单击调色板上的按钮，去掉轮廓线，如图 5-138 所示。

19 执行"排列"|"顺序"|"置于此对象后"命令，当光标变为时，将光标放置到需要的图片上，如图 5-139 所示。

图 5-138　绘制矩形

图 5-139　调整图层顺序

20 单击鼠标左键，将矩形放置到图片后面，效果如图 5-140 所示。

21 顺序调整完毕，选中文本框，按 Ctrl+F8 快捷键转换为美术字，得到最终效果，如图 5-141 所示。

图 5-140　调整图层顺序

图 5-141　最终效果

5.5.2 艺术立体字

难易程度：★★★	主要工具：形状工具、立体化工具、渐变填充工具
文件路径：源文件\第 05 章\5.5.2	视频文件：mp4\第 05 章\5.5.2

本实例绘制的是一款艺术立体字，主要运用了"美术文本、形状工具、立体化工具、渐变填充工具"和"合并"命令来完成，效果如图 5-142 所示。

01 启动 CorelDRAW X6，执行"文件"|"新建"命令，新建一个 294mm×194mm 的空白文档。

02 执行"文件"|"导入"命令，弹出"导入"对话框，选择本书配套光盘中"第 5 章\5.5\5.5.2\素材\素材.cdr 文件，单击"导入"按钮。选择"选择工具" 𝕜，调整好位置和大小，放置到合适的位置，如图 5-143 所示。

图 5-142　效果图

图 5-143　导入素材

03 选择工具箱中的"文本工具" 字，输入 BOOM，设置字体为 Arial black，字体大小为 289pt，如图 5-144 所示。

04 选中文字，执行"排列"|"拆分美术字"命令，选择"选择工具" 𝕜，摆放好文字的位置，如图 5-145 所示。

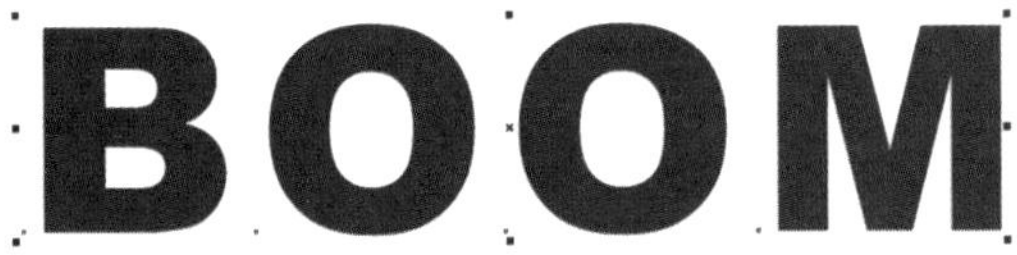

图 5-144　输入文字

图 5-145　拆分文字并调整位置

05 选中 B 和 M，按 Shift+F11 快捷键，弹出"均匀填充"对话框，设置颜色为（R238，G229，B220），如图 5-146 所示。

06 选中第一个 O，执行"效果"|"添加透视"命令，调整 4 个透视点，如图 5-147 所示。

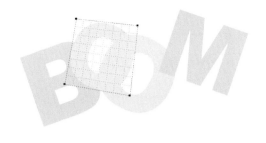

图 5-146 填充颜色　　　　　　　　　　　　图 5-147 添加透视效果

07 参照上述操作，给另一个 O 添加透视，如图 5-148 所示。

08 选中 B，按 Shift+PageUp 快捷键，放置到最上层。选择工具箱中的"立体化工具" ，在 B 上拖出立体效果，在属性栏 X 的灭点坐为 49，Y 为 59，按 Enter 键，如图 5-149 所示。

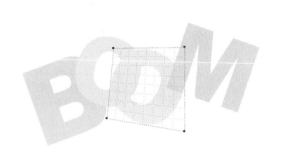

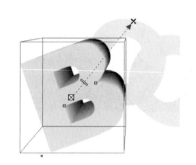

图 5-148 添加透视效果　　　　　　　　　　图 5-149 立体化效果

09 按 Ctrl+K 快捷键，打散立体文字，切换到"选择工具"。单击属性栏中的"取消群组"按钮，选择工具箱中的"手绘选择工具" ，选中 B 右上角侧面，按 F11 键，弹出"渐变填充"对话框，设置颜色从（R111，G0，B0）0%到（R200，G62，B34）8%到（R255，G151，B96）22%到（R255，G103，B40）55%到（R204，G41，B0）81%到（R159，G29，B44）92%到（R109，G9，B29）100%的线性渐变色，如图 5-150 所示。

10 单击"确定"按钮，如图 5-151 所示。

图 5-150 渐变填充参数　　　　　　　　　　图 5-151 渐变填充效果

164

11 参照上述操作，为其他侧面添加渐变颜色，如图 5-152 所示。

12 参照制作 B 文字的效果，制作其他文字，如图 5-153 所示。

图 5-152　渐变填充

图 5-153　渐变填充效果

13 选中最上层 O 的表面，按 Ctrl+Q 快捷键，转换为曲线。选择 "形状工具" ，调小内圆，如图 5-154 所示。

14 执行 "文件" ｜ "导入" 命令，弹出 "导入" 对话框，选择本书配套光盘中 "第 4 章\5.5\5.5.2\素材\花纹.cdr" 文件，单击 "导入" 按钮，如图 5-155 所示。

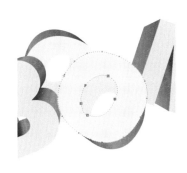

图 5-154　调整形状

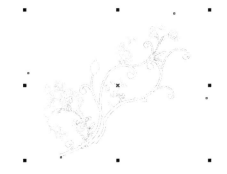

图 5-155　导入花纹

15 按+键 3 次，复制 3 层花纹。选择一个花纹，单击鼠标右键将其拖至 B 表面内，在弹出的快捷菜单中选择 "图框精确裁剪内部" 选项，如图 5-156 所示。

16 参照上述操作，将其他 3 个花纹分别裁剪至各文字表面内，相应地改变大小和旋转度，如图 5-157 所示。

图 5-156　精确裁剪

图 5-157　精确裁剪

17 将文字拖到背景图层上，整体调整位置。选中 B 表面，按 F11 键，弹出"渐变填充"对话框，设置颜色从灰白色（R242，G238，B232）到紫色（C20，M40，Y0，K20）的线性渐变色，如图 5-157 所示。

18 参照上述操作，绘其他文字表面添加渐变色，得到最终效果如图 5-159 所示。

图 5-158　渐变填充　　　　　　　　　　　　　　　图 5-159　最终效果

6

第　章

位图编辑

本章导读：

　　CorelDRAW 是一款功能强大的图形图像软件，它不但可以完成矢量图的绘制和图文混排，而且还能对位图进行多样化处理。在 CorelDRAW X6 中，可以通过导入的方式插入位图图像，并使用系统提供的相关命令对其进行色彩调整、模式转换，甚至制作滤镜特效等，本章将对上述功能进行详细介绍。

本章重点：

◆ 导入位图　　　　　　　　◆ 编辑位图色彩模式

◆ 调整位图颜色　　　　　　◆ 变换位图颜色

◆ 校正位图效果　　　　　　◆ 位图颜色遮罩

◆ 实例演练

6.1 导入位图

若要在 CorelDRAW 中使用位图，必须先将位图导入到文件中。使用 CorelDRAW X6 提供的导入命令可以轻松地完成位图的导入。通过导入位图、链接位图、裁剪位图和重新取样位图四种不同的导入方法，可以对位图进行不同效果的编辑。

6.1.1 导入位图

在 CorelDRAW X6 中，若想编辑位图，就必须先打开位图。执行导入命令，可直接完成位图的导入。

 课堂举例【6-1】：导入位图　　　　　　　　视频文件：mp4\第 06 章\课堂举例 6-1.mp4

❶ 执行"文件"|"导入"命令，或是按下 Ctrl+I 快捷键，弹出"导入"对话框，选择本书配套光盘中"第 6 章\6.1\6.1.1\橙子.jpg"文件，如图 6-1 所示。具体选项如下。

- "外部链接位图"选项：选择此选项，可以链接外部的位图。
- "合并多层位图"选项：选择此选项，可以自动合并位图中的图层。
- "检查水印"选项：选择此选项，可以检查水印的图像及其包含的信息。
- "不显示过滤器对话框"选项：选择此选项，不用打开对话框即可使用过滤器的默认设置。
- "保持图层和页面"选项：选择此选项，可将导入的文件保留在图层和页面上。若不选择，则导入的文件所有的图层都会合并到一个图层上显示。

❷ 单击"导入"按钮，绘图页面的光标将发生变化，使用鼠标在绘图页面拖拽出一个红色虚线框，如图 6-2 所示，图片即会以虚线框的大小导入到绘图页面，如图 6-3 所示。

　　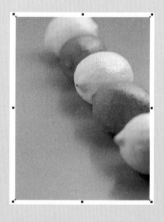

图 6-1　"导入"对话框　　　　图 6-2　光标及虚线框　　　　图 6-3　导入素材

 专家提示：

选择需要的图片文件之后，可以在预览窗口中预览其图片效果。将光标放置到图片文件名上停留片刻，此时光标下方会显示出该图片的尺寸、类型和大小等信息。

6.1.2 链接位图

链接位图和导入位图有本质的区别。导入的位图可以在 CorelDRAW 中进行修改，如调整图像的色调和添加特殊效果等，但是链接的位图不能进行修改，它与创建文件的原软件密切联系，若要作调整则必须在原软件中进行。

课堂举例【6-2】：链接位图　　　　　　　　视频文件：mp4\第 06 章\课堂举例 6-2.mp4

❶ 执行"文件"|"导入"命令，弹出"导入"对话框，选择本书配套光盘中"第 6 章\6.1\6.1.2\蛋糕.jpg"文件。勾选对话框中的"外部链接位图"选项，如图 6-4 所示。

❷ 单击"导入"按钮，将选中的位图导入到绘图页面，如图 6-5 所示。

图 6-4 　"导入"对话框

图 6-5 　链接位图

6.1.3 裁剪位图

在实际应用中，有时因为文件编排的需要，只需要导入位图中的一部分，希望将其他部分裁剪掉，可以通过选择"裁剪"工具或"形状"工具，裁除位图多出的区域，保留想要的部分。

课堂举例【6-3】：裁剪位图　　　　　　　　视频文件：mp4\第 06 章\课堂举例 6-3.mp4

❶ 执行"文件"|"导入"命令，弹出"导入"对话框，选择本书配套光盘中"第 6 章\6.1\6.1.3\蛋.jpg"文件，在对话框中的 全图像 下拉列表中选择"裁剪"选项，如图 6-6 所示。

❷ 单击"导入"按钮，弹出"裁剪图像"对话框，在此对话框中裁剪图像，如图 6-7 所示。

❸ 单击"确定"按钮，光标变为如图 6-8 所示形状。在绘图页面需要导入位图的位置，单击鼠标左键，并导入图像，如图 6-9 所示。

图 6-6 　"导入"对话框

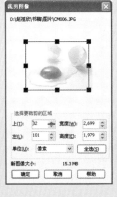

图 6-7 　裁剪图像

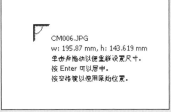

图 6-8 　光标显示

④ 选择工具箱中的"形状工具" ，调整图像，如图 6-10 所示。

⑤ 单击属性栏中的"转化为曲线"按钮 ，将直线转化为曲线，拖拽节点，裁切位图，效果如图 6-11 所示。

 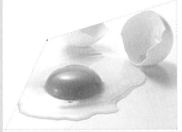 

图 6-9 导入素材　　　　　　　图 6-10 调整形状　　　　　　　图 6-11 调整形状

专家提示：

在使用"形状工具" 剪裁位图图像时，按下 Ctrl 键可使鼠标在水平或垂直方向移动。使用"形状工具" 控制曲线，可以将位图边缘转换为曲线或直线，根据需要将位图调整为各种所需形状。如果位图是群组后的图像，则不能使用"形状工具"对其进行裁剪。

6.1.4 重新取样位图

选择"重新取样"选择，可以让图像在放大或是缩小的情况下，保持其像素的数量不变，可以增加像素的更多细节。

课堂举例【6-4】：重新取样位图　　　　　　　　　视频文件：mp4\第 06 章\课堂举例 6-4.mp4

① 执行"文件" | "导入"命令，或是按下 Ctrl+I 快捷键，弹出"导入"对话框，选择本书配套光盘中"第 6 章\6.1\6.1.4\花茶.jpg"文件，在对话框中的 全图像 下拉列表中选择"重新取样"选项，如图 6-12 所示。

② 单击"导入"按钮，弹出"重新取样图像"对话框，在此对话框中设置数值，如图 6-13 所示。

③ 单击"确定"按钮，将图像导入到绘图页面，如图 6-14 所示。

 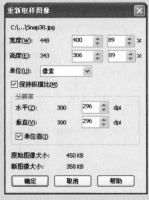 

图 6-12 "导入"对话框　　　　　图 6-13 重新取样位图　　　　　图 6-14 导入素材

170

专家提示：

用固定分辨率重新取样，可以在改变图像大小时，用增加或减少像素的方法保持图像分辨率。

用变量分辨率重新取样，可以使像素在图像大小变化时保持不变，产生低于或高于原图像的分辨率。

6.2 编辑位图色彩模式

在 CorelDRAW 中，也可以像在一般位图处理软件中一样校正位图的色彩。执行菜单栏中的"位图" | "模式"命令，可以在弹出的子菜单中选择相应的模式命令，调整位图的色彩。

6.2.1 黑白模式

黑白模式可使位图只以黑白两个色阶来显示。黑白模式只能用 1bit 的位分辨率来记录它的每一个像素，所以是众多模式中最简单的位图模式。

课堂举例【6-5】：黑白模式　　　　　视频文件：mp4\第 06 章\课堂举例 6-5.mp4

❶ 执行"文件" | "导入"命令，导入本书配套光盘中"第 6 章\6.2\6.2.1\笔.jpg"文件，如图 6-15 所示。

❷ 选择工具箱中的"选择工具" [k]，选中要导入的图像，执行"位图" | "模式" | "黑白"命令，弹出"转换为 1 位"的对话框，如图 6-16 所示。

❸ 在显示框的图像上单击鼠标左键可以放大显示图像，单击鼠标右键可缩小显示图像。

❹ 在"转换为 1 位"对话框的"转换方法"下拉列表中选择"线条图"选项，如图 6-17 所示。

图 6-15　导入素材　　　　　图 6-16　黑白模式　　　　　图 6-17　样条线效果

❺ 在"转换为 1 位"对话框的"转换方法"下拉列表中选择 Jarvis 选项，设置"强度"为 50，如图 6-18 所示。

❻ 在"转换为 1 位"对话框的"转换方法"下拉列表中选择"顺序"选项，设置"强度"为 60，如图 6-19 所示，单击"确定"按钮，效果如图 6-20 所示。

专家提示：

转换方法：该下拉列表中提供了不相同黑白效果。

屏幕类型：该下拉列表中提供了不同的屏幕类型。

图 6-18 Jarvis 效果

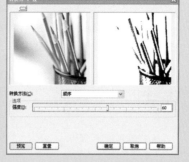
图 6-19 顺序效果

图 6-20 顺序效果

 专家提示：

位图的黑白模式与灰度模式不同。应用黑白模式之后，图像只显示黑白色，可以清楚地显示位图的线条和轮廓图，适用于艺术线条或是简单的图形。

6.2.2 灰度模式

灰度模式可使位图以 256 个灰度色阶进行显示。呈现的效果和黑白照片的效果相似，位图被不同灰度填充并失去了所有的颜色。

课堂举例【6-6】：灰度模式　　　　　　　　　　视频文件：mp4\第 06 章\课堂举例 6-6.mp4

❶ 执行"文件"|"导入"命令，导入本书配套光盘中"第 6 章\6.2\6.2.2\糖.jpg"文件，如图 6-21 所示。

❷ 执行"位图"|"模式"|"灰度"命令，效果如图 6-22 所示。

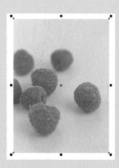
图 6-21 导入素材

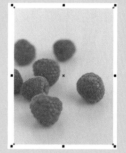
图 6-22 灰度模式

6.2.3 双色模式

双色模式可使位图只以两个主色调进行显示。

 课堂举例【6-7】：双色模式　　　　　　　　视频文件：mp4\第 06 章\课堂举例 6-7.mp4

❶ 执行"文件"|"导入"命令，导入本书配套光盘中"第 6 章\6.2\6.2.3\狗.jpg"文件，如图 6-23 所示。执行"位图"|"模式"|"双色"命令，弹出"双色调"对话框，如图 6-24 所示。

❷ 在"类型"下拉列表中选择"双色调"选项，单击"确定"按钮，效果如图 6-25 所示。

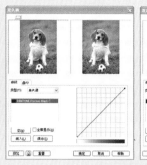
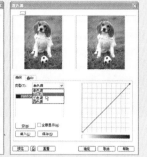

图 6-23　导入素材　　　　图 6-24　"双色调"对话框　　　　图 6-25　双色效果

❸　在"类型"下拉列表中选择"双色调"选项，并双击双色调的黄色色标，弹出"选择颜色"对话框，如图 6-26 所示。在"选择颜色"对话框中选择要替换的颜色，单击"确定"按钮，如图 6-27 所示。

❹　设置完成之后，单击"确定"按钮，效果如图 6-28 所示。

图 6-26　选择颜色　　　　图 6-27　选择颜色　　　　图 6-28　双色模式

6.2.4　调色板模式

调色板模式最多能够使用 256 种颜色来显示和保存图像，且位图转换为调色板模式之后，可以减小文件的大小。

课堂举例【6-8】：调色板模式

视频文件：mp4\第 06 章\课堂举例 6-8.mp4

❶　执行"文件"|"导入"命令，导入本书配套光盘中"第 6 章\6.2\6.2.4\草莓.jpg"文件，如图 6-29 所示。

❷　执行"位图"|"模式"|"调色板"命令，弹出"转换至调色板色"对话框，如图 6-30 所示。

图 6-29　导入素材　　　　图 6-30　转换至调色板色

1. "选项"标签

- 调色板：在该下拉列表中可以选择调色板类型。
- 递色处理的：在该下来列表中可以选择图像抖动的方式。
- 颜色：在该微调框中可以设置位图颜色的数量。

2. "范围的灵敏度"标签

在"范围的灵敏度"标签中，可以设置转换颜色过程中某种颜色的灵敏程度，如图 6-31 所示。

- "重要性"滑块：设置选择颜色的灵敏程度范围。
- "亮度"滑块：设置颜色的亮度。

3. "已处理的调色板"标签

单击"已处理的调色板"标签，即可看到当前调色板中包含的所有颜色，如图 6-32 所示。

图 6-31　范围的灵敏度

图 6-32　已处理的调色板

> **专家提示：**
> 系统提供了不同的调色板类型，也可以根据位图中的颜色来创建自定义调色板。若要精确地控制调色板中所包含的颜色，可以在转换时指定使用的颜色的数量和灵敏度范围。

6.2.5　RGB 模式

RGB 模式是适用范围最广泛的颜色模式，其中 R、G、B 分别代表红色、绿色和蓝色。RGB 模式是一种加色模式，它通过红、绿、蓝三种色光叠加形成其他颜色，即真彩色。当 R、G、B 值都为 255 时，显示的颜色为白色；当 R、G、B 值都为 0 时，显示为黑色。

执行"位图"|"模式"|"RGB 颜色"命令，即可将位图转换为 RGB 颜色模式。

6.2.6　Lab 模式

Lab 色彩模式与设备无关，即不管使用什么设备创建或是输出图像，在此模式下都能产生一致的颜色，因此 Lab 模式是国际色彩标准模式。

Lab 模式是在不同颜色模式间转换时使用的中间模式，是色彩之间的转换桥梁，弥补了 RGB 模式和 CMYK 模式的不足。在图像处理中，若要只提高图像亮度，而不改变颜色，就可以使用 Lab 模式，只改变 L 亮度值。

执行"位图"|"模式"|"Lab 模式"命令，即可将位图转换为 Lab 颜色模式。

6.2.7 CMYK 模式

CMYK 模式是一种减色模式，其中 C、M、Y、K 分别代表青色、洋红色、黄色、黑色。当 C、M、Y、K 值都为 100 时，颜色为黑色；当 C、M、Y、K 值都为 0 的时候，颜色为白色。

CMYK 模式主要用于印刷，也叫做印刷色。纸张上的颜色由油墨而产生，不同的油墨可以产生不同颜色效果；油墨通过吸收（减去）一些色光，把其他色光反射到眼睛里而产生颜色的不同效果。C、M、Y 分别是红、绿、蓝的互补色。三种颜色混合不能得到黑色，而是暗棕色，所以另外引入了黑色。CorelDRAW 在默认状态下使用的是 CMYK 模式。

执行"位图"|"模式"|"CMYK 模式"命令，弹出"将位图转换为 CMYK 格式"的对话框，单击"确定"按钮，即可将位图转换为 CMYK 模式。

6.3 调整位图颜色

CorelDRAW 的"位图"下拉列表中提供了多种调整位图的色彩模式，其中包括图像的高反差、局部平衡、颜色平衡、色度/饱和度/亮度等，从而使修复或调整图像中由于曝光过度或感光不足而产生的瑕疵，提高图像的质量变得更为方便。

6.3.1 自动调整位图

"自动调整"命令式根据图像的最暗部分和最亮部分自动调整对比度和颜色。

课堂举例【6-9】：自动调整位图　　　　　　　　　视频文件：mp4\第 06 章\课堂举例 6-9.mp4

① 执行"文件"|"导入"命令，导入本书配套光盘中"第 6 章\6.3\6.3.1\奶茶.jpg"文件，如图 6-33 所示。

② 执行"位图"|"自动调整"命令，即可根据图像的最暗部分和最亮部分自动调整对比度和颜色，如图 6-34 所示。

图 6-33　导入素材

图 6-34　自动调整

 专家提示：

"自动调整"是最简单的调整命令，若是觉得效果不理想，可以采用其他高级的调整工具进行调整。

6.3.2 图像调整实验室

"图像调整实验室"可以更正颜色和色调整。同时在编辑过程的任何时候创建或删除快照。

课堂举例【6-10】：图像调整实验室　　视频文件：mp4\第 06 章\课堂举例 6-10.mp4

① 执行"文件"|"导入"命令，导入本书配套光盘中"第 6 章\6.3\6.3.2\花.jpg"文件。选择工具箱中的"选择工具"，选中素材，如图 6-35 所示。

② 执行"位图"|"图像调整实验室"命令，弹出"图像调整实验室"对话框，可以在其中设置数值以改变颜色，达到需要的效果，如图 6-36 所示，

③ 设置好之后单击"确定"按钮，效果如图 6-37 所示。

图 6-35　导入素材　　　　　图 6-36　图像调整实验室　　　　　图 6-37　图像调整实验室效果

6.3.3 高反差

"高反差"命令用于调整位图输出颜色的浓度，可以重新分布位图图像从阴影到高光区的颜色，调整图像的高光和暗部区域，和图像的明暗程度，以及局部调整图像的中间色调区域。

课堂举例【6-11】：高反差　　视频文件：mp4\第 06 章\课堂举例 6-11.mp4

① 执行"文件"|"导入"命令，导入本书配套光盘中"第 6 章\6.3\6.3.3\绿荫.jpg"文件，如图 6-38 所示。

② 执行"效果"|"调整"|"高反差"命令，弹出"高反差"对话框，如图 6-39 所示。单击左上角的"显示预览窗口"按钮，如图 6-40 所示。

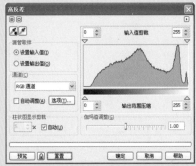
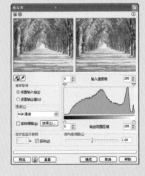

图 6-38　导入素材　　　　　图 6-39　"高反差"对话框　　　　　图 6-40　显示预览

③ 在"高反差"对话框中选择"黑色吸管工具" ，在图像中颜色最重的地方，运用"滴管工具" 单击，设置好单击"确定"按钮，效果如图 6-41 所示。

④ 在"高反差"对话框中选择"白色吸管工具"，在图像种颜色最浅的地方，运用"滴管工具" 单击，设置好单击"确定"按钮，效果如图 6-42 所示。

图 6-41　黑色吸管效果

图 6-42　白色吸管效果

专家提示：

在使用"吸管工具"吸取颜色时，如果找准了图像中的最深色和最浅色，则图像的色调反差就大；如果找不准，则效果可能不太明显。

6.3.4　局部平衡

"局部平衡"命令可以用来改变图像中边缘附近的对比度，调整图像暗部和亮部细节，使图像产生高亮度的对比。

课堂举例【6-12】：局部平衡　　　　　　　视频文件：mp4\第 06 章\课堂举例 6-12.mp4

❶ 执行"文件"|"导入"命令，导入本书配套光盘中"第 6 章\6.3\6.3.4\夕阳.jpg"文件，如图 6-43 所示。

❷ 执行"效果"|"调整"|"局部平衡"命令，弹出"局部平衡"对话框，如图 6-44 所示。

图 6-43　导入素材

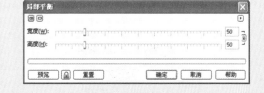
图 6-44　局部平衡参数

❸ 单击左上角的"显示预览窗口"按钮，如图 6-45 所示。

❹ 单击"宽度"和"高度"滑板右边的"锁定"按钮，锁定"宽度"和"高度"值，也可以分别调整这两个数值，单击"预览"按钮可以查看效果，设置好之后单击"确定"按钮，执行"局部平衡"命令前后效果对比，如图 6-46 所示。

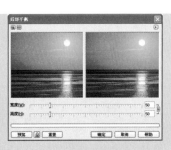

图 6-45　显示预览

图 6-46　局部平衡效果

6.3.5　取样/目标平衡

　　"取样/目标平衡"命令用于在图像中取样来调整位图中的颜色值，可以从图像的暗色调、中间色调以及浅色调部分选取色样，并将目标颜色应用于每一个色样中。

　　课堂举例【6-13】：取样/目标平衡　　　　　　　　　　视频文件：mp4\第 06 章\课堂举例 6-13.mp4

　　❶ 执行"文件"|"导入"命令，导入本书配套光盘中"第 6 章\6.3\6.3.5\人物.jpg"文件，如图 6-47所示。

　　❷ 执行"效果"|"调整"|"取样/目标平衡"命令，弹出"取样/目标平衡"对话框，如图 6-48 所示。

图 6-47　导入素材

图 6-48　取样/目标平衡

　　❸ 选择"取样/目标平衡"对话框中的"黑色吸管工具" ![icon]，在图像颜色最深处单击鼠标左键；选择"中间色调吸管工具" ![icon]，在图像的中间色调处单击鼠标左键，在目标色条上将取样颜色设置为咖啡色；选择"白色吸管工具" ![icon]，在图像颜色最浅处单击鼠标左键，单击"预览"按钮，如图 6-49 所示。

　　❹ 设置好之后，单击"确定"按钮。执行"取样/目标平衡"命令前后效果对比，如图 6-50 所示。

图 6-49　设置颜色

图 6-50　取样/目标平衡效果

6.3.6 调合曲线

"调合曲线"命令用于改变图像中的单个像素值,例如:阴影、中间色调和高光,以及精确地修改图像局部的颜色。

视频文件:mp4\第 06 章\课堂举例 6-14.mp4

课堂举例【6-14】:调合曲线

① 执行"文件"|"导入"命令,导入本书配套光盘中"第 6 章\6.3\6.3.6\树叶.jpg"文件,如图 6-51 所示。

② 执行"效果"|"调整"|"调合曲线"命令,弹出"调合曲线"对话框,如图 6-52 所示。

图 6-51　导入素材

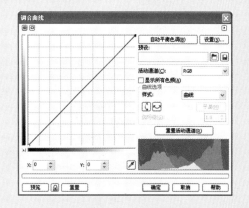

图 6-52　调和曲线

③ 用上述方法展开预览窗口,在"调合曲线"对话框中的"活动通道"下拉列表内选择一种通道"蓝"。在曲线编辑窗口中的曲线上单击鼠标左键,即可添加一个节点。移动此节点,调整曲线形状,单击"预览"按钮,如图 6-53 所示。

④ 设置好之后,单击"确定"按钮。执行"调合曲线"命令前后的效果对比,如图 6-54 所示。

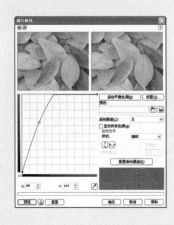

图 6-53　显示预览

图 6-54　调和曲线效果

专家提示:

默认情况下,曲线上的控制点向上移动可以使图像变亮,向下则会变暗。S 形曲线可以使图像中原来亮的部位越亮,暗的部位越暗,以提高图像的对比度。

6.3.7 亮度/对比度/强度

"亮度/对比度/强度"命令，可以调整图像中的色频通道，更改色谱中的颜色位置。其中，亮度指图像的明暗程度；对比度指图像的明暗反差；强度指图像色彩的明暗程度。可以调整所有颜色的亮度以及明亮区域与暗色区域之间的差异。

 课堂举例【6-15】：亮度/对比度/强度 ｜ 视频文件：mp4\第 06 章\课堂举例 6-15.mp4

① 执行"文件"｜"导入"命令，导入本书配套光盘中"第 6 章\6.3\6.3.7\彩页.jpg"文件，如图 6-55 所示。

② 执行"效果"｜"调整"｜"亮度/对比度/强度"命令，弹出"亮度/对比度/强度"对话框，展开预览窗口，如图 6-56 所示。

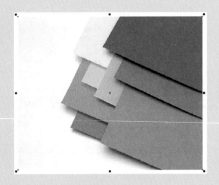
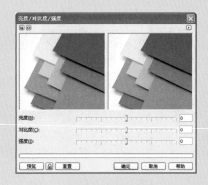

图 6-55　导入素材　　　　　　　　　　　　　　　图 6-56　亮度/对比度/强度

③ 在"亮度"、"对比度"、"强度"滑板中设置数值，单击"预览"按钮，如图 6-57 所示。

④ 设置好之后，单击"确定"按钮，执行"亮度/对比度/强度"命令前后效果对比，如图 6-58 所示。

图 6-57　显示预览　　　　　　　　　　　　　　　图 6-58　亮度/对比度/强度效果

6.3.8 颜色平衡

"颜色平衡"命令用于改变图像中的颜色的百分比，从而使颜色发生变化。

 课堂举例【6-16】：颜色平衡 ｜ 视频文件：mp4\第 06 章\课堂举例 6-16.mp4

① 执行"文件"｜"导入"命令，导入本书配套光盘中"第 6 章\6.3\6.3.8\橙子.jpg"文件，如图 6-59

所示。

❷ 执行"效果"|"调整"|"颜色平衡"命令，弹出"颜色平衡"对话框，展开预览窗口，设置数值，单击"预览"按钮，如图 6-60 所示。

❸ 设置好之后，单击"确定"按钮，如图 6-61 所示。

 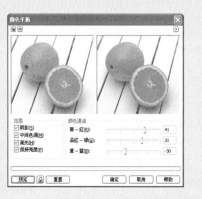 

图 6-59　导入素材　　　　　　　图 6-60　颜色平衡　　　　　　　图 6-61　颜色平衡效果

6.3.9　伽玛值

"伽玛值"命令可以在保持阴影和高光基本不变的情况下，调整图像的细节。

课堂举例【6-17】：伽玛值　　　　　　　　　　　　视频文件：mp4\第 06 章\课堂举例 6-17.mp4

❶ 执行"文件"|"导入"命令，导入本书配套光盘中"第 6 章\6.3\6.3.9\葡萄酒.jpg"文件。执行"效果"|"调整"|"伽玛值"命令，弹出"伽玛值"对话框。调整伽玛值的数值，数值越大，中间色调越浅，反之中间色调越深，展开预览框口，如图 6-62 所示。

❷ 设置好之后单击"确定"按钮，执行"伽玛值"命令前后的效果对比，如图 6-63 所示。

图 6-62　伽玛值　　　　　　　　　　　图 6-63　伽玛值效果

6.3.10　色度/饱和度/亮度

"色度/饱和度/亮度"命令可以更改图像的颜色和浓度。其中，色度即色相；饱和度即纯度；亮度指的是图像的明暗程度。

① 执行"文件" | "导入"命令，导入本书配套光盘中"第 6 章\6.3\6.3.10\橙片.jpg"文件。执行"效果" | "调整" | "色度/饱和度/亮度"命令，弹出"色度/饱和度/亮度"对话框，在"色频通道"中选择一种通道，拖动滑块上以设置数值，如图 6-64 所示。

② 设置好之后单击"确定"按钮，执行"色度/饱和度/亮度"命令前后的效果对比，如图 6-65 所示。

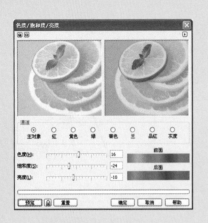

图 6-64 色度/饱和度/亮度   图 6-65 色度/饱和度/亮度效果

6.3.11 所选颜色

  "所选颜色"命令允许用户通过改变图像中的红，黄，绿，青，蓝和品红色谱的 CMYK 百分比来改变颜色。

① 执行"文件" | "导入"命令，导入本书配套光盘中"第 6 章\6.3\6.3.11\蛋糕.jpg"文件。执行"效果" | "调整" | "所选颜色"命令，弹出"所选颜色"对话框，在"调整"选项中设置颜色，单击"预览"按钮，如图 6-66 所示。

② 设置好之后单击"确定"按钮，执行"所选颜色"命令前后的效果对比，如图 6-67 所示。

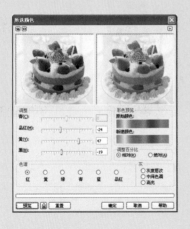

图 6-66 所选颜色   图 6-67 所选颜色效果

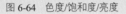

6.3.12 替换颜色

"替换颜色"命令可以设置新的颜色替换图像中所选择的颜色。

课堂举例【6-20】：替换颜色　　　　　　　　　　视频文件：mp4\第 06 章\课堂举例 6-20.mp4

❶ 执行"文件"|"导入"命令，导入本书配套光盘中"第 6 章\6.3\6.3.12\彩珠.jpg"文件。执行"效果"|"调整"|"替换颜色"命令，弹出"替换颜色"对话框，展开预览窗口。选择原颜色后面的"吸管工具"吸取图像中橘黄色小球颜色，并在"新建颜色"下拉列表中选择橘黄色，单击"预览"按钮，如图 6-68 所示。

❷ 设置好之后单击"确定"按钮，执行"替换颜色"命令前后的效果对比，如图 6-69 所示。

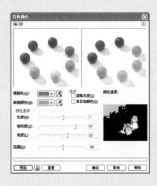

图 6-68　替换颜色

图 6-69　替换颜色效果

6.3.13 取消饱和

"取消饱和"命令可以将位图中所有颜色的饱和度全调整为 0，使每种颜色转换为以与其相应的灰度显示，但不会改变图像的颜色模式。

课堂举例【6-21】：取消饱和　　　　　　　　　　视频文件：mp4\第 06 章\课堂举例 6-21.mp4

❶ 执行"文件"|"导入"命令，导入本书配套光盘中"第 6 章\6.3\6.3.9\滴印.jpg"文件，如图 6-70 所示。

❷ 执行"效果"|"调整"|"取消饱和"命令，如图 6-71 所示。

图 6-70　导入素材

图 6-71　取消饱和效果

6.3.14 通道混合器

"通道混合器"命令可以通过混合各个颜色通道来改变图像颜色，平衡位图色彩。例如：如果位图颜色太绿，可以调整 RGB 位图中的绿色通道来提高图像质量。

课堂举例【6-22】：通道混合器　　　　　视频文件：mp4\第 06 章\课堂举例 6-22.mp4

❶ 执行"文件"|"导入"命令，导入本书配套光盘中"第 6 章\6.3\6.3.14\个性人物.jpg"文件。执行"效果"|"调整"|"通道混合器"命令，弹出"通道混合器"对话框，展开预览窗口。在"输出通道"中选择红色，在"输入通道"中设置数值，单击"预览"按钮，如图 6-72 所示。

❷ 设置好之后单击"确定"按钮，执行"通道混合器"命令前后的效果对比，如图 6-73 所示。

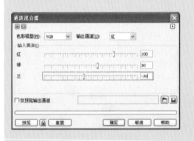

图 6-72　通道混合器　　　　　　　　　　图 6-73　通道混合器效果

6.4 变换位图颜色

CorelDRAW X6 允许使用者将颜色和色调变换同时应用于位图图像，通过变换对象的颜色和色调产生特殊效果。

6.4.1 去交错

"去交错"命令用于扫描或隔行显示图像中删除的线条。

课堂举例【6-23】：去交错　　　　　视频文件：mp4\第 06 章\课堂举例 6-23.mp4

❶ 执行"文件"|"导入"命令，导入本书配套光盘中"第 6 章\6.4\6.4.1\链子.jpg"文件，如图 6-74 所示。

❷ 执行"效果"|"变换"|"去交错"命令，弹出"去交错"对话框，在扫描线和替换方法中选择需要的选项，如图 6-75 所示。单击"确定"按钮，如图 6-76 所示。

图 6-74　导入素材　　　　图 6-75　"去交错"对话框　　　　图 6-76　去交错效果

6.4.2 反显

"反显"命令用于显示翻转对象的颜色，形成摄影负片的外观。

视频文件：mp4\第 06 章\课堂举例 6-24.mp4

课堂举例【6-24】：反显

① 导入本书配套光盘中 "第 6 章\6.4\6.4.2\书本.jpg" 文件，如图 6-77 所示。

② 执行 "效果" | "变换" | "反显" 命令，反显效果如图 6-78 所示。

图 6-77　导入素材

图 6-78　反显效果

6.4.3 极色化

"极色化"命令可以将图像转换为单一颜色，使图像简单化，常常用于减少图像中的色调值数量。

视频文件：mp4\第 06 章\课堂举例 6-25.mp4

课堂举例【6-25】：极色化

① 导入本书配套光盘中 "第 6 章\6.4\6.4.3\鸭子.jpg" 文件，执行 "效果" | "变换" | "极色化" 命令，弹出 "极色化" 对话框，设置 "层次" 选项的数值，如图 6-79 所示。

② 设置好之后单击 "确定" 按钮，执行 "极色化" 命令前后的效果对比，如图 6-80 所示。

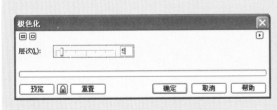

图 6-79　"极色化" 对话框

图 6-80　极色化效果

6.5　校正位图效果

"校正"命令可以通过更改为图形中的相异像素减少杂点。

视频文件：mp4\第 06 章\课堂举例 6-26.mp4

课堂举例【6-26】：校正位图效果

① 导入本书配套光盘中 "第 6 章\6.5\6.5.1\婴孩.jpg" 文件，执行 "效果" | "校正" | "尘埃与刮痕" 命

令，弹出"尘埃与刮痕"对话框，在对话框中设置相关参数，如图 6-81 所示。

② 设置好后单击"确定"按钮，执行"校正"命令前后效果对比，如图 6-82 所示。

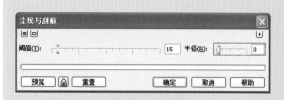

图 6-81 尘埃与刮痕

图 6-82 尘埃与刮痕效果

6.6 位图颜色遮罩

"位图颜色遮罩"命令可以隐藏图像中显示的颜色，使图像形成透明效果，还可以只改变选中的颜色，不改变图像中其他颜色。

课堂举例【6-27】：位图颜色遮罩　　　　　　　　　　　视频文件：mp4\第 06 章\课堂举例 6-27.mp4

① 导入本书配套光盘中"第 6 章\6.6\6.6.1\美女.jpg"文件，执行"位图"|"位图颜色遮罩"命令，在绘图页面右侧弹出"位图颜色遮罩"泊坞窗，如图 6-83 所示。

② 在"位图颜色遮罩"泊坞窗中，选择"隐藏颜色"选项。在"色彩"列表框中勾选一个色彩条，单击"颜色选择"按钮 ，使用鼠标单击位图中需要隐藏的颜色，设置"容限"数值为 50，如图 6-84 所示。

图 6-83 位图颜色遮罩

图 6-84 设置颜色

③ 单击"应用"按钮，隐藏位图颜色前后的对比效果，如图 6-85 所示。

图 6-85 位图颜色遮罩效果

186

④ 在"位图颜色遮罩"泊坞窗中，选择"显示颜色"选项，单击"应用"按钮，即可保留选中的颜色，同时隐藏其他颜色，如图 6-86 所示。

图 6-86　位图颜色遮罩效果

6.7　位图描摹

在 Coreldraw 中，使用"位图描摹"命令，可以将位图快速转换为矢量图，帮助用户提高编辑图像的工作效率，若背景颜色比较单一，还可以起到快速去底的作用。

6.7.1　快速描摹

使用"快速描摹"命令，可以一步完成位图转换为矢量的操作。

课堂举例【6-28】：快速描摹　　　　　　　　　　　视频文件：mp4\第 06 章\课堂举例 6-28.mp4

① 导入本书配套光盘中"第 6 章\6.7\6.7.1\花纹.jpg"文件，如图 6-87 所示。

② 执行"位图"|"快速描摹"命令，临摹图形，如图 6-88 所示。

③ 选中描摹出的图形，单击属性栏中的"取消群组"按钮，选中白色图形，按 Delete 键删除，如图 6-89 所示。

图 6-87　导入素材

图 6-88　快速描摹

图 6-89　删除多余部分

6.7.2 中心线描摹

"中心线描摹"又称"笔触描摹"，它使用未填充的封闭和开放曲线（如笔触）来描摹图像。此种方式用于描摹线条图纸、施工图、线条画和拼版等。

 课堂举例【6-29】：中心线描摹　　　　　视频文件：mp4\第 06 章\课堂举例 6-29.mp4

❶ 导入本书配套光盘中"第 6 章\6.7\6.7.1\花.jpg"文件，如图 6-90 所示。

❷ 执行"位图" | "中心线描摹" | "技术图解"命令，弹出"中心线描摹"对话框，设置参数如图 6-91 所示。

❸ 单击"确定"按钮，运用"选择工具" [箭头]，移开描摹图形，并设置绿颜色的轮廓色，如图 6-92 所示。

图 6-90　导入素材　　　　　　　图 6-91　中心线描摹　　　　　　图 6-92　设置轮廓颜色

6.7.3 轮廓描摹

"轮廓描摹"又称"填充描摹"，使用无轮廓的曲线对象来描摹图像，它适用于描摹剪贴画，徽标、相片图像、低质量和高质量图像。

 课堂举例【6-30】：轮廓描摹　　　　　视频文件：mp4\第 06 章\课堂举例 6-30.mp4

❶ 导入本书配套光盘中"第 6 章\6.7\6.7.3\卡通画.jpg"文件，如图 6-93 所示。

❷ 执行"位图" | "轮廓描摹" | "高质量描摹"命令，弹出"高质量描摹"对话框，设置参数，如图 6-94 所示。

❸ 单击"确定"按钮，选中描摹出的图形，单击属性栏中的"取消群组" [图标]按钮，选中文字下面的彩条图形，分别填充颜色，如图 6-95 所示。

图 6-93　导入素材　　　　　　图 6-94　高质量描摹对话框　　　　图 6-95　填充颜色

6.8 实例演练

6.8.1 啤酒海报

难易程度：★★★★☆	主要工具：透明度工具、填充工具、矩形工具
文件路径：源文件\第 06 章\6.8.1	视频文件：mp4\第 06 章\6.8.1

本实例绘制的是一款啤酒海报，主要运用了"阴影工具、透明度工具、填充工具、矩形工具、椭圆形工具"和"调整"命令以及"导入"命令等，效果如图 6-96 所示。

01 启动 CorelDRAW X6，执行"文件"|"新建"命令，新建一个 205mm×269mm 的空白文档。左键双击"矩形工具"□，自动生成一个矩形。按 F11 键，弹出"渐变填充"对话框，设置颜色从深绿色（R8，G23，B8）到绿色（R81，G149，B2）25%到（R157，G194，B29）43%到（R205，G240，B112）62%到白色的正方形渐变色，如图 6-97 所示。

02 单击"确定"按钮，如图 6-98 所示。

图 6-96　效果图

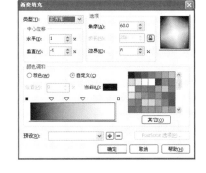

图 6-97　渐变参数

图 6-98　渐变填充效果

03 执行"文件"|"导入"命令，弹出"导入"对话框，选择本书配套光盘中"第 6 章\6.8\6.8.1\素材\花纹.cdr 文件，单击"导入"按钮。选择"选择工具"，调整好位置和大小，放置到合适的位置。选择工具箱中的"透明度工具"，在属性栏中设置透明度类型为"标准"，透明度操作为"如果更亮"，开始透明度为 85，如图 6-99 所示

04 参照上述导入方法，导入酒瓶，在属性栏中设置旋转角度为 338，如图 6-100 所示。

05 选中酒瓶，按+键复制一个，选择工具箱中的"透明度工具"，在属性栏中设置透明度类型为"标准"，透明度操作为"添加"，开始透明度为 60，如图 6-101 所示。

图 6-99　导入花纹

图 6-100　导入酒瓶

图 6-101　添加透明度

06 执行"文件"｜"打开"命令，打开本书配套光盘中"第 6 章\6.8\6.8.1\素材\素材.cdr 文件，单击"打开"按钮，选中书本位图，按 Ctrl+C 快捷键复制。切换到当前编辑窗口，按 Ctrl+V 快捷键粘贴。执行"效果"｜"调整"｜"亮度/对比度/强度"命令，弹出"亮度/对比度/强度"对话框，设置参数，如图 6-102 所示。

07 单击"确定"按钮，如图 6-103 所示。

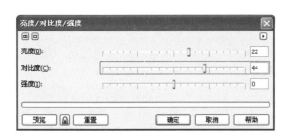

图 6-102　设置"亮度/对比度/强度"参数　　　　　　图 6-103　亮度/对比度/强度效果

08 切换到素材文件，选中眼镜位图，按 Ctrl+C 快捷键复制。切换到当前编辑窗口，按 Ctrl+V 快捷键粘贴。执行"效果"｜"调整"｜"调合曲线"命令，弹出"调合曲线"对话框，设置参数，如图 6-104 所示。

09 单击"确定"按钮，如图 6-105 所示。

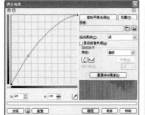
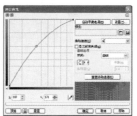

图 6-104　设置"调合曲线"参数　　　　　　图 6-105　调合曲线效果

10 参照前面的操作，将鞋子、像机和耳机复制到当前窗口，调整好位置和大小，如图 6-106 所示。

11 选中红鞋，按+键复制一个。执行"效果"｜"调整"｜"通道混合器"命令，设置参数如图 6-107 所示。

12 单击"确定"按钮，选择工具箱中的"透明度工具" ，在鞋子上从左上角往右下角拖出线性透明度，如图 6-108 所示。

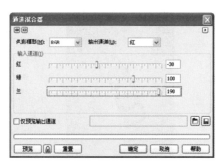

图 6-106　复制素材　　　　图 6-107　设置"通道混合器"参数　　　　图 6-108　透明度效果

13 选择工具箱中的"3点曲线工具" ，绘制图形，左键调色板任意色。选择工具箱中的"阴影工具" ，在图形上拖出一条阴影。在属性栏中设置阴影的不透明度为8，羽化为15，透明度操作为"添加"，阴影颜色为黄色，如图6-109所示。

14 按Ctrl+K快捷键，拆分阴影。选中阴影部分，按+键复制多个，并调整好位置、大小和旋转度，如图6-110所示。

15 选择工具箱中的"手绘工具" ，任意地绘制一个图形，填充任意颜色，如图6-111所示。

图6-109　阴影效果　　　　　　　图6-110　透明度效果　　　　　　　图6-111　阴影效果

16 选择"阴影工具" ，拖出一条阴影。在属性栏中设置阴影的不透明度为30，羽化为30，透明度操作为添加，阴影颜色为橙色（C0，M60，Y100，K0），如图6-112所示。

17 按Ctrl+K快捷键，拆分阴影，删去原图形。选中阴影。按住Shift键，放大阴影，选中阴影层。单击右键，在弹出的快捷菜单中，选择"排列"｜"顺序"｜"置于此对象后"命令，待出现粗黑箭头时，单击酒瓶，再按Ctrl+PageDown快捷键，往下调整一层，如图6-113所示。

18 参照前面的操作，将装饰素材导入画面，并调整好位置，如图6-114所示。

图6-112　阴影效果　　　　　　　图6-113　调整图形　　　　　　　图6-114　阴影效果

19 选择工具箱中的"椭圆形工具" ，在瓶底处绘制一个细长的椭圆。参照前面的操作，选择"阴影工具" ，拖出阴影。在属性栏中设置羽化为20，其他默认。按Ctrl+K键拆分阴影，删去原椭圆，将阴影调整到酒瓶底部的合适位置，如图6-115所示。

20 选中背景，渐变填充矩形，按+键复制一层。按G键，切换到"交互式填充工具"，在属性栏中的"预设"下拉列表框中选择"辐射"，在画面中选中最外围的黑色颜色块往内拖动，缩小渐变范围。选择工

具箱中的"透明度工具"，在属性栏中设置透明类型为"标准"，"透明度操作"为"乘"，开始透明度为60，如图6-116所示。

21 切换到"选择工具" ，得到最终效果如图6-117所示。

图6-115　调整图形　　　　　　　　图6-116　渐变调整　　　　　　　　图6-117　最终效果

6.8.2 潮流音乐海报

难易程度：★★★★☆	主要工具：贝塞尔工具、矩形工具、"颜色遮罩"命令
文件路径：源文件\第06章\6.8.2	视频文件：mp4\第06章\6.8.2

本实例绘制的是一款音乐海报，主要运用"调和工具、贝塞尔工具、矩形工具"和"颜色遮罩"命令、"快速描摹"命令和"导入"命令来完成，效果如图6-118所示。

01 启动CorelDRAW X6，执行"文件"|"新建"命令，新建一个150mm×265mm的空白文档。双击"矩形工具" ，自动生成一个矩形。按F11键，弹出"渐变填充"对话框，设置颜色从绿色（R164，G208，B101）到（R213，G231，B183）38%到白色的辐射渐变色，如图6-119所示。

02 单击"确定"按钮，如图6-120所示。

图6-118　效果图　　　　　　　　图6-119　渐变参数　　　　　　　　图6-120　渐变效果图

03 执行"文件"|"导入"命令，弹出"导入"对话框，选择本书配套光盘中"第6章\6.8\6.8.2\素材\圆环.cdr"文件，单击"导入"按钮。选择"选择工具" ，调整好位置和大小，放置到合适的位置，如图6-121所示。

04 参照上述操作方法，导入"第6章\6.8\6.8.2\素材\人物素材.cdr文件，如图6-122所示。

05 选中人物图，选择工具箱中的"形状工具" ，调整四角节点，隐去其他人物，如图6-123所示。

图 6-121　导入圆环素材

图 6-122　导入人物素材

图 6-123　调整图形

06 选中人物位图，执行"位图"｜"快速描摹"命令，单击属性栏中的"取消群组"按钮，删去白色底，框选人物图形。单击属性栏中的"修剪" 按钮，删去手部白色区域，如图 6-124 所示。

07 选中人物，按 F11 键，弹出"渐变填充"对话框，填充从红色到橙色的线性渐变色，如图 6-125 所示。

08 选中人物，按+键复制一个，并调整至合适位置，如图 6-126 所示。

图 6-124　快还描摹效果

图 6-125　渐变填充

图 6-126　快还描摹效果

09 再次导入"第 6 章\6.8\6.8.2\素材\建筑素材.cdr 文件，如图 6-127 所示。

10 执行"位图"｜"位图颜色遮罩"命令，打开"位图颜色遮罩"泊坞窗，设置相关参数，选中第一个颜色条。单击"吸管"按钮，在图片蓝天处单击吸取颜色，设置"容限"为 73%，如图 6-128 所示。

11 单击"应用"按钮，如图 6-129 所示。

图 6-127　添加素材

图 6-128　设置参数

图 6-129　遮罩效果

12 选中图形，执行"效果"｜"调整"｜"亮度/对比度/强度"命令，设置参数如图 6-130 所示。

13 单击"确定"按钮，如图 6-131 所示。

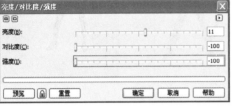

图 6-130　设置"位图颜色遮罩"参数　　　　　图 6-131　设置"亮度/对比度/强度"效果

14 选择工具箱中的"形状工具" ![icon]，调整位图形状，去除多余的建筑，如图 6-132 所示。

15 参照前面添加素材的方法，添加另一个建筑素材，并运用位图遮罩去除白底，如图 6-133 所示。

图 6-132　调整位图形状　　　　　　　　　　　图 6-133　添加素材

16 选择"形状工具"，将多余的建筑隐藏，如图 6-134 所示。

17 选中后面建筑，按+键复制两个。选择"形状工具" ![icon]，稍作调整后，放置画面两侧，如图 6-135 所示。

18 参照前面的操作，导入"第 6 章\6.8\6.8.2\素材\人物 2 素材.cdr 文件，如图 6-136 所示。

图 6-134　调整位图形状　　　　　图 6-135　复制图形　　　　　图 6-136　添加人物素材

19 再次导入"第 6 章\6.8\6.8.2\素材\倒影纹.cdr 文件，放置到合适位置，如图 6-137 所示。

20 参照上述操作，导入"第 6 章\6.8\6.8.2\素材\放射装饰.cdr 文件，置于合适位置，如图 6-138 所示。

21 选择工具箱中的"贝塞尔工具" ![icon]，绘制两条曲线，如图 6-139 所示。

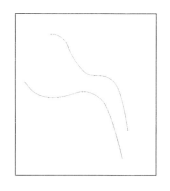

图 6-137　添加倒影纹素材　　　　　图 6-138　添加装饰素材　　　　　图 6-139　绘制曲线

22 选择工具箱中的"调和工具" ，从一条曲线拖至另一曲线上，如图 6-140 所示。

23 选中调和图形，鼠标右键单击调色板上的白色块，设置轮廓色为白色。选择"形状工具" ，调整起始位置和结束位置的曲线形状，如图 6-141 所示。

24 参照上述操作，再次绘制一个调和曲线图形，如图 6-142 所示。

图 6-140　调和效果　　　　　　图 6-141　调整曲线　　　　　图 6-142　绘制调整和图形

25 选中右边调和曲线图形，按 Ctrl+PageDown "+" 键键，往下调整图形的顺序，并整体调整图形，如图 6-143 所示。并参照前面的操作，导入文字素材，如图 6-144 所示。

26 单击选择工具 ，框选所有图形，按 Ctrl+G "+" 键键，群组图形。双击"矩形工具"，自动生成一个矩形，单击鼠标右键拖动群组图形至矩形内，在弹出的快捷菜单中选择"图框精确裁剪内部"选项。单击图形下面的"编辑"按钮 ，进入图框内调整状态，调整完毕后，单击图形下面的"停止编辑内容"按钮 ，得到最终效果如图 6-145 所示。

图 6-143　调整图形　　　　　　图 6-144　调整图形　　　　　图 6-145　最终效果

7

第 章

滤镜特效

本章导读:

　　在 CorelDRAW 中，除了可以调整位图的色调和颜色外，还可以像 Photoshop 一样用滤镜来处理图像。滤镜来源于摄影中的滤光镜，使用它可以轻而易举地得到奇特的图像效果。

本章重点:

◆ 滤镜的基本操作　　　　　◆ 三维效果

◆ 艺术笔触　　　　　　　　◆ 模糊滤镜

◆ 相机滤镜　　　　　　　　◆ 颜色转换

◆ 轮廓图　　　　　　　　　◆ 创造性滤镜

◆ 扭曲滤镜　　　　　　　　◆ 杂点滤镜

◆ 鲜明化滤镜　　　　　　　◆ 实例演练

7.1 滤镜的基本操作

对图像添加滤镜效果时，首先要知道滤镜的基本知识，就和刚开始用计算机的人一样，首先必须懂得怎样开机和关机，下面介绍的是滤镜的基本操作。

7.1.1 添加滤镜效果

CorelDRAW 中的滤镜都集中在"位图"菜单下，如图 7-1 所示。虽然滤镜的种类繁多，但是其使用方法却非常类似。选择需要添加滤镜效果的位图后，直接单击选择"位图"菜单中的相应滤镜命令，打开滤镜对话框，即可从中对相关参数进行设置。

三维效果 (3)	▶
艺术笔触 (A)	▶
模糊 (B)	▶
相机 (C)	▶
颜色转换 (L)	▶
轮廓图 (0)	▶
创造性 (V)	▶
扭曲 (D)	▶
杂点 (N)	▶
鲜明化 (S)	▶
插件 (P)	▶

图 7-1　"位图"菜单下的滤镜工具

7.1.2 撤销与恢复滤镜效果

如果对添加的一个或多个滤镜效果不满意，可以将其撤销，具体的操作方法如下：

- 每次添加滤镜后，在"编辑"菜单顶部都会出现"撤销"命令，单击该命令或者按下 Ctrl + Z 快捷键，即可撤销滤镜效果。
- 单击"标准"工具栏中的"撤销"按钮，可以撤销上一步添加的滤镜。
- 选择菜单栏中的"编辑"|"重做"命令，或者按下 Ctrl + Shift + Z 快捷键，可以恢复刚才撤销的滤镜。

7.2 三维效果

三维效果滤镜可以对位图添加多种类似 3D 立体效果，在三维效果滤镜中包括了 7 种滤镜效果，分别为：三维旋转、柱面、浮雕、卷页、透视、挤远/挤近和球面。

7.2.1 三维旋转

"三维旋转"命令可以使图像产生一种画面旋转透视的效果。

课堂举例【7-1】：三维旋转　　　　　　　　　　视频文件：mp4\第 07 章\课堂举例 7-1.mp4

❶ 执行"文件"|"导入"命令，导入本书配套光盘中"第 7 章\7.2\7.2.1\布娃娃.jpg"文件，如图 7-2 所示。

②执行"位图"|"三维效果"|"三位旋转"命令，弹出"三维旋转"对话框，展开预览窗口，在"垂直"和"水平"数值框中输入数值，设置好旋转角度，单击"预览"按钮，如图7-3所示。

③单击"确定"按钮，执行"三维旋转"命令图像前后效果对比，如图7-4所示。

图7-2 导入素材

图7-3 三维旋转

图7-4 三维旋转效果

7.2.2 柱面

"柱面"命令可以使图像产生柱状变形效果。

🏠 课堂举例【7-2】：柱面　　　　　　　　　视频文件：mp4\第07章\课堂举例7-2.mp4

①执行"文件"|"导入"命令，导入本书配套光盘中"第7章\7.2\7.2.2\心形音乐符.jpg"文件，执行"位图"|"三维效果"|"柱面"命令，弹出"柱面"对话框，展开预览窗口，在对话框中设置数值，单击"预览"按钮，如图7-5所示。

②单击"确定"按钮，执行"柱面"命令图像前后效果对比，如图7-6所示。

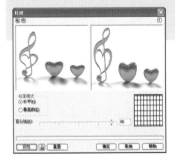
图7-5 柱面

图7-6 柱面效果

7.2.3 浮雕

"浮雕"命令可以根据图像的明暗呈凹凸状显示，产生浮雕效果。

🏠 课堂举例【7-3】：浮雕　　　　　　　　　视频文件：mp4\第07章\课堂举例7-3.mp4

①执行"文件"|"导入"命令，导入本书配套光盘中"第7章\7.2\7.2.3\苹果片.jpg"文件，执行"位图"|"三维效果"|"浮雕"命令，弹出"浮雕"对话框，展开预览窗口，在此对话框中设置数值，在浮雕色中勾选"原始颜色"选项，单击"预览"按钮，如图7-7所示。

②单击"确定"按钮，执行"浮雕"命令图像前后效果对比，如图7-8所示。

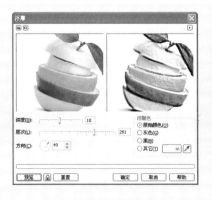

图 7-7　浮雕　　　　　　　　　　　　　　　　图 7-8　浮雕效果

7.2.4　卷页

"卷叶"命令可以将位图的任意一个角进行翻转。

视频文件：mp4\第 07 章\课堂举例 7-4.mp4

课堂举例【7-4】：卷页

❶ 执行"文件"|"导入"命令，导入本书配套光盘中"第 7 章\7.2\7.2.4\彩池.jpg"文件，执行"位图"|"三维效果"|"卷页"命令，弹出"卷页"对话框，展开预览窗口，在对话框中设置数值，单击"预览"按钮，如图 7-9 所示。

❷ 单击"确定"按钮，执行"卷页"命令图像前后效果对比，如图 7-10 所示。

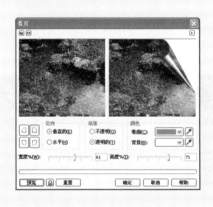

图 7-9　卷页　　　　　　　　　　　　　　　　图 7-10　卷页效果

7.2.5　透视

"透视"命令可以将图像产生三维透视效果。

课堂举例【7-5】：透视

视频文件：mp4\第 07 章\课堂举例 7-5.mp4

❶ 执行"文件"|"导入"命令，导入本书配套光盘中"第 7 章\7.2\7.2.5\礼物.jpg"文件，执行"位图"|"三维效果"|"透视"命令，弹出"透视"对话框，展开预览窗口，在对话框中调整节点，单击"预览"按钮，如图 7-11 所示。

❷ 单击"确定"按钮，执行"透视"命令图像前后效果对比，如图 7-12 所示。

图 7-11　透视参数　　　　　　　　　　　　　　图 7-12　透视效果

7.2.6　挤远/挤近

"挤远/挤近"命令是图像相对于中心位置进行弯曲，产生拉近或拉远的效果。

🏠 课堂举例【7-6】：挤远/挤近　　　　　　　　　视频文件：mp4\第 07 章\课堂举例 7-6.mp4

① 执行"文件"|"导入"命令，导入本书配套光盘中"第 7 章\7.2\7.2.6\水珠.jpg"文件，执行"位图"|"三维效果"|"挤近/挤远"命令，弹出"挤近/挤远"对话框，展开预览窗口，在对话框中设置数值，单击"预览"按钮，如图 7-13 所示。

② 单击"确定"按钮，执行"挤近/挤远"命令图像前后效果对比，如图 7-14 所示。

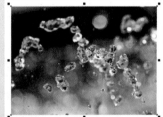

图 7-13　挤远/挤近　　　　　　　　　　　　　　图 7-14　挤远/挤近效果

7.2.7　球面

"球面"命令可以使图像产生类似球面效果的变化。

🏠 课堂举例【7-7】：球面　　　　　　　　　　　视频文件：mp4\第 07 章\课堂举例 7-7.mp4

① 执行"文件"|"导入"命令，导入本书配套光盘中"第 7 章\7.2\7.2.7\儿童.jpg"文件，执行"位图"|"三维效果"|"球面"命令，弹出"球面"对话框，展开预览窗口，在对话框中设置数值，单击"预览"按钮，如图 7-15 所示。

② 单击"确定"按钮，执行"球面"命令图像前后效果对比，如图 7-16 所示。

图 7-15 球面

图 7-16 球面效果

7.3 艺术笔触

艺术笔触滤镜可以将图像转化成多种不同美术效果的图像,在艺术笔触滤镜中包括了 14 种滤镜效果,分别为:炭笔画、单色蜡笔画、蜡笔画、立体派、印象派、调色刀、彩色蜡笔画、钢笔画、点彩派、木版画、素描、水彩画、水印画和波纹纸画。

7.3.1 炭笔画

"炭笔画"命令可以将图像产生炭笔绘制的效果。

课堂举例【7-8】:炭笔画　　　　　　　　　　　视频文件: mp4\第 07 章\课堂举例 7-8.mp4

1 执行"文件" | "导入"命令,导入本书配套光盘中"第 7 章\7.3\7.3.1\小狗.jpg"文件,执行"位图" | "艺术笔触" | "炭笔画"命令,弹出"炭笔画"对话框,展开预览窗口,设置大小和边缘数值,单击"预览"按钮,如图 7-17 所示。

2 单击"确定"按钮,执行"炭笔画"命令图像前后效果对比,如图 7-18 所示。

图 7-17 炭笔画

图 7-18 炭笔画效果

7.3.2 单色蜡笔画

"单色蜡笔画"命令可以将图像产生粉笔画的效果。

课堂举例【7-9】:单色蜡笔画　　　　　　　　视频文件: mp4\第 07 章\课堂举例 7-9.mp4

1 执行"文件" | "导入"命令,导入本书配套光盘中"第 7 章\7.3\7.3.2\小提琴.jpg"文件,执行"位图" | "艺术笔触" | "单色蜡笔画"命令,弹出"单色蜡笔画"对话框,展开预览窗口,设置数值,单击"预

览"按钮，如图 7-19 所示。

❷ 单击"确定"按钮，执行"单色蜡笔画"命令图像前后效果对比，如图 7-20 所示。

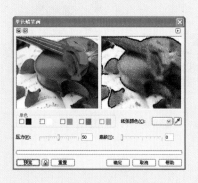

图 7-19　单色蜡笔画　　　　　　　　　　图 7-20　单色蜡笔画效果

7.3.3　蜡笔画

"蜡笔画"命令可以使图像产生蜡笔画的效果。

课堂举例【7-10】：蜡笔画　　　　　　视频文件：mp4\第 07 章\课堂举例 7-10.mp4

❶ 执行"文件"|"导入"命令，导入本书配套光盘中"第 7 章\7.3\7.3.3\菜.jpg"文件，执行"位图"|"艺术笔触"|"蜡笔画"命令，弹出"蜡笔画"对话框，展开预览窗口，设置数值，单击"预览"按钮，如图 7-21 所示。

❷ 单击"确定"按钮，执行"蜡笔画"命令图像前后效果对比，如图 7-22 所示。

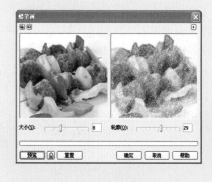

图 7-21　蜡笔画　　　　　　　　　　图 7-22　蜡笔画效果

7.3.4　立体派

"立体派"命令可以使图像中相同颜色色素组合在一起，产生一种具有立体感的效果。

课堂举例【7-11】：立体派　　　　　　视频文件：mp4\第 07 章\课堂举例 7-11.mp4

❶ 执行"文件"|"导入"命令，导入本书配套光盘中"第 7 章\7.3\7.3.4\苹果书.jpg"文件，执行"位图"|"艺术笔触"|"立体派"命令，弹出"立体派"对话框，展开预览窗口，设置数值，单击"预览"按钮，如图 7-23 所示。

❷ 单击"确定"按钮，执行"立体派"命令图像前后效果对比，如图 7-24 所示。

图 7-23　立体派　　　　　　　　　　　　　　　图 7-24　立体派效果

7.3.5 印象派

　　"印象派"命令可以将图像产生一种印象派风格的油画效果，"印象派"包括两种方法：产生隔着磨砂玻璃看图像效果；在图像中添加色块。

　　课堂举例【7-12】：印象派　　　　　　　　　　　　　　　视频文件：mp4\第 07 章\课堂举例 7-12.mp4

　　① 执行"文件"|"导入"命令，导入本书配套光盘中"第 7 章\7.3\7.3.5\酒杯.jpg"文件，执行"位图"|"艺术笔触"|"印象派"命令，弹出"印象派"对话框，展开预览窗口，设置数值，单击"预览"按钮，如图 7-25 所示。

　　② 单击"确定"按钮，执行"印象派"命令图像前后效果对比，如图 7-26 所示。

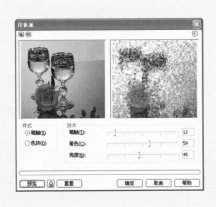

图 7-25　印象派　　　　　　　　　　　　　　　图 7-26　印象派效果

7.3.6 调色刀

　　"调色刀"命令可以使图像产生一种小刀刮制图像的效果。

　　课堂举例【7-13】：调色刀　　　　　　　　　　　　　　　视频文件：mp4\第 07 章\课堂举例 7-13.mp4

　　① 执行"文件"|"导入"命令，导入本书配套光盘中"第 7 章\7.3\7.3.6\笔.jpg"文件，执行"位图"|"艺术笔触"|"调色刀"命令，弹出"调色刀"对话框，展开预览窗口，设置数值，单击"预览"按钮，如图 7-27 所示。

　　② 单击"确定"按钮，执行"调色刀"命令图像前后效果对比，如图 7-28 所示。

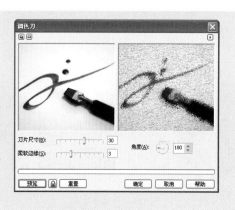

图 7-27　调色刀　　　　　　　　　　　　　　　图 7-28　调色刀效果

7.3.7　彩色蜡笔画

"彩色蜡笔画"命令可以使图像产生一种彩色蜡笔画绘制的效果。

 课堂举例【7-14】：彩色蜡笔画　　　　　　　视频文件：mp4\第 07 章\课堂举例 7-14.mp4

❶ 执行"文件"|"导入"命令，导入本书配套光盘中"第 7 章\7.3\7.3.7\牙刷.jpg"文件，执行"位图"
|"艺术笔触"|"彩色蜡笔画"命令，弹出"彩色蜡笔画"对话框，展开预览窗口，设置数值，单击"预览"
按钮，如图 7-29 所示。

❷ 单击"确定"按钮，执行"彩色蜡笔画"命令图像前后效果对比，如图 7-30 所示。

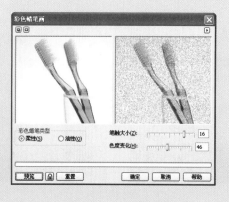

图 7-29　彩色蜡笔画　　　　　　　　　　　　　图 7-30　彩色蜡笔画效果

7.3.8　钢笔画

"钢笔画"命令可以使图像产生一种黑白钢笔画的效果。

 课堂举例【7-15】：钢笔画　　　　　　　　　视频文件：mp4\第 07 章\课堂举例 7-15.mp4

❶ 执行"文件"|"导入"命令，导入本书配套光盘中"第 7 章\7.3\7.3.8\果盘.jpg"文件，执行"位图"
|"艺术笔触"|"钢笔画"命令，弹出"钢笔画"对话框，展开预览窗口，设置数值，单击"预览"按钮，
如图 7-31 所示。

❷ 单击"确定"按钮，执行"钢笔画"命令图像前后效果对比，如图 7-32 所示。

图 7-31　钢笔画 　　　　　　　　　　　　　　　　　　　　　　　　图 7-32　钢笔画效果

7.3.9　点彩派

"点彩派"可以使图像产生一种由大量色块组成的斑点效果。

课堂举例【7-16】：点彩派　　　　　　　　　　　视频文件：mp4\第 07 章\课堂举例 7-16.mp4

❶ 执行"文件"|"导入"命令，导入本书配套光盘中"第 7 章\7.3\7.3.9\闹钟.jpg"文件，执行"位图"|"艺术笔触"|"点彩派"命令，弹出"点彩派"对话框，展开预览窗口，设置数值，单击"预览"按钮，如图 7-33 所示。

❷ 单击"确定"按钮，执行"点彩派"命令图像前后效果对比，如图 7-34 所示。

图 7-33　点彩派 　　　　　　　　　　　　　　　　　　　　　　　　图 7-34　点彩派效果

7.3.10　木版画

"木版画"命令可以将图像添加黑白色杂点，类似木板效果。

课堂举例【7-17】：木版画　　　　　　　　　　　视频文件：mp4\第 07 章\课堂举例 7-17.mp4

❶ 执行"文件"|"导入"命令，导入本书配套光盘中"第 7 章\7.3\7.3.10\彩页.jpg"文件，执行"位图"|"艺术笔触"|"木版画"命令，弹出"木版画"对话框，展开预览窗口，设置数值，单击"预览"按钮，如图 7-35 所示。

❷ 单击"确定"按钮，执行"木版画"命令图像前后效果对比，如图 7-36 所示。

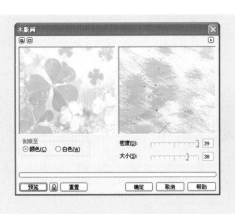

图 7-35　木版画

图 7-36　木版画效果

7.3.11　素描

"素描"命令可以将图像以素描绘画的形式显示。

课堂举例【7-18】：素描　　　　　　　　　　　视频文件：mp4\第 07 章\课堂举例 7-18.mp4

❶ 执行"文件"｜"导入"命令，导入本书配套光盘中"第 7 章\7.3\7.3.11\女孩.jpg"文件，执行"位图"｜"艺术笔触"｜"素描"命令，弹出"素描"对话框，展开预览窗口，设置数值，单击"预览"按钮，如图 7-37 所示。

❷ 单击"确定"按钮，执行"素描"命令图像前后效果对比，如图 7-38 所示。

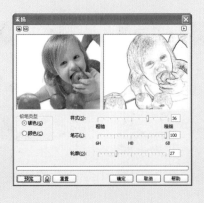

图 7-37　素描

图 7-38　素描效果

7.3.12　水彩画

"水彩画"命令可以将图像以水彩画的形式显示。

课堂举例【7-19】：水彩画　　　　　　　　　　视频文件：mp4\第 07 章\课堂举例 7-19.mp4

❶ 执行"文件"｜"导入"命令，导入本书配套光盘中"第 7 章\7.3\7.3.12\美女.tif"文件，执行"位图"｜"艺术笔触"｜"水彩画"命令，弹出"水彩画"对话框，展开预览窗口，设置数值，单击"预览"按钮，如图 7-39 所示。

❷ 单击"确定"按钮，执行"水彩画"命令图像前后效果对比，如图 7-40 所示。

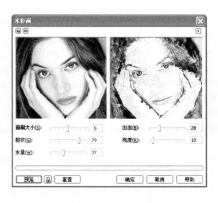

图 7-39　水彩画 　　　　　　　　　　　　　　　　　图 7-40　水彩画效果

7.3.13　水印画

"水印画"命令可以使图像产生一种用海绵蘸着颜色绘制的效果。

课堂举例【7-20】：水印画　　　　　　　　　　　　视频文件：mp4\第 07 章\课堂举例 7-20.mp4

① 执行"文件"|"导入"命令，导入本书配套光盘中"第 7 章\7.3\7.3.13\水果.jpg"文件，执行"位图"|"艺术笔触"|"水印画"命令，弹出"水印画"对话框，展开预览窗口，设置数值，单击"预览"按钮，如图 7-41 所示。

② 单击"确定"按钮，执行"水印画"命令图像前后效果对比，如图 7-42 所示。

图 7-41　水印画 　　　　　　　　　　　　　　　　　图 7-42　水印画效果

7.3.14　波纹纸画

"波纹纸画"命令可以将图像产生一种在带有纹路的纸张上绘制的效果。

课堂举例【7-21】：波纹纸画　　　　　　　　　　　视频文件：mp4\第 07 章\课堂举例 7-21.mp4

① 执行"文件"|"导入"命令，导入本书配套光盘中"第 7 章\7.3\7.3.14\布娃娃.jpg"文件，执行"位图"|"艺术笔触"|"波纹纸画"命令，弹出"波纹纸画"对话框，展开预览窗口，设置数值，单击"预览"按钮，如图 7-43 所示。

② 单击"确定"按钮，执行"波纹纸画"命令图像前后效果对比，如图 7-44 所示。

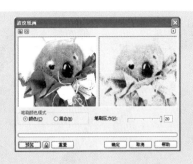

图 7-43　波纹纸画　　　　　　　　　　　　　　　图 7-44　波纹纸画效果

7.4　模糊滤镜

模糊滤镜可以将图像产生不同的模糊效果，在模糊滤镜中包括了 9 种滤镜效果，分别为：定向平滑、高斯式模糊、锯齿状模糊、低通滤波器、动态模糊、放射状模糊、平滑、柔和和缩放。

7.4.1　定向平滑

"定向平滑"命令可以使图像中的颜色过渡平滑，产生一种细微的模糊效果。

课堂举例【7-22】：定向平滑　　　　　　　视频文件：mp4\第 07 章\课堂举例 7-22.mp4

① 执行"文件"|"导入"命令，导入本书配套光盘中"第 7 章\7.4\7.4.1\雪人.jpg"文件，执行"位图"|"模糊"|"定向平滑"命令，弹出"定向平滑"对话框，展开预览窗口，设置百分比，如图 7-45 所示。

② 单击"确定"按钮，前后效果对比，如图 7-46 所示。

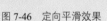

图 7-45　定向平滑　　　　　　　　　　　　　　　图 7-46　定向平滑效果

7.4.2　高斯式模糊

"高斯式模糊"命令可以将图像按高斯分布产生高、中、低的模糊。

课堂举例【7-23】：高斯式模糊　　　　　　　视频文件：mp4\第 07 章\课堂举例 7-23.mp4

① 执行"文件"|"导入"命令，导入本书配套光盘中"第 7 章\7.4\7.4.2\草莓.jpg"文件，执行"位图"|"模糊"|"高斯式模糊"命令，弹出"高斯式模糊"对话框，展开预览窗口，设置半径像素数值，如图 7-47 所示。

② 单击"确定"按钮，前后对比效果，如图 7-48 所示。

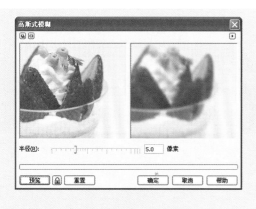

图 7-47　高斯式模糊　　　　　　　　　　　　图 7-48　高斯式模糊效果

7.4.3　锯齿状模糊

"锯齿状模糊"命令可以将图像产生一种锯齿状的模糊效果，以去掉小斑点和杂点。

课堂举例【7-24】：锯齿状模糊　　　　　　　　　视频文件：mp4\第 07 章\课堂举例 7-24.mp4

① 执行"文件"|"导入"命令，导入本书配套光盘中"第 7 章\7.4\7.4.3\烛光.jpg"文件，执行"位图"|"模糊"|"锯齿状模糊"命令，弹出"锯齿状模糊"对话框，展开预览窗口，在"宽度"和"高度"中如入数值，如图 7-49 所示。

② 单击"确定"按钮，前后对比效果，如图 7-50 所示。

图 7-49　锯齿状模糊　　　　　　　　　　　　图 7-50　锯齿状模糊效果

7.4.4　低通滤波器

"低通滤波器"命令可以将图像中相邻颜色间的对比度降低。

 课堂举例【7-25】：低通滤波器　　　　　　　　视频文件：mp4\第 07 章\课堂举例 7-25.mp4

① 执行"文件"|"导入"命令，导入本书配套光盘中"第 7 章\7.4\7.4.4\闹钟.jpg"文件，执行"位图"|"模糊"|"低通滤波器"命令，弹出"低通滤波器"对话框，展开预览窗口，在"百分比"和"半径"中输入数值，如图 7-51 所示。

② 单击"确定"按钮，前后对比效果，如图 7-52 所示。

图 7-51　低通滤波器　　　　　　　　　　图 7-52　低通滤波器效果

7.4.5　动态模糊

"动态模糊"命令可以使图像产生一种物体运动时的模糊效果。

🏠 课堂举例【7-26】：动态模糊　　　　　　　　　视频文件：mp4\第 07 章\课堂举例 7-26.mp4

❶ 执行"文件"|"导入"命令，导入本书配套光盘中"第 7 章\7.4\7.4.5\蜡烛.jpg"文件，执行"位图"
|"模糊"|"动态模糊"命令，弹出"动态模糊"对话框，展开预览窗口，设置数值，如图 7-53 所示。

❷ 单击"确定"按钮，前后对比效果，如图 7-54 所示。

图 7-53　动态模糊　　　　　　　　　　图 7-54　动态模糊效果

7.4.6　放射状模糊

"放射状模糊"命令可以使位图图像以某一点为中心产生旋转的模糊效果。

🏠 课堂举例【7-27】：放射状模糊　　　　　　　　视频文件：mp4\第 07 章\课堂举例 7-27.mp4

❶ 执行"文件"|"导入"命令，导入本书配套光盘中"第 7 章\7.4\7.4.6\礼盒.jpg"文件，执行"位图"
|"模糊"|"放射状模糊"命令，弹出"放射状模糊"对话框，展开预览窗口，设置其参数值，如图 7-55 所
示。

❷ 单击"确定"按钮，对比效果，如图 7-56 所示。

图 7-55　放射状模糊　　　　　　　　　　　　　　图 7-56　放射状模糊效果

7.4.7　平滑

"平滑"命令可以使图像中色块的边界变得平滑。

课堂举例【7-28】：平滑　　　　　　　　　　　　　　视频文件：mp4\第 07 章\课堂举例 7-28.mp4

① 执行"文件"|"导入"命令，导入本书配套光盘中"第 7 章\7.4\7.4.7\杯子.jpg"文件，执行"位图"|"模糊"|"平滑"命令，弹出"平滑"对话框，展开预览窗口，设置百分比，如图 7-57 所示。

② 单击"确定"按钮，对比效果，如图 7-58 所示。

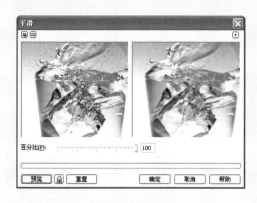

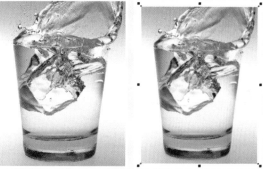

图 7-57　平滑　　　　　　　　　　　　　　　　　图 7-58　平滑效果

7.4.8　柔和

"柔和"命令用于柔滑图像色调的交界，是图像产生一种轻微的模糊效果。

课堂举例【7-29】：柔和　　　　　　　　　　　　　　视频文件：mp4\第 07 章\课堂举例 7-29.mp4

① 执行"文件"|"导入"命令，导入本书配套光盘中"第 7 章\7.4\7.4.8\青苹果.jpg"文件，执行"位图"|"模糊"|"柔和"命令，弹出"柔和"对话框，展开预览窗口，设置百分比，如图 7-59 所示。

② 单击"确定"按钮，对比效果，如图 7-60 所示。

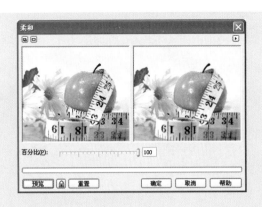

图 7-59　柔和　　　　　　　　　　　　　　图 7-60　柔和效果

7.4.9　缩放

"缩放"命令可以将图像产生一种由中心向外爆炸的模糊效果。

课堂举例【7-30】：缩放　　　　　　　　　视频文件：mp4\第 07 章\课堂举例 7-30.mp4

执行"文件"|"导入"命令，导入本书配套光盘中"第 7 章\7.4\7.4.9\化妆品.jpg"文件，执行"位图"|"模糊"|"缩放"命令，弹出"缩放"对话框，展开预览窗口，设置数量值，如图 7-61 所示。

单击"确定"按钮，对比效果，如图 7-62 所示。

图 7-61　缩放　　　　　　　　　　　　　　图 7-62　缩放效果

7.5　相机滤镜

相机滤镜可以扩散图像的边界色彩，在相机滤镜中只包含了"扩散"1 种滤镜效果。

课堂举例【7-31】：相机滤镜　　　　　　　视频文件：mp4\第 07 章\课堂举例 7-31.mp4

执行"文件"|"导入"命令，导入本书配套光盘中"第 7 章\7.5\7.5.1\花石.jpg"文件，执行"位图"|"相机"|"扩散"命令，弹出"扩散"对话框，展开预览窗口，设置层次值，如图 7-63 所示。

单击"确定"按钮，对比效果如图 7-64 所示。

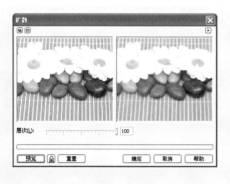

图 7-63　扩散

图 7-64　扩散效果

7.6 颜色转换

颜色转换滤镜用于修改图像的色彩，在颜色转换滤镜中包括了 4 种滤镜效果，分别为：位平面、半色调、梦幻色调和曝光。

7.6.1 位平面

"位平面"命令可以减少图像中的色调数量，通过红、绿、蓝三种色块平面来显示。

课堂举例【7-32】：位平面　　　　　　　　　　　　视频文件：mp4\第 07 章\课堂举例 7-32.mp4

❶ 执行"文件"|"导入"命令，导入本书配套光盘中"第 7 章\7.6\7.6.1\城市.jpg"文件，执行"位图"|"颜色转换"|"位平面"命令，弹出"位平面"对话框，展开预览窗口，设置数值，如图 7-65 所示。

❷ 单击"确定"按钮，对比效果，如图 7-66 所示。

图 7-65　位平面

图 7-66　位平面效果

7.6.2 半色调

"半色调"命令可以将图像产生网板效果。

课堂举例【7-33】：半色调　　　　　　　　　　　　视频文件：mp4\第 07 章\课堂举例 7-33.mp4

❶ 执行"文件"|"导入"命令，导入本书配套光盘中"第 7 章\7.6\7.6.2\饼干.jpg"文件，执行"位图"|"颜色转换"|"半色调"命令，弹出"半色调"对话框，展开预览窗口，设置数值，如图 7-67 所示。

② 单击"确定"按钮，对比效果，如图 7-68 所示。

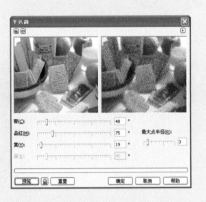

图 7-67　半色调

图 7-68　半色调效果

7.6.3　梦幻色调

"梦幻色调"命令可以将图像的色块转换为明亮、鲜艳的色彩，使图像颜色对比强烈，产生梦幻效果。

课堂举例【7-34】：梦幻色调　　　　　　　　　　　视频文件：mp4\第 07 章\课堂举例 7-34.mp4

① 执行"文件"|"导入"命令，导入本书配套光盘中"第 7 章\7.6\7.6.3\娃娃.jpg"文件，执行"位图"|"颜色转换"|"梦幻色调"命令，弹出"梦幻色调"对话框，展开预览窗口，设置层次值，如图 7-69 所示。

② 单击"确定"按钮，对比效果，如图 7-70 所示。

图 7-69　梦幻色调

图 7-70　梦幻色调效果

7.6.4　曝光

"曝光"命令可以将图像转变为类似照片底片的效果。

课堂举例【7-35】：曝光　　　　　　　　　　　视频文件：mp4\第 07 章\课堂举例 7-35.mp4

① 执行"文件"|"导入"命令，导入本书配套光盘中"第 7 章\7.6\7.6.4\酒杯.jpg"文件，执行"位图"|"颜色转换"|"曝光"命令，弹出"曝光"对话框，展开预览窗口，设置层次值，如图 7-71 所示。

② 单击"确定"按钮，对比效果，如图 7-72 所示。

图 7-71　曝光　　　　　　　　　　　　　　　图 7-72　曝光效果

7.7 轮廓图

轮廓图滤镜可以突出和强调图像的边缘效果，在轮廓图滤镜中包括了 3 种滤镜效果，分别为：边缘检测、查找边缘和描摹轮廓。

7.7.1 边缘检测

"边缘检测"命令可以将图像转换为黑白显示的线条效果。

🏠 课堂举例【7-36】：边缘检测　　　　　　　　　　视频文件：mp4\第 07 章\课堂举例 7-36.mp4

①　执行"文件"|"导入"命令，导入本书配套光盘中"第 7 章\7.7\7.7.1\娃娃.jpg"文件，执行"位图"|"轮廓图"|"边缘检测"命令，弹出"边缘检测"对话框，展开预览窗口，设置数值，如图 7-73 所示。

②　单击"确定"按钮，执行"边缘检测"命令图像前后效果对比，如图 7-74 所示。

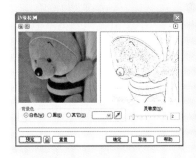

图 7-73　边缘检测　　　　　　　　　　　　　　图 7-74　边缘检测效果

7.7.2 查找边缘

"查找边缘"命令可以将图像中有颜色变化的过渡色边缘进行强化。

🏠 课堂举例【7-37】：查找边缘　　　　　　　　　　视频文件：mp4\第 07 章\课堂举例 7-37.mp4

①　执行"文件"|"导入"命令，导入本书配套光盘中"第 7 章\7.7\7.7.2\球.jpg"文件，执行"位图"|"轮廓图"|"查找边缘"命令，弹出"查找边缘"对话框，展开预览窗口，设置数值，如图 7-75 所示。

②　单击"确定"按钮，执行"查找边缘"命令图像前后效果对比，如图 7-76 所示。

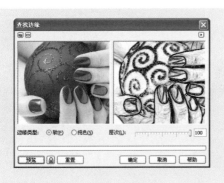
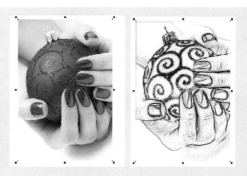

图 7-75　查找边缘 　　　　　　　　　　　　　图 7-76　查找边缘效果

7.7.3　描摹轮廓

"描摹轮廓"命令可以将图像的边缘具有色调差别，增强图像的边缘效果。

课堂举例【7-38】：描摹轮廓　　　　　　　　　视频文件：mp4\第 07 章\课堂举例 7-38.mp4

① 执行"文件"|"导入"命令，导入本书配套光盘中"第 7 章\7.7\7.7.3\药丸.jpg"文件，执行"位图"|"轮廓图"|"描摹轮廓"命令，弹出"描摹轮廓"对话框，展开预览窗口，设置层次值，如图 7-77 所示。

② 单击"确定"按钮，执行"描摹轮廓"命令图像前后效果对比，如图 7-78 所示。

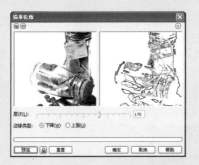

图 7-77　描摹轮廓 　　　　　　　　　　　　　图 7-78　描摹轮廓效果

7.8　创造性滤镜

创造性滤镜可以为图像添加许多具有创意的各种效果，在创造性滤镜中包括了 14 种滤镜效果，分别为：工艺、晶体化、织物、框架、玻璃砖、儿童游戏、马赛克、粒子、散开、茶色玻璃、彩色玻璃、虚光、旋涡和天气。

7.8.1　工艺

"工艺"命令可以为图像添加具有类似工艺元素拼接的效果。

课堂举例【7-39】：工艺　　　　　　　　　　　视频文件：mp4\第 07 章\课堂举例 7-39.mp4

① 执行"文件"|"导入"命令，导入本书配套光盘中"第 7 章\7.8\7.8.1\彩笔.jpg"文件，执行"位图"|"创造性"|"工艺"命令，弹出"工艺"对话框，展开预览窗口，设置数值，如图 7-79 所示。

② 单击"确定"按钮，执行"工艺"命令图像前后效果对比，如图7-80所示。

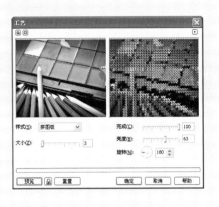

图 7-79　工艺　　　　　　　　　　　　　　　　图 7-80　工艺效果

7.8.2　晶体化

"晶体化"命令可以将位图图像产生许多小晶体显示。

🏠 课堂举例【7-40】：晶体化　　　　　　　　　　　　　视频文件：mp4\第 07 章\课堂举例 7-40.mp4

① 执行"文件"|"导入"命令，导入本书配套光盘中"第 7 章\7.8\7.8.2\香草.jpg"文件，执行"位图"|"创造性"|"晶体化"命令，弹出"晶体化"对话框，展开预览窗口，设置大小值，如图7-81所示。

② 单击"确定"按钮，执行"晶体化"命令图像前后效果对比，如图7-82所示。

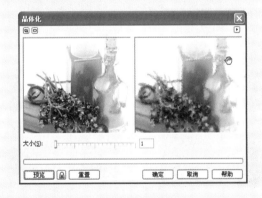

图 7-81　晶体化　　　　　　　　　　　　　　　图 7-82　晶体化效果

7.8.3　织物

"织物"命令可以将图像产生一种模拟手工或机器编织的效果。

 课堂举例【7-41】：织物　　　　　　　　　　　　　视频文件：mp4\第 07 章\课堂举例 7-41.mp4

① 执行"文件"|"导入"命令，导入本书配套光盘中"第 7 章\7.8\7.8.3\娃娃.jpg"文件，执行"位图"|"创造性"|"织物"命令，弹出"织物"对话框，展开预览窗口，设置数值，如图7-83所示。

② 单击"确定"按钮，执行"织物"命令图像前后效果对比，如图7-84所示。

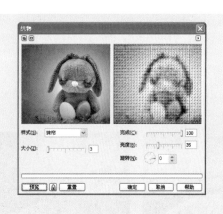

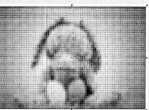

图 7-83 织物 　　　　　　　　　　　图 7-84 织物效果

7.8.4 框架

"框架"命令可以将位图图像的边缘产生艺术边框效果。

课堂举例【7-42】：框架　　　　　　视频文件：mp4\第 07 章\课堂举例 7-42.mp4

① 执行"文件"|"导入"命令，导入本书配套光盘中"第 7 章\7.8\7.8.4\化妆品.jpg"文件，执行"位图"|"创造性"|"框架"命令，弹出"框架"对话框，展开预览窗口，在修改标签中设置数值，改变边框效果，如图 7-85 所示。

② 单击"确定"按钮，执行"框架"命令图像前后效果对比，如图 7-86 所示。

图 7-85 框架 　　　　　　　　　　　图 7-86 框架效果

7.8.5 玻璃砖

"玻璃砖"命令可以将图像产生映射到多块玻璃上的效果。

课堂举例【7-43】：玻璃砖　　　　　　视频文件：mp4\第 07 章\课堂举例 7-43.mp4

① 执行"文件"|"导入"命令，导入本书配套光盘中"第 7 章\7.8\7.8.5\钢琴.jpg"文件，执行"位图"|"创造性"|"玻璃砖"命令，弹出"玻璃砖"对话框，展开预览窗口，设置数值，如图 7-87 所示。

② 单击"确定"按钮，执行"玻璃砖"命令图像前后效果对比，如图 7-88 所示。

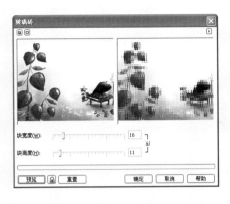

图 7-87 玻璃砖

图 7-88 玻璃砖效果

7.8.6 儿童游戏

"儿童游戏"命令可以是位图产生具有类似涂鸦的有趣色块效果。

课堂举例【7-44】：儿童游戏   视频文件：mp4\第 07 章\课堂举例 7-44.mp4

❶ 执行"文件"|"导入"命令，导入本书配套光盘中"第 7 章\7.8\7.8.6\奶茶.jpg"文件，执行"位图" |"创造性"|"儿童游戏"命令，弹出"儿童游戏"对话框，展开预览窗口，设置数值，如图 7-89 所示。

❷ 单击"确定"按钮，执行"儿童游戏"命令图像前后效果对比，如图 7-90 所示。

图 7-89 儿童游戏

图 7-90 儿童游戏效果

7.8.7 马赛克

"马赛克"命令将图像变为马赛克拼接的画面来显示。

课堂举例【7-45】：马赛克   视频文件：mp4\第 07 章\课堂举例 7-45.mp4

❶ 执行"文件"|"导入"命令，导入本书配套光盘中"第 7 章\7.8\7.8.7\香波.jpg"文件，执行"位图" |"创造性"|"马赛克"命令，弹出"马赛克"对话框，展开预览窗口，设置数值，勾选"虚光"选项，如图 7-91 所示。

❷ 单击"确定"按钮，执行"马赛克"命令图像前后效果对比，如图 7-92 所示。

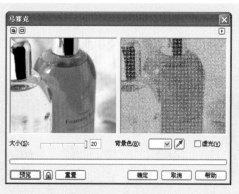

图 7-91 马赛克

图 7-92 马赛克效果

7.8.8 粒子

"粒子"命令在图像上添加许多星点或气泡的效果。

课堂举例【7-46】：粒子　　视频文件：mp4\第 07 章\课堂举例 7-46.mp4

❶ 执行"文件"|"导入"命令，导入本书配套光盘中"第 7 章\7.8\7.8.8\彩妆.jpg"文件，执行"位图"|"创造性"|"粒子"命令，弹出"粒子"对话框，展开预览窗口，设置数值，如图 7-93 所示。

❷ 单击"确定"按钮，执行"粒子"命令图像前后效果对比，如图 7-94 所示。

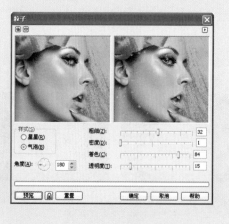

图 7-93 粒子

图 7-94 粒子效果

7.8.9 散开

"散开"命令可以将图像散开成颜色点效果显示。

课堂举例【7-47】：散开　　视频文件：mp4\第 07 章\课堂举例 7-47.mp4

❶ 执行"文件"|"导入"命令，导入本书配套光盘中"第 7 章\7.8\7.8.9\蛋糕.jpg"文件，执行"位图"|"创造性"|"散开"命令，弹出"散开"对话框，展开预览窗口，设置数值，如图 7-95 所示。

❷ 单击"确定"按钮，执行"散开"命令图像前后效果对比，如图 7-96 所示。

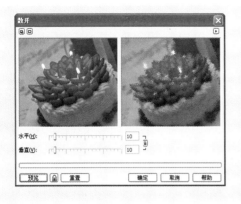

图 7-95 散开　　　　　　　　　　　　　　　　　图 7-96 散开效果

7.8.10 茶色玻璃

"茶色玻璃"命令可以将图像产生一种透过玻璃观看的效果。

课堂举例【7-48】：茶色玻璃　　　　　　　　　　视频文件：mp4\第 07 章\课堂举例 7-48.mp4

① 执行"文件"|"导入"命令，导入本书配套光盘中"第 7 章\7.8\7.8.10\牛奶.jpg"文件，执行"位图"|"创造性"|"茶色玻璃"命令，弹出"茶色玻璃"对话框，展开预览窗口，设置数值，在颜色下拉列表中选择底色，如图 7-97 所示。

② 单击"确定"按钮，执行"茶色玻璃"命令图像前后效果对比，如图 7-98 所示。

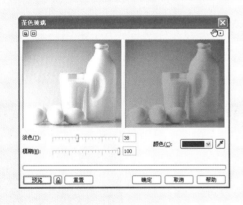

图 7-97 茶色玻璃　　　　　　　　　　　　　　　　图 7-98 茶色玻璃效果

7.8.11 彩色玻璃

"彩色玻璃"命令可以将图像产生一种透过彩色玻璃观看的效果。

课堂举例【7-49】：彩色玻璃　　　　　　　　　　视频文件：mp4\第 07 章\课堂举例 7-49.mp4

① 执行"文件"|"导入"命令，导入本书配套光盘中"第 7 章\7.8\7.8.11\绿茶.jpg"文件，执行"位图"|"创造性"|"彩色玻璃"命令，弹出"彩色玻璃"对话框，展开预览窗口，设置数值，在焊接颜色下拉列表中选择颜色，如图 7-99 所示。

② 单击"确定"按钮，执行"彩色玻璃"命令图像前后效果对比，如图 7-100 所示。

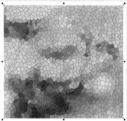

图 7-99 彩色玻璃　　　　　　　　　　　　图 7-100 彩色玻璃效果

7.8.12 虚光

"虚光"命令可以将图像周围产生柔和的边框效果。

课堂举例【7-50】：虚光　　　　　　　　　　视频文件：mp4\第 07 章\课堂举例 7-50.mp4

❶ 执行"文件"|"导入"命令，导入本书配套光盘中"第 7 章\7.8\7.8.12\美女.jpg"文件，执行"位图"|"创造性"|"虚光"命令，弹出"虚光"对话框，展开预览窗口，设置数值，如图 7-101 所示。

❷ 单击"确定"按钮，执行"虚光"命令图像前后效果对比，如图 7-102 所示。

图 7-101 虚光　　　　　　　　　　　　　图 7-102 虚光效果

7.8.13 旋涡

"旋涡"命令可以将图像产生旋涡旋转效果，中心变形比较厉害。

课堂举例【7-51】：旋涡　　　　　　　　　　视频文件：mp4\第 07 章\课堂举例 7-51.mp4

❶ 执行"文件"|"导入"命令，导入本书配套光盘中"第 7 章\7.8\7.8.13\郁金香.jpg"文件，执行"位图"|"创造性"|"旋涡"命令，弹出"旋涡"对话框，展开预览窗口，设置数值，如图 7-103 所示。

❷ 单击"确定"按钮，执行"旋涡"命令图像前后效果对比，如图 7-104 所示。

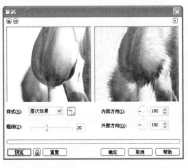

图 7-103　旋涡

图 7-104　旋涡效果

7.8.14　天气

"天气"命令可以将图像添加雨、雪、雾的天气效果。

课堂举例【7-52】：天气　　　　　　　　　　　　视频文件：mp4\第 07 章\课堂举例 7-52.mp4

❶ 执行"文件"|"导入"命令，导入本书配套光盘中"第 7 章\7.8\7.8.14\巴比娃娃.jpg"文件，执行"位图"|"创造性"|"天气"命令，弹出""对话框，展开预览窗口，设置数值，如图 7-105 所示。

❷ 单击"确定"按钮，执行"天气"命令图像前后效果对比，如图 7-106 所示。

图 7-105　天气

图 7-106　天气效果

7.9　扭曲滤镜

扭曲滤镜可以为图像添加多种不同效果的扭曲，扭曲滤镜中包括了 10 种扭曲效果，分别为：块状、置换、偏移、像素、龟纹、旋涡、平铺、湿笔画、涡流和风吹效果。

7.9.1　块状

"块状"命令可以将图像变为块状来显示。

　课堂举例【7-53】：块状　　　　　　　　　　　视频文件：mp4\第 07 章\课堂举例 7-53.mp4

❶ 执行"文件"|"导入"命令，导入本书配套光盘中"第 7 章\7.9\7.9.1\海滩.jpg"文件，执行"位图"|"扭曲"|"块状"命令，弹出"块状"对话框，展开预览窗口，设置数值，如图 7-107 所示。

② 单击"确定"按钮，执行"块状"命令图像前后效果对比，如图 7-108 所示。

图 7-107 块状

图 7-108 块状效果

7.9.2 置换

"置换"命令可以用预设样式将图像变形，产生特殊的一种效果。

 课堂举例【7-54】：置换　　　　　　　　　　视频文件：mp4\第 07 章\课堂举例 7-54.mp4

① 执行"文件"|"导入"命令，导入本书配套光盘中"第 7 章\7.9\7.9.2\ 贝壳.jpg"文件，执行"位图"|"扭曲"|"置换"命令，弹出"置换"对话框，展开预览窗口，设置数值，如图 7-109 所示。

② 单击"确定"按钮，执行"置换"命令图像前后效果对比，如图 7-110 所示。

图 7-109 置换

图 7-110 置换效果

7.9.3 偏移

"偏移"命令可以使图像产生位置的偏移。

课堂举例【7-55】：偏移　　　　　　　　　　视频文件：mp4\第 07 章\课堂举例 7-55.mp4

① 执行"文件"|"导入"命令，导入本书配套光盘中"第 7 章\7.9\7.9.3\岛屿.jpg"文件，执行"位图"|"扭曲"|"偏移"命令，弹出"偏移"对话框，展开预览窗口，设置数值，如图 7-111 所示。

② 单击"确定"按钮，执行"偏移"命令图像前后效果对比，如图 7-112 所示。

图 7-111　偏移　　　　　　　　　　　　　　　　图 7-112　偏移效果

7.9.4　像素

"像素"命令可以将图像产生像素化模式提供的像素效果。

 课堂举例【7-56】：像素　　　　　　　　　　视频文件：mp4\第 07 章\课堂举例 7-56.mp4

❶ 执行"文件"|"导入"命令，导入本书配套光盘中"第 7 章\7.9\7.9.4\唇膏.jpg"文件，执行"位图"|"扭曲"|"像素"命令，弹出"像素"对话框，展开预览窗口，设置数值，如图 7-113 所示。

❷ 单击"确定"按钮，执行"像素"命令图像前后效果对比，如图 7-114 所示。

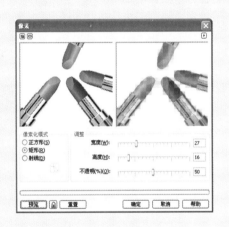

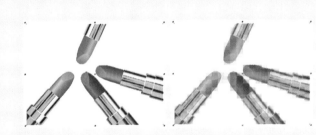

图 7-113　像素　　　　　　　　　　　　　　　图 7-114　像素效果

7.9.5　龟纹

"龟纹"命令可以将图像产生波浪形状的扭曲效果。

课堂举例【7-57】：龟纹　　　　　　　　　　视频文件：mp4\第 07 章\课堂举例 7-57.mp4

❶ 执行"文件"|"导入"命令，导入本书配套光盘中"第 7 章\7.9\7.9.5\枫叶.jpg"文件，执行"位图"|"扭曲"|"龟纹"命令，弹出"龟纹"对话框，展开预览窗口，设置数值，勾选"扭曲龟纹"选项，如图 7-115 所示。

② 单击"确定"按钮，执行"龟纹"命令图像前后效果对比，如图 7-116 所示。

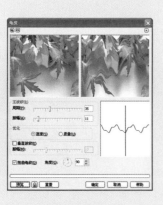

图 7-115　龟纹

图 7-116　龟纹效果

7.9.6　旋涡

"旋涡"命令可以将图像产生螺纹形状的扭曲效果。

课堂举例【7-58】：旋涡 　　　　　　　　　　　　　　视频文件：mp4\第 07 章\课堂举例 7-58.mp4

① 执行"文件"|"导入"命令，导入本书配套光盘中"第 7 章\7.9\7.9.6\彩纹.jpg"文件，执行"位图"|"扭曲"|"旋涡"命令，弹出"旋涡"对话框，展开预览窗口，设置数值，如图 7-117 所示。

② 单击"确定"按钮，执行"旋涡"命令图像前后效果对比，如图 7-118 所示。

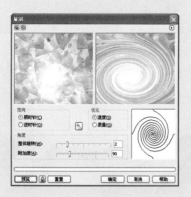

图 7-117　旋涡

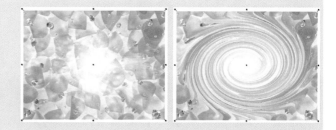

图 7-118　旋涡效果

7.9.7　平铺

"平铺"命令将图像为单位，产生多个图像来显示。

课堂举例【7-59】：平铺 　　　　　　　　　　　　　　视频文件：mp4\第 07 章\课堂举例 7-59.mp4

① 执行"文件"|"导入"命令，导入本书配套光盘中"第 7 章\7.9\7.9.7\橙子.jpg"文件，执行"位图"|"扭曲"|"平铺"命令，弹出"平铺"对话框，展开预览窗口，设置数值，如图 7-119 所示。

② 单击"确定"按钮，执行"平铺"命令图像前后效果对比，如图 7-120 所示。

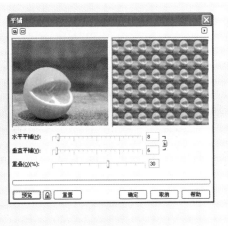

图 7-119　平铺　　　　　　　　　　　　　　图 7-120　平铺效果

7.9.8　湿笔画

"湿笔画"命令使图像产生一种类似颜料未干，往下流将画面打湿的效果。

课堂举例【7-60】：湿笔画　　　　　　　　　　视频文件：mp4\第 07 章\课堂举例 7-60.mp4

① 执行"文件"|"导入"命令，导入本书配套光盘中"第 7 章\7.9\7.9.8\珠珠.jpg"文件，执行"位图"|"扭曲"|"湿笔画"命令，弹出"湿笔画"对话框，展开预览窗口，设置数值，如图 7-121 所示。

② 单击"确定"按钮，执行"湿笔画"命令图像前后效果对比，如图 7-122 所示。

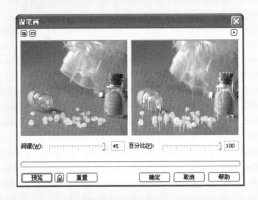

图 7-121　湿笔画　　　　　　　　　　　　　图 7-122　湿笔画效果

7.9.9　涡流

"涡流"命令可以将图像产生条纹流动的效果。

课堂举例【7-61】：涡流　　　　　　　　　　视频文件：mp4\第 07 章\课堂举例 7-61.mp4

① 执行"文件"|"导入"命令，导入本书配套光盘中"第 7 章\7.9\7.9.9\彩唇.jpg"文件，执行"位图"|"扭曲"|"涡流"命令，弹出"涡流"对话框，展开预览窗口，设置数值，如图 7-123 所示。

② 单击"确定"按钮，执行"涡流"命令图像前后效果对比，如图 7-124 所示。

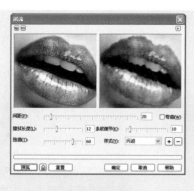

图 7-123　涡流　　　　　　　　　　　　　　　　　　图 7-124　涡流效果

7.9.10　风吹效果

"风吹效果"命令可以将图像产生类似风吹过的效果。

课堂举例【7-62】：风吹效果　　　　　　　　　　　　视频文件：mp4\第 07 章\课堂举例 7-62.mp4

❶ 执行"文件"|"导入"命令，导入本书配套光盘中"第 7 章\7.9\7.9.10\孩童.jpg"文件，执行"位图"|"扭曲"|"风吹效果"命令，弹出"风吹效果"对话框，展开预览窗口，设置数值，如图 7-125 所示。

❷ 单击"确定"按钮，执行"风吹效果"命令图像前后效果对比，如图 7-126 所示。

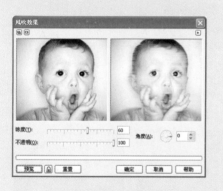

图 7-125　风吹效果　　　　　　　　　　　　　　　图 7-126　风吹效果

7.10　杂点滤镜

杂点滤镜可以为图像添加杂点或去除颗粒的效果，杂点滤镜中包括了 6 种滤镜效果，分别为：添加杂点、最大值、中值、最小、去除龟纹和去除杂点。

7.10.1　添加杂点

"添加杂点"命令可以为图像增加颗粒，使图像粗糙。

课堂举例【7-63】：添加杂点　　　　　　　　　　　视频文件：mp4\第 07 章\课堂举例 7-63.mp4

❶ 执行"文件"|"导入"命令，导入本书配套光盘中"第 7 章\7.10\7.10.1\路灯.jpg"文件，执行"位图"|"杂点"|"添加杂点"命令，弹出"添加杂点"对话框，展开预览窗口，设置数值，如图 7-127 所示。

② 单击"确定"按钮，执行"添加杂点"命令图像前后效果对比，如图7-128所示。

图 7-127　添加杂点

图 7-128　添加杂点效果

7.10.2　最大值

"最大值"命令可以将图像具有很明显的杂点效果。

课堂举例【7-64】：最大值　　　　　视频文件：mp4\第 07 章\课堂举例 7-64.mp4

① 执行"文件"|"导入"命令，导入本书配套光盘中"第 7 章\7.10\7.10.2\ 蛋糕.jpg"文件，执行"位图"|"杂点"|"最大值"命令，弹出"最大值"对话框，展开预览窗口，设置数值，如图 7-129 所示。

② 单击"确定"按钮，执行"最大值"命令图像前后效果对比，如图 7-130 所示。

图 7-129　最大值

图 7-130　最大值效果

7.10.3　中值

"中值"命令可以将图像具有比较明显的杂点。

课堂举例【7-65】：中值　　　　　视频文件：mp4\第 07 章\课堂举例 7-65.mp4

① 执行"文件"|"导入"命令，导入本书配套光盘中"第 7 章\7.10\7.10.3\闹钟.jpg"文件，执行"位图"|"杂点"|"中值"命令，弹出"中值"对话框，展开预览窗口，设置数值，如图 7-131 所示。

② 单击"确定"按钮，执行"中值"命令图像前后效果对比，如图 7-132 所示。

图 7-131 中值　　　　　　　　　图 7-132 中值效果

7.10.4 最小

"最小"命令可以将图像具有杂点效果。

① 执行"文件"|"导入"命令，导入本书配套光盘中"第 7 章\7.10\7.10.4\飞溅.jpg"文件，执行"位图"|"杂点"|"最小"命令，弹出"最小"对话框，展开预览窗口，设置数值，如图 7-133 所示。

② 单击"确定"按钮，执行"最小"命令图像前后效果对比，如图 7-134 所示。

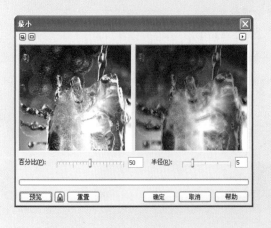

图 7-133 最小　　　　　　　　　图 7-134 最小效果

7.10.5 去除龟纹

"去除龟纹"命令可以将图像中的杂点去除掉，图像以平滑的形式显示。

① 执行"文件"|"导入"命令，导入本书配套光盘中"第 7 章\7.10\7.10.5\牵手.jpg"文件，执行"位图"|"杂点"|"去除龟纹"命令，弹出"去除龟纹"对话框，展开预览窗口，设置数值，如图 7-135 所示。

② 单击"确定"按钮，执行"去除龟纹"命令图像前后效果对比，如图 7-136 所示。

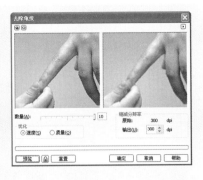

图 7-135 去除龟纹

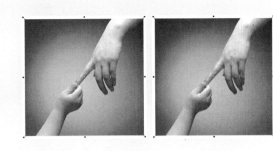

图 7-136 去除龟纹效果

7.10.6 去除杂点

"去除杂点"命令可以将图像中的杂点去除掉，图像以平滑的形式显示。

课堂举例【7-68】：去除杂点　　　　　　　　视频文件：mp4\第 07 章\课堂举例 7-68.mp4

❶ 执行"文件"|"导入"命令，导入本书配套光盘中"第 7 章\7.10\7.10.6\娃娃.jpg"文件，执行"位图"|"杂点"|"去除杂点"命令，弹出"去除杂点"对话框，展开预览窗口，设置数值，如图 7-137 所示。

❷ 单击"确定"按钮，执行"去除杂点"命令图像前后效果对比，如图 7-138 所示。

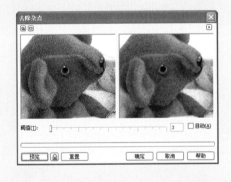

图 7-137 去除杂点

图 7-138 去除杂点效果

7.11 鲜明化滤镜

"鲜明化"滤镜可以对图像颜色增加锐度，将图像的颜色更加鲜明，鲜明化滤镜中包括 5 种滤镜效果，分别为：适应非鲜明化、定向柔化、高通滤波器、鲜明化和非鲜明化遮罩。

7.11.1 适应非鲜明化

"适应非鲜明化"命令可以将图像的边缘颜色增强锐度，使边缘色突出。

**课堂举例【7-69】：适应非鲜明化**　　　　　　　视频文件：mp4\第 07 章\课堂举例 7-69.mp4

❶ 执行"文件"|"导入"命令，导入本书配套光盘中"第 7 章\7.11\7.11.1\菜.jpg"文件，执行"位图"|"鲜明化"|"适应非鲜明化"命令，弹出"适应非鲜明化"对话框，展开预览对话框，设置百分比，如图

231

7-139 所示。

②　单击"确定"按钮，前后对比效果，如图 7-140 所示。

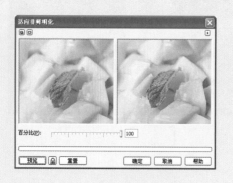

图 7-139　适应非鲜明化

图 7-140　适应非鲜明化效果

7.11.2　定向柔化

"定向柔化"命令使图像变得更加清晰，使图像的边缘柔化。

🏠 课堂举例【7-70】：定向柔化　　　　　　　　　　视频文件：mp4\第 07 章\课堂举例 7-70.mp4

①　执行"文件"|"导入"命令，导入本书配套光盘中"第 7 章\7.11\7.11.2\红珠.jpg"文件，执行"位图"|"鲜明化"|"定向柔化"命令，弹出"定向柔化"对话框，展开预览窗口，设置百分比，如图 7-141 所示。

②　单击"确定"按钮，前后对比效果，如图 7-142 所示。

图 7-141　定向柔化

图 7-142　定向柔化效果

7.11.3　高通滤波器

"高通滤波器"命令可以很清楚的显示位图边缘。

 课堂举例【7-71】：高通滤波器　　　　　　　　　视频文件：mp4\第 07 章\课堂举例 7-71.mp4

①　执行"文件"|"导入"命令，导入本书配套光盘中"第 7 章\7.11\7.11.3\刷牙.jpg"文件，执行"位图"|"鲜明化"|"高通滤波器"命令，弹出"高通滤波器"对话框，展开预览窗口，设置"百分比"和"半径"的数值，如图 7-143 所示。

②　单击"确定"按钮，对比效果，如图 7-144 所示。

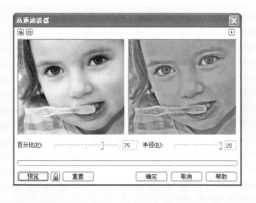

图 7-143 高通滤波器 　　　　　　　　　　　　图 7-144 高通滤波器效果

7.11.4　鲜明化

"鲜明化"命令能够增加图像的色度和亮度，使得图像颜色更加鲜明。

 课堂举例【7-72】：鲜明化　　　　　　　　　　　　视频文件：mp4\第 07 章\课堂举例 7-72.mp4

❶ 执行"文件"|"导入"命令，导入本书配套光盘中"第 7 章\7.11\7.11.4\咖啡.jpg"文件，执行"位图"|"鲜明化"|"鲜明化"命令，弹出"鲜明化"对话框，展开预览窗口，设置数值，如图 7-145 所示。

❷ 单击"确定"按钮，对比效果，如图 7-146 所示。

图 7-145　鲜明化　　　　　　　　　　　　　　图 7-146　鲜明化效果

7.11.5　非鲜明化遮罩

"非鲜明化遮罩"命令可以增强图像的边缘细节，使图像产生锐化效果。

课堂举例【7-73】：非鲜明化遮罩　　　　　　　　视频文件：mp4\第 07 章\课堂举例 7-73.mp4

❶ 执行"文件"|"导入"命令，导入本书配套光盘中"第 7 章\7.11\7.11.5\洋酒.jpg"文件，执行"位图"|"鲜明化"|"非鲜明化遮罩"命令，弹出"非鲜明化遮罩"对话框，展开预览窗口，设置数值，如图 7-147 所示。

❷ 单击"确定"按钮，对比效果，如图 7-148 所示。

图 7-147　非鲜明化遮罩　　　　　　　　　　　　　图 7-148　非鲜明化遮罩效果

7.12 实例演练

7.12.1 服装海报

难易程度：★★★★☆	主要工具：填充工具、导入命令、文本工具
文件路径：源文件\第 07 章\7.12.1	视频文件：mp4\第 07 章\7.12.1

本实例绘制一款儿童服饰海报，运用矩形工具、填充工具、导入命令、顺序命令、滤镜效果和透镜效果来完成绘制，效果如图 7-149 所示。

01 启动 CorelDRAW X6，执行"文件"|"新建"命令，新建一个默认为 A4 大小的空白文档。

02 执行"文件"|"导入"命令，导入本书配套光盘中"第 7 章\7.12\7.12.1\背景.jpg"文件，如图 7-150 所示。

03 选择工具箱中的"矩形工具" ▯，在绘图页面拖动鼠标绘制矩形，单击调色板上的白色色块，填充颜色为白色，鼠标右键单击调色板上的⊠按钮，去掉轮廓线，如图 7-151 所示。

图 7-149　儿童服饰海报　　　　　　图 7-150　导入素材　　　　　　图 7-151　绘制矩形

04 选择工具箱中的"选择工具" ▯，单击矩形，将矩形处于旋转状态，如图 7-152 所示。

05 将光标置于矩形的顶点上，变为 ↻ 时，拖动鼠标旋转矩形，如图 7-153 所示。

06 执行"文件"|"导入"命令，导入本书配套光盘中"第 7 章\7.12\7.12.1\人物素材 1.jpg"文件，如图 7-154 所示。

图 7-152　旋转状态　　　　　　　　图 7-153　旋转图形　　　　　　　图 7-154　导入素材

07 选择工具箱中的"选择工具" ，将素材放置到合适的位置，并调整好角度，如图 7-155 所示。

08 执行"位图" | "创造性" | "马赛克"命令，弹出"马赛克"对话框，展开预览窗口，设置数值和颜色，勾选"虚光"选项，单击"预览"按钮，如图 7-156 所示。

09 单击"确定"按钮，为图像添加效果，如图 7-157 所示。

图 7-155　调整素材　　　　　　　　图 7-156　马赛克　　　　　　　图 7-157　马赛克效果

10 运用同样的操作方法，绘制矩形并导入本书配套光盘中"第 7 章\7.12\7.12.1\人物素材 2.jpg"文件，如图 7-158 所示。

11 选中导入的素材，执行"位图" | "创造性" | "框架"命令，弹出"框架"对话框，展开预览窗口，在"修改"标签中设置数值，单击"预览"按钮，如图 7-159 所示。单击"确定"按钮，为图像添加"框架"效果，如图 7-160 所示。

图 7-158　绘制图形　　　　　　　　图 7-159　框架　　　　　　　　图 7-160　框架效果

12 导入本书配套光盘中"第 7 章\7.12\7.12.1\人物素材 3.jpg"文件，执行"位图" | "三维效果" | "卷页"命令，弹出"卷页"对话框，展开预览窗口，设置数值和颜色，单击"预览"按钮，如图 7-161 所示。

13 选择工具箱中的"矩形工具" ，在绘图页面拖动鼠标绘制矩形，填充颜色为白色，选择工具箱中的"轮廓笔工具" ，在隐藏的工具组中选择"轮廓笔"选项，在弹出的"轮廓笔"对话框中设置颜色为 30%灰色，宽度为 1.2mm，样式选择虚线，如图 7-162 所示。

14 单击"确定"按钮，为矩形设置轮廓线效果，如图 7-163 所示。

01
02
03
04
05
06
07
08
09
10
11
12
13
14

图 7-161　卷页效果　　　　　　　　图 7-162　轮廓笔　　　　　　　　图 7-163　轮廓线设置

15 选择工具箱中的"文本工具" [字]，单击鼠标左键输入文字，选中文字，在属性栏中设置字体为"方正少儿简体"，字体大小为 90，如图 7-164 所示。

16 按下 Ctrl+K 快捷键，将文字打散，如图 7-165 所示。

17 选择工具箱中的"选择工具" [▯]，分别选中每一个文字，调整好位置，如图 7-166 所示。

图 7-164　输入文字　　　　　　　图 7-165　打散文字　　　　　　　图 7-166　调整文字

18 选中所有文字，按下 Ctrl+G 快捷键，将文字群组。拖动文字到合适的位置单击鼠标右键，复制文字，单击调色板上的白色色块，填充颜色为白色，如图 7-167 所示。

19 按下 Ctrl+PageDown 快捷键，调整图层，并调整好文字的位置，如图 7-168 所示。

20 运用同样的操作方法，复制文字，填充颜色为灰色，并调整好图层位置，如图 7-169 所示。

图 7-167　复制文字　　　　　　　图 7-168　调整图层顺序　　　　　　图 7-169　复制文字

21 选择工具箱中的"调和工具" [▣]，将鼠标放置到复制的灰色文字上，拖动鼠标到白色文字上，效果如图 7-170 所示。

22 选择工具箱中的"选择工具" [▯]，选中黑色文字，选择工具箱中的"填充工具" [◈]，在隐藏的工具组中选择"渐变填充"选项，在弹出的"渐变填充"对话框中，设置颜色为从黄色到白色的线性渐变，如图 7-171 所示。

23 单击"确定"按钮，为文字填充渐变色，效果如图 7-172 所示。

| 图 7-170 调和效果 | 图 7-171 渐变填充 | 图 7-172 填充渐变色 |

24 选择工具箱中的"轮廓笔工具"  ，在隐藏的工具组中选择"轮廓笔"选项，在弹出的"轮廓笔"对话框中设置颜色为大红色，宽度为 2.0mm，勾选"后台填充"选项，如图 7-173 所示。

25 单击"确定"按钮，为文字填充轮廓色，如图 7-174 所示。

26 调整文字的大小和位置，如图 7-175 所示。

| 图 7-173 轮廓笔 | 图 7-174 添加轮廓线 | 图 7-175 调整文字 |

27 选中所有文字，按下 Ctrl+G 快捷键，将文字群组，选择工具箱中"阴影工具" ，拖动鼠标绘制阴影效果，在属性栏中设置不透明度为 85%，羽化值为 3，透明度操作下拉列表中选择"常规"选项，阴影颜色设置为灰色，效果如图 7-176 所示。

28 选择工具箱中的"文本工具" 字 ，输入其他文字，如图 7-177 所示。

29 执行"文件"|"导入"命令。将公司标志和放大镜素材导入到绘图面，放置到合适的位置，如图 7-178 所示。

| 图 7-176 阴影效果 | 图 7-177 输入文字 | 图 7-178 导入素材 |

30 选择工具箱中"椭圆形工具" ◯，按住 Ctrl 键，在绘图页面绘制与放大镜大小相等的正圆形，执行"效果"|"透镜"命令，在绘图页面右侧弹出"透镜"泊坞窗，如图 7-179 所示。

31 在"透镜效果"下拉列表中选择"鱼眼"选项，单击"应用"按钮，效果如图 7-180 所示。

32 鼠标右键单击调色板上的 ☒ 按钮，为绘制的圆形去掉轮廓线，如图 7-181 所示。

图 7-179 透镜 　　　　　　　图 7-180 鱼眼效果 　　　　　　　图 7-181 最终效果

7.12.2 洋酒海报

难易程度：★★★★☆	主要工具：手绘工具、交互式网状填充工具、滤镜命令
文件路径：源文件\第 07 章\7.12.2	视频文件：mp4\第 02 章\7.12.2

本实例绘制的是一份洋酒海报，运用了矩形工具、交互式网状填充工具、调和工具、导入命令等来完成绘制，效果如图 7-182 所示。

01 启动 CorelDRAW X6，执行"文件"|"新建"命令，新建一个 200*200mm 的空白文档。双击"矩形工具" ▢，自动生成一个与页面大小一样的矩形，填充咖啡色（R82，G0，B22），单击工具箱中的"交互式网状填充工具" ▦，在矩形上双击，添添网状节点，并分别填充颜色，效果如图 7-183 所示。

02 运用"手绘工具" ✑，在右上角任意地绘制闭合图形，按 F11 键，弹出渐变填充对话框，设置颜色从咖啡色（R48，G6，B42）到紫色（R156，G56，B94），单击顺时针按钮，如图 7-184 所示。

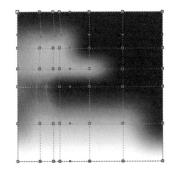

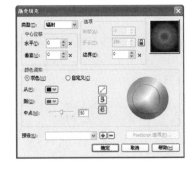

图 7-182 效果图 　　　　　　　图 7-183 网状填充效果 　　　　　　　图 7-184 渐变参数

03 单击"确定"按钮，效果如图 7-185 所示。

04 右键单击调色板上的"无填充"按钮 ☒，去除轮廓线，单击工具箱中的透明度工具 ▽，在图形上从右上角往左下角拖动，效果如图 7-186 所示。

05 运用"手绘工具" ✑，任意绘制图形，填充黄色，去除轮廓线，如图 7-187 所示。

图 7-185　渐变效果

图 7-186　添加透明度

图 7-187　绘制图形

06 选中黄色图形，执行"位图"|"转换为位图"命令，弹出"转换为位图"对话框，参数设置为默认，单击"确定"按钮。执行"位图"|"模糊"|"高斯式模糊"命令，弹出"高斯式模糊"对话框，设置模糊半径为 120，单击"确定"按钮，如图 7-188 所示。

07 运用"选择工具" ，拖动图形，释放的同时单击右键，复制一个，如图 7-189 所示。

08 参照上述操作，再次复制多个，选中下面复制的两个，单击"透明度工具" ，在属性栏中选择"透明类型"为"标准"，"开始透明度"为 30，效果如图 7-190 所示。

图 7-188　高斯式模糊效果

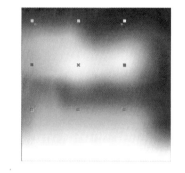

图 7-189　复制图形

图 7-190　复制图形

09 执行"文件"|"导入"命令，选择本书配套光盘中"第 7 章\7.12\7.12.1\草地.cdr"文件，单击"导入"按钮，运用"选择工具" ，调整好位置和大小，效果如图 7-191 所示。

10 按住 Shift 键，选中两个草地素材，执行"效果"|"调整"|"颜色平衡"命令，在弹出的对话框中设置如图 7-192 所示参数。单击"确定"按钮，效果如图 7-193 所示。

图 7-191　导入素材

图 7-192　色彩平衡参数

图 7-193　色彩平衡效果

11 选中左边的草地图形，单击工具箱中的"透明度工具" ，在图形上从下往下拖动，并在调色板上将相应的颜色块拖入透明虚线上，效果如图 7-194 所示。

12 选中右边树叶图形，按 Ctrl+PageDown 快捷键，往下调整图层顺序，便其处在黄色光晕下面，效果如图 7-195 所示。

13 参照前在导入素材的方法，再次导入瓶子.psd 文件，运用"选择工具" ，调整好大小和位置后，单击工具箱中的"阴影工具" ，在瓶子上从中往下拖动，在属性栏中设置阴影偏移 X 为 0，Y 为-3，阴影不透明度为 60，羽化为 15，"透明度操作"为正常，"阴影颜色"为黑色，效果如图 7-196 所示。

图 7-194　透明度效果　　　　　图 7-195　调整图层顺序　　　　　图 7-196　导入酒瓶

14 运用"贝塞尔工具" ，绘制图形，并填充水红色（C0，M40，Y20，K0），如图 7-197 所示。

15 去除轮廓线，参照前面黄色图形的高斯式模糊方法，对水红色图形高斯式模糊 180 像素，并调整到黄色光晕层下面，如图 7-198 所示。

16 再次导入花.cdr 文件内的素材，并调整好位置和大小，如图 7-199 所示。

图 7-197　绘制图形　　　　　图 7-198　导入酒瓶　　　　　图 7-199　导入素材

17 再次导入树叶.psd 文件内的素材，如图 7-200 所示。

18 选中树叶，执行"位图" |"三维效果" |"透视"命令，弹出"透视"对话框，在左边编辑框内，将其调整成梯形，如图 7-201 所示。

19 单击"确定"按钮，运用"形状工具" ，将叶子伸出的枝条隐去，如图 7-202 所示。

图 7-200　导入树叶

图 7-201　透视参数

20 运用"选择工具"，将树叶调整到瓶子后面，并调整好图层顺序，复制一层，调整至右侧，效果如图 7-203 所示。

图 7-202　透视效果

图 7-203　调整图形

21 运用"贝塞尔工具"，绘制各种彩带，分别填充不同的颜色，如图 7-204 所示。

22 按 Ctrl+A 快捷键，全选对象，按 Ctrl+G 快捷键，群组图形，双击"矩形工具"，自动生成一个与面页大小一样的矩形，选中群组图形，右键拖至矩形内，在弹出的快捷菜单击选择"图框精确裁剪内部"选项，单击图形下面的解除锁定按钮，拖动外框，调整好位置，再次单击锁定按钮，选中图形，按 P 键，放置到页面中心，得到最终效果如图 7-205 所示。

图 7-204　绘制图形

图 7-205　最终效果

第 章

文件输出

本章导读：

当设计或制作完一幅 CorelDRAW 绘图作品后，都需要将其打印输出。打印是制图中的一个重要环节，而将文件准确无误地打印出来，需要了解与打印有关的内容。学习完所有的 CorelDRAW 绘图知识以后，本章将介绍在 CorelDRAW X6 中有关打印和文件输出方面的内容。

本章重点：

◆ 设置输出　　　　　　　◆ 合并打印
◆ 导入与导出文件　　　　◆ CorelDRAW 与其他格式文件
◆ 发布到 Web

8.1 设置输出

在输出作品之前，需要对其进行相关的打印设置。选择菜单栏中的"文件"|"打印"命令，打开"打印"对话框，如图 8-1 所示，在该对话框中可对文件进行打印设置。

8.1.1 常规设置

"打印"对话框中的"常规"选项卡如图 8-1 所示，该选项卡中的参数含义如下：

- "打印机"下拉列表框：用来选择所使用的打印机，单击右侧的"属性"按钮可打开对话框设置打印机。
- "使用 PPD"复选框：用来描述 PostScript 打印机的功能和特性，仅对 PostScript 打印机有效。
- "打印到文件"复选框：勾选它可将绘图及一些打印设置打印成 PostScript 文件，而不是输出计算机。单击右侧的小三角按钮可打开下拉列表，从中可选择生成文件的方式。
- "打印范围"选项区域：用来选择文件的打印范围。
- "副本"选项区域：用来指定文件中每一页要打印的份数。若勾选"分页"复选框，则以整个文件为计数单位打印文件，否则按页面为计数单位打印所设份数。
- "打印类型"下拉列表框：打印类型即打印样式，可将设置好的参数保存为样式以备后用。
- "打印预览"按钮 ⯈⯈：单击该按钮可在对话框右侧展开预览框预览打印效果。

📶 **专家提示：**

纸张的大小需要根据打印机的打印范围而定。打印机支持的打印范围为 A4 大小，所以，如果文件大于 A4，需要将文件缩小到 A4 范围之内，并且将文件移动到页面内，保证文件能够顺利的将完整图像打印出来。

8.1.2 布局设置

在"打印"对话框中单击"布局"标签，将打开"布局"选项卡，如图 8-2 所示。

图 8-1 "打印"对话框

图 8-2 "布局"选项卡

该选项卡中各选项的含义如下：

- "与文档相同"单选按钮：选择它将按图像在页面中的实际位置来打印。

- "调整到页面大小"单选按钮：选择它可调整工作区中的图像，使其适合页面来打印，但不会改变图像在文件中的位置。
- "将图像重定位到"单选按钮：选择它可重新确定图像在页面中的打印位置。
- "页"按钮▼：当选中"将图像重定位到"单选按钮时，单击该按钮打开下拉菜单，从中可选择要设置的页面。同时，可在下面的数值框中控制图像的打印位置、大小和缩放因子。
- "打印平铺页面"复选框：勾选它可将图像分成若干区域来打印。
- "平铺标记"复选框：勾选它可打印平铺对齐标记，以便拼合时对齐图像各部分。
- "出血限制"复选框：用来确定图像可从裁剪标记扩展出多远。
- "版面布局"下拉列表框：用来选择打印的版面样式。

8.1.3 输出到胶片

在"打印"对话框中单击"预印"标签，将打开"预印"选项卡如图 8-3 所示，该选项卡中各选项的含义如下：

- "反显"复选框：勾选它可产生负片图像。
- "镜像"复选框：勾选它可使底片朝下进行打印。
- "打印文件信息"复选框：勾选它可在页面的顶部和底部打印文件信息，如颜色预置文件、半色调设置、名称、创建图像的日期和时间、图版号等。
- "打印页码"复选框：勾选它可对多页文件进行自动分页。
- "在页码内的位置"复选框：勾选它可在页面内定位页码。

图 8-3 "预印"选项卡

- "裁剪/折叠标记"复选框：勾选它可打印裁剪标记。
- "打印套准标记"复选框：勾选它可用来打印套准标记，套准标记用于对齐胶片。
- "颜色调校栏"复选框：勾选它可在每张分色片上打印颜色刻度，用来确保精确地再现颜色。
- "浓度"列表：勾选"尺度比例"复选框后，可用它在页面上打印 7 个由浅到深代表灰度等级的灰度条。
- "对象标记"复选框：勾选它后，打印机标记将更改为对象标记，附着在对象周围，而不是页面的边界框。

8.2 合并打印

在 CorelDRAW 中，可以用文字或数据的内容来创建一个数据域，然后将这个数据域以数据域名称的方式插入到文件中。执行"合并"命令后，打印出来的将是数据域中列表的内容，而不是数据域名称。例如在 VI 设计中要打印许多请柬、工作证之类的文件时，就可以将姓名做成一个数据域，插入文件中并定位，以后只需修改该数据域内的列表内容即可，而不需要每次都输入人名或调整其位置，这也是提高工作效率的方式之一。

① 选择菜单栏中的 "文件" | "合并打印" | "创建/装入合并域" 命令，打开 "合并打印向导" 对话框，如图 8-4 所示。

② 在该对话框中先确定 "数据域" 列表的来源方式，可从头创建一个新的数据源，也可选择一个现有的文件作为数据源。选择好后单击 "下一步" 按钮，进入 "合并打印向导" 对话框，根据提示设置相关的数据域名称及数据域列表内容，如图 8-5 所示。

图 8-4　"合并打印向导" 对话框

图 8-5　"合并打印向导" 完成对话框

③ 根据提示完成设置，最后单击 "完成" 按钮关闭该对话框，此时工作区中将弹出 "合并打印" 工具栏，如图 8-6 所示。

④ 在工具栏上的 "域" 下拉列表框中选择数据域后，单击 "插入合并打印域" 按钮即可将该域名插入到文件中。

图 8-6　"合并打印" 工具栏

专家提示:
插入域名后，可像一般对象那样修改其属性，也可进行简单的变形等。

8.3　导入与导出文件

在实际设计工作中，常常需要配合多个图像处理软件来完成一个复杂项目的编辑，这时就需要在 CorelDRAW 中导入其他格式的图像文件，或将 CorelDRAW 图形导出为其他格式的文件，以供其他软件应用。

专家提示:
导入时也可将 CorelDRAW 中绘制的图形再次导入进来，进行更细致的编辑。

❶ 执行"文件"|"导入"命令或者按下 Ctrl+I 快捷键，即可弹出"导入"对话框，在"文件类型"下拉列表中选择需要导入的文件格式，选择好需要导入的文件，如图 8-7 所示。单击"导入"按钮，即可将选择的文件导入到 CorelDRAW 中进行编辑。

❷ 要将当前绘制的图形导出为其他格式，可执行"文件"|"导出"命令，或按 Ctrl+E 快捷键，也可在标准工具栏中单击"导出"按钮，弹出"导出"对话框。在对话框中设置好保存路径和文件名，并在"保存类型"下拉列表中选择需要导出的文件格式，如图 8-8 所示。

❸ 设置好之后，单击"导出"按钮，弹出"导出到 JPEG"对话框，并在其中设置好参数，如图 8-9 所示。单击"确定"按钮，即可将文件此种格式导出在指定的目录下。

图 8-7 　"导入"对话框

图 8-8 　"导出"对话框

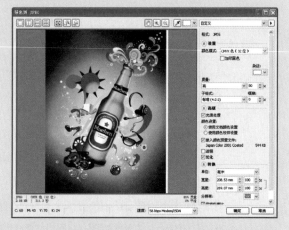

图 8-9 　"导出到 JPEG"对话框

 专家提示：

　　在导出文件时，根据所需要的文件格式来选择导出文件的保存类型，否则在此种格式的文件中，可能无法打开导入的文件。

8.4 CorelDRAW 与其他格式文件

　　CorelDRAW X6 支持导入导出的文件格式有多种，极大地提高了素材的来源范围，为创作出更好的作品提供了极大的帮助。下面介绍几种常用的文件格式的使用特性和使用范围。

1. PSD 文件格式

　　PSD 是 Photoshop 的文件格式，可以保存图像的层、通道等很多信息，是我们在未完成图像处理任务前的一种常用的图像格式。因为 PSD 格式的文件所包含的图像数据信息较多，相对于其他格式的图像文件比较大，使用这种格式储存图像修改起来比较方便，这就是 CorelDRAW 的最大优点。

2. AI 文件格式

AI 格式是由 Adobe 公司出品的 Adobe IIlustrator 软件生成的矢量文件格式，它与 Adobe 公司出品的 Adobe Photoshop、Adobe Indesing 等图像处理和绘图软件都有比较好的兼容性。

3. BMP 文件格式

BMP 格式是微软公司软件的专用格式，也是常见的位图格式。它支持索引颜色、RGB、灰度和位图颜色模式，但是不支持通道。位图格式产生的文件较大，不过它是最通用的图像文件格式之一。

4. JPEG 文件格式

JPEG 文件支持真彩色，生成的文件比较小，也是常用的一种文件格式。它支持 CMYK、RGB 和灰度的颜色模式，但是也不支持通道。生成此格式文件时，压缩越大，图像的文件就越小，图像的质量就越差，所以设置压缩类型，可以产生不同大小和质量的文件。

5. PNG 文件格式

PNG 格式的文件主要用于替代 GIF 格式的文件。GIF 格式文件虽小，但在图像的颜色和质量上较差。PNG 格式支持 24 位图像，产生的透明背景没有锯齿边缘，产生的图像效果质量较好。

6. TIFF 文件格式

TIFF 格式是一种无损压缩格式，便于在程序之间和计算机平台之间交换图像数据。此格式的文件也是应用得很广泛的一种图像格式，可以在很多图形软件之间转换。它支持带通道的 CMYK、RGB 和灰度文件，还支持不带通道的 LAB、索引颜色和位图文件。除此之外，它还支持 LZW 压缩。

8.5 发布到 Web

在完成作品后，除了可将其打印输出外，还可以将文件导出为 HTML 网页文件和 PDF 文件，将其发布到网络。

8.5.1 新建 HTML 文本

HTML 文件为纯文本文件，也称为 ASCII，可以使用任何文本编辑器创建，是用来在 Web 浏览器上显示使用的。

执行"文件" | "导出 HTML"命令，弹出"导出 HTML"对话框，如图 8-10 所示。

"导出 HTML"对话框中各选项的含义如下：

- "常规"标签：包含 HTML 排版方式、文件和图像的文件夹、FTP 站点和导出范围等选项。
- "细节"标签：包含着生成的 HTML 文件的详细情况，并且允许更改页面名和文件名，如图 8-11 所示。
- "图像"标签：展开所有 HTML 导出的图像，将单个对象设置为 JPEG、GIF、PNG 格式，如图 8-12 所示。单击"选项"按钮，弹出"选项"对话框，可在此对话框中设置图像类型，如图 8-13 所示。

专家提示：

在安装 CorelDRAW X6 时，如果没有选择支持 HTML 格式功能时，则需要重新安装并勾选此选项。

图 8-10 "导出 HTML"对话框　　图 8-11 "细节"标签　　图 8-12 "图像"标签

● "高级"标签：提供了不同需要的选项，根据需要勾选相应的选项，如图 8-14 所示。

图 8-13 "选项"对话框

图 8-14 "高级"标签

● "总结"标签：根据下载速度来显示文件的统计信息，如图 8-15 所示。

● "问题"标签：显示细节、建议和提示内容，如图 8-16 所示。

图 8-15 "总结"标签

图 8-16 "问题"标签

8.5.2 导出到网页

在工作区中选中需要的对象，执行"文件"|"导出到网页"命令，弹出"导出到网页"对话框，如图 8-17 所示。

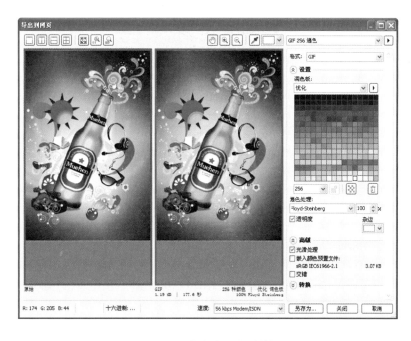

图 8-17　"导出到网页"对话框

此对话框中各选项的含义如下：

- 单击 [ ] [ ] [ ] [ ] 任意一个按钮，可以选择预览窗口的显示方式。
- 单击一个预览窗口，可以在"预设"列表中单独设置此预览窗口的输出格式效果。
- 单击 [ ] [ ] [ ] 任意一个按钮，可以对预览窗口中的图像分别进行平移、放大或缩小的调整。
- 在数值设置区中，通过设置参数，可优化设置图像。
- 在"速度"下拉列表中，可以选择图像所应用网格的传输速度，在预览窗口可以查看图像的在当前优化设置下所需的下载时间。

8.5.3 导出到 Office

在 CorelDRAW X6 中还可以将图像应用到 Office 办公文档中的输出，方便使用者导出合适的质量图像。选中需要的对象，执行"文件"|"导出到 Office"命令，弹出"导出到 Office"对话框，如图 8-18 所示。此对话框中的各项设置如下：

- 导出到：选择图像的应用类型，在该下拉列表中有两个选项供选择。
- 图形最佳适合：选择"兼容性"会以基本的演示应用进行导出；选择"编辑"则保持图像的最高质量，方便进一步的编辑。
- 优化：在该下拉列表中有三个选项供选择。"演示文稿"只用于电脑屏幕上演示；"桌面打印"，用于一般打印；"商业印刷"用于出版级别。应用的级别越高，输出的图像文件越大。

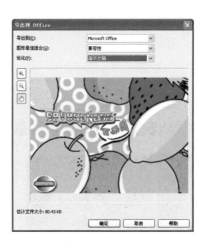

图 8-18   "导出到 Office" 对话框

8.5.4 PDF 文件

PDF 文件全称为 Portable Document Format（可移动文件格式），是 Adobe 公司开发的一种文件格式。PDF 文件可以保存原始应用程序文件的字体、图像、图形及格式，只要系统中安装有能识别该文件格式的程序，如 Adobe Acrobat 和 Adobe Acrobat Reader，就能在任何操作系统中进行正常阅读，而不受操作系统的语言、字体及显示设备的影响。

课堂举例【8-3】：导出为 PDF 文件   视频文件：无

❶ 选择菜单栏中的 "文件" | "发布至 PDF" 命令，打开 "发布至 PDF" 对话框，如图 8-19 所示。

❷ 在该对话框中的 "PDF 样式" 下拉列表框可用来选择导出 PDF 文件的格式，针对不同的样式，系统会有不同的处理方式。

❸ 单击 "设置" 按钮，将打开如图 8-20 所示的对话框，从中可对要导出的 PDF 文件进行更多设置。

图 8-19   "发布至 PDF" 对话框

图 8-20   "发布至 PDF" 对话框

第 章

VI 设计

本章导读：

VI 是以标志、标准字、标准色为核心展开的，完整的、系统的视觉表达体系。其将企业文化、企业理念、企业规模、服务内容等概念变换为符号，塑造出企业独特的形象。在本章中主要以标志设计和卡片设计为例，详细介绍其操作方法和技巧。

本章重点：

- ◆ 教育类标志设计——萧峰小学标志
- ◆ 文具类标志设计——万福文具标志
- ◆ VIP 卡片设计——时尚风服饰店 VIP 卡片
- ◆ 名片设计——艾米丽内衣店名片设计
- ◆ 网站类——麦道在线标志
- ◆ 烫发卡——美发店烫发卡
- ◆ 名片——策划培训师名片设计

9.1 教育类标志设计——萧峰小学标志

本实例绘制的是一款小学的标志，色彩统一用一种颜色，整体效果比较和谐。

主要工具： 贝赛尔工具、填充工具、椭圆形工具、路径文本和轮廓笔工具

视频文件： mp4\第 09 章\9.1.mp4

难易程度： ★★★★★

➡ **操作步骤：**

1. 绘制图形

01 启动 CorelDRAW X6，执行"文件"|"新建"命令，新建一个默认为 A4 大小的空白文档。选择工具箱中的"贝塞尔工具" ，在绘图页面拖动鼠标绘制图形，如图 9-1 所示。

02 选择工具箱中的"形状工具" ，选中图形并调整其形状，如图 9-2 所示。

2. 填充颜色

01 选择工具箱中的"填充工具" ，在隐藏的工具组中选择"渐变填充"选项或按 F11 键，在弹出的"渐变填充"对话框中设置颜色为从浅蓝色（C80、M0、Y0、K0）到深蓝色（C100、M80、Y0、K0）的线性渐变，如图 9-3 所示。

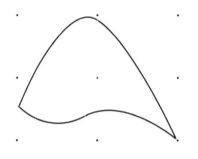

图 9-1　绘制图形

图 9-2　调整图形

02 单击"确定"按钮，为图形填充渐变色。鼠标右键单击调色板顶端上的 按钮，去掉图形的轮廓线，效果如图 9-4 所示。

03 运用同样的操作方法绘制高光效果，如图 9-5 所示。

图 9-3　"渐变填充"对话框

图 9-4　填充渐变色

图 9-5　绘制高光图形

04 运用同样的操作方法绘制其他图形，效果如图 9-6 所示。

3. 水平镜像

01 选中绘制的所有图形，按下 Ctrl+G 快捷键，群组图形。按住 Ctrl 键，移动图形到合适的位置，单击鼠标右键，复制图形，如图 9-7 所示。

02 单击属性栏中的"水平镜像"按钮，效果如图 9-8 所示。

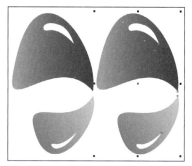

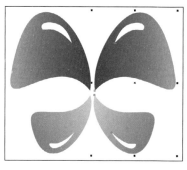

| 图 9-6 绘制其他图形 | 图 9-7 复制图形 | 图 9-8 水平镜像 |

4. 绘制环形

01 选择工具箱中的"椭圆形工具"，按住 Ctrl 键，拖曳鼠标绘制正圆。单击调色板上的白色色块，为图形填充该颜色。按下 Shift+PageDown 快捷键，将圆形放置到图层后面，如图 9-9 所示。

02 按住 Shift 键，放大图形到合适的位置处，单击鼠标右键，复制正圆，按下 Shift+PageDown 快捷键，调整好图层顺序，效果如图 9-10 所示。

03 选择工具箱中的"选择工具"，按住 Shift 键，选中两个正圆。单击属性栏中的"修剪"按钮，效果如图 9-11 所示。

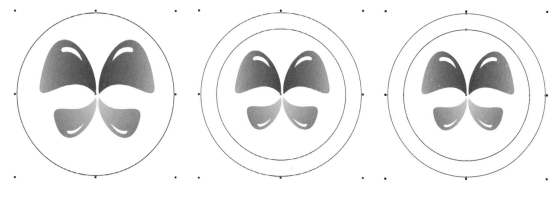

| 图 9-9 绘制正圆 | 图 9-10 复制图形 | 图 9-11 修剪图形 |

04 选择工具箱中的"填充工具"，在隐藏的工具组中选择"渐变填充"选项或按快捷键 F11，弹出的"渐变填充"对话框中，在自定义颜色中设置起点颜色为浅蓝色（C80、M0、Y0、K0），23%位置设置颜色为蓝色（C85、M19、Y0、K0），终点位置设置颜色为深蓝色（C100、M80、Y0、K0），设置角度值为 270。单击"确定"按钮，为环形填充渐变色，如图 9-12 所示。

05 选择工具箱中的"轮廓笔工具"，在隐藏的工具组中选择"轮廓笔"选项或按快捷键 F12，在弹出的"轮廓笔"对话框中设置"颜色"为深蓝色，"宽度"为 0.3mm，如图 9-13 所示。

06 单击"确定"按钮，为环形填充轮廓线颜色，效果如图 9-14 所示。

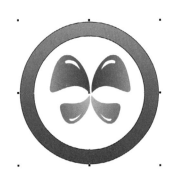

图 9-12　填充渐变色　　　　　　　图 9-13　"轮廓笔"对话框　　　　　图 9-14　填充轮廓色

5.　添加路径文字

01　选择工具箱中的"椭圆形工具" ⬭ ，按住 Ctrl 键，绘制正圆，调整好大小，并放置到合适的位置，如图 9-15 所示。

02　选择工具箱中的"文本工具" 字 ，单击绘制的圆形边缘，即会在圆形上显示闪动的光标，如图 9-16 所示。在属性栏中设置字体为"黑体"，字体大小为 18，输入字母，如图 9-17 所示。

图 9-15　绘制正圆　　　　　　　　图 9-16　文字路径　　　　　　　　图 9-17　输入文字

03　按下 Ctrl+A 快捷键，选中文字。左键单击调色板上的白色色块，为文字填充颜色为白色，效果如图 9-18 所示。

04　选中绘制的圆形，鼠标右键单击调色板顶端上的 ⊠ 按钮，去掉轮廓线，效果如图 9-19 所示。

05　运用同样的操作方法，输入其他文字，效果如图 9-20 所示。

图 9-18　填充颜色　　　　　　　　图 9-19　去除路径曲线　　　　　　图 9-20　输入其他文字

9.2 文具类标志设计——万福文具标志

本实例绘制的是一款文具的标志，色彩亮丽，同时鲜明地表现了行业主题，创意新颖。

主要工具： 3 点曲线工具、折线工具、填充工具、轮廓笔工具和文本工具

视频文件： mp4\第 09 章\9.2.mp4

难易程度： ★★★☆☆

➡️ 操作步骤：

1. 绘制图形

01 启动 CorelDRAW X6，执行"文件"|"新建"命令，新建一个默认为 A4 大小的空白文档。选择工具箱中的"3 点曲线工具" ，在绘图页面拖动鼠标绘制图形，如图 9-21 所示。

02 选择工具箱中的"填充工具" ，在隐藏的工具组中选择"渐变填充"选项或按快捷键 F11，弹出"渐变填充"对话框，在自定义颜色中设置起点颜色为红色（C0、M100、Y100、K0），25%位置设置颜色为橘黄色（C0、M60、Y100、K0），终点位置设置颜色为黄色（C0、M0、Y100、K0），角度值设置为-90，如图 9-22 所示。

03 单击"确定"按钮，为图形填充渐变色。鼠标右键单击调色板顶端上的 按钮，去除图形的轮廓线，效果如图 9-23 所示。

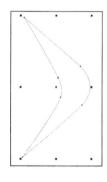

图 9-21 绘制图形

图 9-22 "渐变填充"对话框

图 9-23 填充渐变色

04 运用同样的操作方法，绘制其他图形，效果如图 9-24 所示。

05 选择"选择工具" 框选绘制的所有图形，按下 Ctrl+G 快捷键，群组图形。选择工具箱中的"折线工具" ，在绘图页面，拖动鼠标绘制铅笔的外轮廓，如图 9-25 所示。

06 运用同样的操作方法绘制铅笔的棱线，如图 9-26 所示。

07 选择工具箱中的"填充工具" ，在隐藏的工具组中选择"渐变填充"选项或按 F11 键，在弹出的"渐变填充"对话框中，设置颜色为从绿色（C82、M13、Y98、K0）到浅绿色（C41、M0、Y98、K0）的线性渐变，设置角度为-90，如图 9-27 所示。

08 单击"确定"按钮，为图形填充渐变色，如图 9-28 所示。

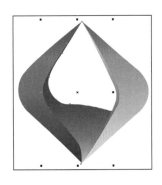
图 9-24　绘制图形

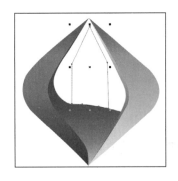
图 9-25　绘制折线

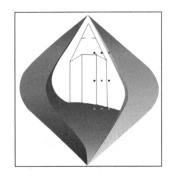
图 9-26　绘制折线

09 运用同样的操作方法，为其他图形填充渐变色，效果如图 9-29 所示。

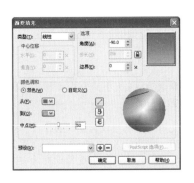
图 9-27　"渐变填充"对话框

图 9-28　填充渐变色

图 9-29　填充渐变色

10 选中绘制的铅笔图形，鼠标右键单击调色板顶端上的 ⊠ 按钮，去掉铅笔的轮廓线。按下 Ctrl+G 快捷键，群组图形，效果如图 9-30 所示。

2. 添加文字

01 选择工具箱中的"文本工具" 字，在绘图页面单击鼠标输入文字，如图 9-31 所示。

02 选择工具箱中的"选择工具" ，选中输入的文字，在属性栏中设置字体为"方正综艺简体"，字体大小为 100，如图 9-32 所示。

图 9-30　去除轮廓线

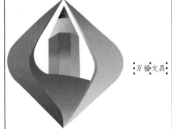
图 9-31　输入文字

图 9-32　设置字体和大小

03 左键单击调色板上的黄色色块，为文字填充该颜色。选择工具箱中的"轮廓笔工具" 或按 F12 键，在隐藏的工具组中选择"轮廓笔"选项，在弹出的"轮廓笔"对话框中设置"颜色"为黑色，"宽度"为 3.0mm，并勾选"后台填充"选项，如图 9-33 所示。

04 单击"确定"按钮，为文字添加轮廓线，效果如图 9-34 所示。

05 执行"排列"|"将轮廓转换为对象"命令，选择工具箱中的"填充工具" ，在隐藏的工具组中选择"图样填充"选项，在弹出的"图样填充"对话框中选择"位图"选项，在"位图"下拉列表中选择需要的图样，如图 9-35 所示。

图 9-33　"轮廓笔"对话框　　　　　图 9-34　添加轮廓线　　　　　图 9-35　"图样填充"对话框

06 单击"确定"按钮，为文字轮廓线填充图样效果，如图 9-36 所示。

07 运用同样的操作方法，输入其他文字，并调整好文字的位置，效果如图 9-37 所示。

图 9-36　轮廓线效果　　　　　　　　　　　图 9-37　输入文字

9.3 VIP 卡片设计——时尚风服饰店 VIP 卡片

本实例绘制的是一款 VIP 卡片，整幅设计色调统一，同时选用的颜色跟商品产生共鸣，且视觉效果较强。

📐 **主要工具**：矩形工具、形状工具、填充工具、轮廓笔工具和文本工具

🎬 **视频文件**：mp4\第 09 章\9.3.mp4

🕐 **难易程度**：★★★★☆

➡️ **操作步骤：**

1. 绘制卡片正面

01 启动 CorelDRAW X6，执行"文件"|"新建"命令，新建一个默认为 A4 大小的空白文档。单击属性栏中的"横向"按钮 □，改变纸张的方向。

02 执行"文件"|"导入"命令，导入本书配套光盘中"第 9 章\9.3\背景人物.jpg"文件，如图 9-38 所示。

03 选择工具箱中的"矩形工具" □，在绘图页面拖动鼠标绘制矩形，如图 9-39 所示。

04 选择工具箱中的"形状工具" ⬚，拖动鼠标至矩形的控制点将矩形变为圆角矩形，效果如图 9-40 所示。

图 9-38　导入背景素材

图 9-39　绘制矩形

图 9-40　圆角矩形

05 选择工具箱中的"选择工具" ⬚，鼠标右键单击调色板顶端上的白色色块，并将其填充为圆角矩形的轮廓色，效果如图 9-41 所示。

06 选择工具箱中的"文本工具" 字，在属性栏中设置字体为 Arial，字体大小为 24，单击鼠标输入文字，如图 9-42 所示。

07 选择工具箱中的"选择工具" ⬚，左键单击调色板上的红色色块，为文字填充该颜色，如图 9-43 所示。

图 9-41　填充轮廓色

图 9-42　输入文字

图 9-43　填充颜色

08 选择状态栏中的"轮廓笔工具" 🖊，在弹出的"轮廓笔"对话框中设置"颜色"为白色，"宽度"为 1.2mm，勾选"后台填充"选项，如图 9-44 所示。

09 单击"确定"按钮，为文字填充轮廓效果，如图 9-45 所示。

10 运用同样的操作方法，输入其他文字，效果如图 9-46 所示。

图 9-44　"轮廓笔"对话框　　　　　　　　　　　图 9-45　填充轮廓色

11 执行"文件"|"导入"命令，本书配套光盘中"第 9 章\9.3\素材.cdr"文件，并调整好大小，放置到合适的位置，如图 9-47 所示。

图 9-46　输入文字　　　　　　　　　　　　　图 9-47　导入素材

2. 绘制卡片背面

01 选择工具箱中的"矩形工具" ，在绘图页面拖动鼠标绘制矩形。按下 Shift+F11 快捷键，在弹出的"均匀填充"对话框中设置颜色为深蓝色（C100、M91、Y57、K16），如图 9-48 所示。

02 单击"确定"按钮，为矩形填充深蓝色，效果如图 9-49 所示。

03 运用绘制正面的操作方法，绘制背面效果，如图 9-50 所示。

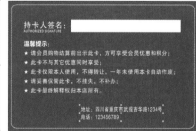

图 9-48　"均匀填充"对话框　　　　图 9-49　填充颜色　　　　图 9-50　背面效果

259

9.4 名片设计——艾米丽内衣店名片设计

本实例绘制的是一款内衣店经理的名片，图案新颖、颜色明丽，整体效果给人一种柔软亲和的感觉。

🎨 **主要工具**：矩形工具、填充工具、钢笔工具、文本工具和图框精确剪裁命令

🎬 **视频文件**：mp4\第 09 章\9.4.mp4

🕐 **难易程度**：★★★★☆

➡️ **操作步骤：**

1. 绘制卡片正面

01 启动 CorelDRAW X6，执行"文件"|"新建"命令，新建一个默认为 A4 大小的空白文档。

02 选择工具箱中的"矩形工具" ▫，在绘图页面拖动鼠标绘制矩形。鼠标右键单击调色板顶端上的 80%灰色色块，为图形填充轮廓颜色为灰色，如图 9-51 所示。

03 运用同样的操作方法绘制矩形，如图 9-52 所示。

04 选择工具箱中的"填充工具" ◈，在隐藏的工具组中选择"均匀填充"选项或按 Shift+F11 快捷键，在弹出的"均匀填充"对话框中设置颜色为粉色（C0、M70、Y0、K0），如图 9-53 所示。

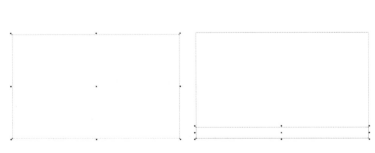

图 9-51 绘制矩形   图 9-52 绘制矩形

图 9-53 "均匀填充"对话框

05 单击"确定"按钮，为矩形填充粉色。鼠标右键单击调色板顶端上的 ⊠ 按钮，去掉轮廓线，效果如图 9-54 所示。

06 选择工具箱中的"钢笔工具" ▨，在矩形中绘制图形，如图 9-55 所示。

07 选择工具箱中的"轮廓笔工具" ▨，在隐藏的工具组中选择"轮廓笔"选项或按 F12 键，在弹出的"轮廓笔"对话框中设置"颜色"为粉色，"宽度"为 0.1mm，如图 9-56 所示。

图 9-54　填充颜色　　　　　　　图 9-55　绘制图形　　　　　　图 9-56　"轮廓笔"对话框

08 单击"确定"按钮，更改图形的轮廓线颜色，如图 9-57 所示。

09 选择工具箱中的"钢笔工具" ，在矩形中绘制图形。鼠标右键单击调色板顶端上的⊠按钮，去掉轮廓线，并填充粉色，如图 9-58 所示。

10 运用同样的操作方法，绘制其他图形，效果如图 9-59 所示。

图 9-57　填充轮廓线　　　　　　图 9-58　绘制图形　　　　　　图 9-59　绘制图形

11 选择工具箱中的"文本工具" 字，绘图页面单击鼠标输入文字。在属性栏中设置字体为"方正宋黑简体"，字体大小为 24，填充颜色为粉色，效果如图 9-60 所示。

12 按下 Ctrl+K 快捷键，打散文字。分别选中文字，单击鼠标右键，在弹出的快捷菜单中选择"转换为曲线"选项。选择工具箱中的"形状工具"，调整文字的形状，效果如图 9-61 所示。

13 选中"米"字，选择工具箱中的"形状工具"，按住 Shift 键选中文字的两点。按下 Delete 键，将其删除，如图 9-62 所示。

图 9-60　绘制图形　　　　　　图 9-61　文字形状调整　　　　　图 9-62　调整文字

14 选择工具箱中的"基本形状工具"，在属性栏"完美形状"下拉列表中选择心形。拖动鼠标绘制图形，为其填充粉色，并去掉轮廓线，并放置到合适的位置，如图 9-63 所示。

15 选中心形，按住 Ctrl 键，拖动图形到合适的位置。单击鼠标右键，复制图形。单击属性栏中的"水平镜像"按钮 ，镜像图形，效果如图 9-64 所示。

16 运用同样的操作方法输入其他文字，效果如图 9-65 所示。

图 9-63　绘制心形　　　　　　　　图 9-64　水平镜像　　　　　　　　图 9-65　输入文字

2. 绘制卡片背面

01 选中正面卡片的矩形，将其复制到背面。选择工具箱中的"填充工具" ，在隐藏的工具组中选择"均匀填充"选项或按快捷键 Shift+F11，在弹出的"均匀填充"对话框中设置颜色为粉色（C0、M70、Y0、K0），单击"确定"按钮，效果如图 9-66 所示。

02 运用同样的操作方法绘制图形，如图 9-67 所示。

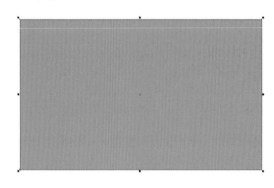

图 9-66　复制矩形　　　　　　　　　　　　　图 9-67　绘制图形

03 选中绘制的图形，执行"效果"|"图框精确剪裁"|"置于图文框内部"命令，选择矩形底部的"编辑内容"选项，调整图形的位置，完毕后单击底部的"停止编辑内容"按钮 ，效果如图 9-68 所示。

04 运用绘制正面的文字方法，绘制背面，效果如图 9-69 所示。

图 9-68　绘制矩形　　　　　　　　　　　　　图 9-69　名片背面效果

9.5 网站类——麦道在线标志

本实例只用了橙色和蓝色，对比强烈而集中，让人印象深刻。

主要工具：透明度工具、贝塞尔工具

视频文件：mp4\第 09 章\9.5.mp4

难易程度：★★★★★

➡ 制作提示：

01 构思标志操作流程；

02 新建大小为 A4 的空白文档，改变纸张方向；

03 首先选择"矩形工具"，在绘图页面上绘制图形轮廓，再选择"移去前面对象"完善图形；

04 选择"贝赛尔工具"绘制立体和高光图形，再运用"交互式透明工具"制作出透明效果；

05 复制绘制的图形，使其"垂直镜像"，添加透明效果，绘制出倒影效果；

06 选择"文本工具"输入文字。

07 保存文件。

9.6 烫发卡——美发店烫发卡

本实例是一款烫发卡，整幅画面色彩亮丽，非常醒目，富有时尚感。

主要工具：文本工具、图框精确剪裁命令

视频文件：mp4\第 09 章\9.6.mp4

难易程度：★★★★★

➡ 制作提示：

01 构思卡片的操作流程；

02 新建大小为 A4 的空白文档，改变纸张方向；

03 选择"矩形工具" 在绘图页面绘制卡片的大小；

04 执行"导入"命令将素材导入到绘图页面，再执行"放置在容器中"命令，将素材放置到矩形中；

05 执行"文本工具"输入文字，复制文字并填充不同颜色。绘制图形，将复制文字放置到图形中，完成绘制；

06 保存文件。

9.7 名片设计——策划师名片设计

本实例制作是一款策划师的个人名片，图案新颖、颜色明丽。

主要工具：文本工具、椭圆形工具、移去前面对象、填充工具

视频文件：mp4\第 09 章\9.7.mp4

难易程度：★★★★☆

➡ **制作提示：**

01 构思卡片的操作流程；

02 新建大小为 A4 的空白文档；

03 选择"矩形工具" 在绘图页面绘制卡片的大小；

04 选择"椭圆形工具"工具，绘制椭圆形。复制圆形，再单击属性栏中的"移去前面对象"按钮，绘制环形，复制图形；

05 绘制箭头形状并填充颜色；

06 选择"文本工具"输入文字；

07 保存文件。

第 章 插画设计
10

本章导读：

　　插画设计是艺术的另一种表现方式，是艺术潮流的一种新形势。现代插画艺术发展迅速，已经广泛应用于书刊、杂志、周刊、海报、广告、包装和纺织品领域。使用 CorelDRAW 绘制的矢量插画简洁明快、独特新颖，表现形式多样，已经成为最流行的插画种类。

本章重点：

- ◆ 卡通类插画——快乐周末插画
- ◆ 时尚类插画——花儿少女插画
- ◆ 水晶文字——3.15 迎春文字
- ◆ 立体文字——三人篮球
- ◆ 装饰画类——时尚百合花纹
- ◆ 卡通类——可爱娃娃
- ◆ 立体文字——冬季购物海报

10.1 卡通类插画——快乐周末插画

本实例绘制的是一款快乐周末的插画，背景清新而亮丽，主体造型夸张、表情生动，让人过目不忘。

主要工具：贝塞尔工具、矩形工具、填充工具、椭圆形工具和文本工具

视频文件：mp4\第 10 章\10.1.mp4

难易程度：★★★★★

➡ 操作步骤：

1. 绘制背景

01 执行"文件"|"新建"命令，弹出"创建新文档"对话框，设置"宽度"为 328mm，"高度"为 388mm，单击"确定"按钮。

02 单击"矩形工具" ▢，绘制一个宽为 133mm、高为 265mm 的矩形，并填充粉红色（R246，G147，B205），去除轮廓线，效果如图 10-1 所示。

03 执行"文件"|"打开"命令，选择素材文件，单击"打开"按钮，选择花纹，按 Ctrl+C 快捷键复制。切换到当前窗口，按 Ctrl+V 快捷键粘贴，效果如图 10-2 所示。

图 10-1 绘制矩形

图 10-2 导入素材

图 10-3 绘制图形

2. 绘制人物

01 运用"贝塞尔工具" ✎，绘制图形，分别填充粉红色（R255，G209，B184）和暗红色（R105，G59，B38），效果如图 10-3 所示。

02 运用"贝塞尔工具" ✎，绘制图形，并分别填充暗红色（R209，G130，B131）、白色、黑色和淡蓝色（R186，G230，B244），效果如图 10-4 所示。

03 运用"贝塞尔工具" ✎，绘制图形，并分别填充大红色（R170，G8，B10）、白色、黑色和淡蓝色（R186，G230，B244）以及淡红色（R240，G93，B93），效果如图 10-5 所示。

04 运用"贝塞尔工具" ✎，绘制头发，并分别填充咖啡色（R89，G28，B10）（设置轮廓色为黑色，轮廓宽度为 2.5mm），和棕色（R107，G59，B12），效果如图 10-6 所示。

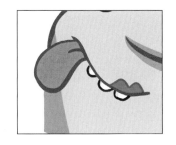

图 10-4　绘制眼睛及阴暗部分　　　　　　图 10-5　绘制嘴巴　　　　　　图 10-6　绘制头发

05 运用"贝塞尔工具" ，绘制帽子，并分别填充相应的颜色，效果如图 10-7 所示。

06 运用"贝塞尔工具" ，绘制图形，并填充黑色，效果如图 10-8 所示。

07 运用"贝塞尔工具" ，绘制图形，并分别填充黄色（R168，G128，B82）和棕色（R137，G89，B66），效果如图 10-9 所示。

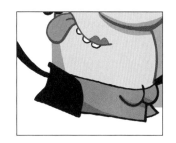

图 10-7　绘制帽子　　　　　　图 10-8　绘制衣服　　　　　　图 10-9　绘制衣服

08 运用"贝塞尔工具" ，绘制图形，并分别填暗红色（R96，G1，B0）和棕色（R123，G1，B0），效果如图 10-10 所示。

09 运用"贝塞尔工具" ，绘制手，并分别填棕色（R105，G59，B38）、桃红色（R207，G128，B128）和黄色（R255，G209，B184），效果如图 10-11 所示。

10 参照前面操作，添加酒杯素材，效果如图 10-12 所示。

图 10-10　绘制衣服　　　　　　图 10-11　绘制手　　　　　　图 10-12　添加素材

11 参照前面操作，绘制另一只手，效果如图 10-13 所示。

12 运用"贝塞尔工具" 绘制脚，分别填充大红色（R179，G12，B19），棕色（R105，G61，B42）和黑色，效果如图 10-14 所示。

13 运用"贝塞尔工具" ，绘制图形，并填充灰（R51，G45，B45）。运用椭圆形工具 ，绘制椭圆，并填充灰色（R147，G147，B147）。参照前面的操作，添加文字素材，并整体调整一下图形，得到最终效果如图 10-15 所示。

图 10-13　绘制手　　　　　　　　　图 10-14　绘制脚和鞋子　　　　　　　　图 10-15　最终效果

10.2 时尚类插画——花儿少女插画

本实例绘制的是一款花季少女的插画，画面色彩丰富，以暖色系为主，给人一种优美、清新的感觉，且人物表情放松，带给人一种亲近之感。

主要工具：贝赛尔工具、三点曲线工具、钢笔工具、艺术笔工具和填充工具

视频文件：mp4\第 10 章\10.2.mp4

难易程度：★★★★★

➡️ 操作步骤：

⭐ 绘制帽子

01 启动 CorelDRAW X6，执行"文件"|"新建"命令，新建一个默认为 A4 大小的空白文档。

02 选择工具箱中的"贝赛尔工具" ，在绘图页面拖动鼠标绘制曲线，如图 10-16 所示。

03 选择工具箱中的"填充工具" ，在隐藏的工具组中选择"均匀填充"选项或按 Shift+F11 快捷键，在弹出的"均匀填充"对话框中设置颜色为蓝色（C73、M58、Y7、K0），如图 10-17 所示。

04 单击"确定"按钮，为绘制的曲线填充颜色，如图 10-18 所示。

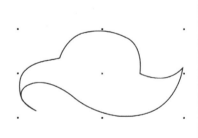

图 10-16　绘制曲线　　　　　　　图 10-17　"均匀填充"对话框　　　　　　图 10-18　填充颜色

05 选择状态栏中的"轮廓笔工具"  ，弹出"轮廓笔"对话框，在此对话框中设置"颜色"为棕色（C71、M88、Y99、K68），"宽度"为 0.4mm，如图 10-19 所示。

06 单击"确定"按钮，为图形填充轮廓线颜色，效果如图 10-20 所示。

07 运用同样的操作方法，绘制图形。鼠标右键单击调色板顶端上的 ⊠ 按钮，去掉轮廓线，如图 10-21 所示。

图 10-19 "轮廓笔"对话框   图 10-20 填充轮廓线颜色   图 10-21 绘制图形

08 选择工具箱中的"三点曲线工具"  ，拖动鼠标绘制曲线，如图 10-22 所示。

09 运用同样的操作方法，为轮廓线填充颜色为棕色，更改宽度为 0.4mm。执行"文件"|"导入"命令，导入一张素材，调整好大小并放置到合适的位置，如图 10-23 所示。

2. 绘制面部和头发

01 选择工具箱中的"三点曲线工具"  ，绘制脸部图形，并填充颜色为肉色（C0、M49、Y49、K0），填充轮廓色为棕色，设置宽度为 0.3mm，效果如图 10-24 所示。

图 10-22 绘制曲线   图 10-23 填充轮廓线效果   图 10-24 绘制图形

02 运用同样的操作方法，绘制头发。选择工具箱中的"填充工具"  ，在隐藏的工具中选择"渐变填充"选项或按快捷键 F11，在弹出的"渐变填充"对话框中设置颜色为从橘红色（C0、M85、Y100、K0）到橘黄色（C0、M71、Y100、K0）的线性渐变，如图 10-25 所示。

03 单击"确定"按钮，为图形填充渐变，并设置轮廓线为棕色，宽度为 0.33mm，如图 10-26 所示。

04 选择工具箱中的"钢笔工具"  ，绘制曲线，设置轮廓色为棕色，如图 10-27 所示。

05 运用同样的操作方法，绘制头发图形，并调整好图层顺序，如图 10-28 所示。

技巧点拨：
使用快捷键可以快速调整图层顺序，按 Shift+PageUp 快捷键到图层前面；Shift+PageDown 快捷键到图层后面；Ctrl+PageUp 快捷键向前一层；Ctrl+PageDown 快捷键向后一层。

图 10-25　"渐变填充"对话框　　　　图 10-26　填充渐变色　　　　图 10-27　绘制曲线

06 运用同样的操作方法绘制嘴巴。再选择工具箱中的"椭圆形工具" ⬭，绘制腮红的效果，调整好图层，效果如图 10-29 所示。

07 选择工具箱中的"艺术笔工具" ✎，在属性栏"预设笔触"下拉列表中选择合适的笔触，绘制眉毛和睫毛，效果如图 10-30 所示。

图 10-28　绘制头发　　　　　　图 10-29 绘制嘴巴和腮红　　　　　图 10-30　绘制眉毛和睫毛

3. 绘制身体和背景

01 运用同样的操作方法，绘制少女身体，如图 10-31 所示。

02 选中绘制的图形，按下 Ctrl+G 快捷键，群组图形。选择工具箱中的"矩形工具" ▭，在页面绘制矩形。选择工具箱中的"填充工具" ◈，在隐藏的工具组中选择"图样填充"选项，在弹出的"图样填充"对话框中选择"全色"选项，在"全色"下拉列表中选择合适的图样，如图 10-32 所示。

03 单击"确定"按钮，为矩形填充图案，如图 10-33 所示。

04 按下 Ctrl+PageDown 快捷键，调整好图层顺序。鼠标右键单击调色板上的 40%灰色色块，为矩形填充轮廓色，效果如图 10-34 所示。

图 10-31　绘制身体　　　图 10-32　"图样填充"对话框　　　图 10-33　填充图案　　　图 10-34 最终效果

10.3 水晶文字——3.15 迎春文字

文字是准确传达信息的最好图形元素之一，通常设计者都是从文字的义、形上进行创意设计，使其产生更加丰富的视觉效果。

主要工具： 文本工具、交互式阴影工具、交互式立体化工具、交互式透明工具、填充工具和三点曲线工具

视频文件： mp4\第 10 章\10.3\10.3.mp4

难易程度： ★★★

➡ **操作步骤：**

1. 绘制文字

01 启动 CorelDRAW X6，执行"文件"|"新建"命令，新建一个默认为 A4 大小的空白文档。

02 执行"文件"|"导入"命令，导入本书配套光盘中"第 10 章\10.3\背景素材.jpg"文件，调整好大小，放置到合适的位置，如图 10-35 所示。

03 选择工具箱中的"文本工具" 字，在属性栏中设置字体为"黑体"，字体大小为 72。在绘图页面单击鼠标，输入文字，如图 10-36 所示。

04 按下 Ctrl+K 快捷键，打散文字，如图 10-37 所示。

图 10-35　导入素材

图 10-36　输入文字

图 10-37　打散文字

05 选择工具箱中的"选择工具" ，分别选中文字，调整文字大小和角度，并放置到合适的位置，效果如图 10-38 所示。

06 选中所有文字，按下 Ctrl+G 快捷键，群组文字。单击调色板上的白色色块，为图形填充该颜色，如图 10-39 所示。

2. 添加效果

01 选择工具箱中的"交互式阴影工具"，在文字上拖动鼠标绘制出阴影效果。在属性栏中设置阴影的不透明度为 75，羽化值为 5，在阴影颜色中选择绿色（C100、M50、Y100、K0），如图 10-40 所示。

图 10-38　调整文字

图 10-49　填充颜色

图 10-40　绘制阴影

02 选择工具箱中的"选择工具"，选中文字，并拖动到合适的位置。单击鼠标右键，复制文字，如图 10-41 所示。

03 选择工具箱中的"填充工具"，在隐藏的工具组中选择"渐变填充"选项，在自定义颜色中，设置起点位置颜色为红色（C0、M100、Y0、K0），52% 位置设置颜色为橘黄色（C0、M60、Y100、K0），终点位置设置颜色为红色（C0、M100、Y100、K0），角度设置为 90，如图 10-42 所示。

04 单击"确定"按钮，为复制的文字填充渐变色，效果如图 10-43 所示。

图 10-41　复制文字

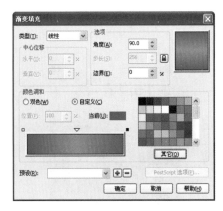

图 10-42　"渐变填充"对话框

图 10-43　填充渐变色

05 复制文字，如图 10-44 所示。

06 按下 Ctrl+U 快捷键，将文字取消群组。选中文字"3"，选择工具箱中的"交互式立体化工具"，拖动鼠标绘制立体效果。在属性栏的"类型"下拉列表中，选择类型，调整好效果，如图 10-45 所示。

07 在属性栏中单击"立体化颜色"按钮，在其下拉列表中单击"使用递减的颜色"按钮，设置颜色为从紫色（C0、M100、Y0、K50）到灰色（C84、M82、Y65、K45）的递减色，效果如图 10-46 所示。

图 10-44　复制文字　　　　　　　　　　图 10-45　添加立体效果　　　　　　　　图 10-46　设置立体色

08 运用同样的操作方法，对其他文字添加立体效果，如图 10-47 所示。

09 选中文字，将其移动到合适的位置，按下 Ctrl+PageDown 快捷键，并调整图层位置，如图 10-48 所示。

10 选中最上面一层的文字，调整好位置，如图 10-49 所示。

图 10-47　添加立体效果　　　　　　　图 10-48　调整图层顺序　　　　　　　图 10-49　调整位置

11 按下 Ctrl+U 快捷键，将文字取消群组。按住 Shift 键，将"迎"和"春"字选中，选择工具箱中的"填充工具" 💠，在隐藏的工具组中选择"渐变填充"选项，在弹出"渐变填充"对话框，设置颜色为从黄色（C20、M0、Y100、K0）到绿色（C100、M0、Y100、K0）的线性渐变，设置角度为 94.6，如图 10-50 所示。

12 单击"确定"按钮，为文字填充渐变色，效果如图 10-51 所示。

13 选中"春"字，按下 F11 键，弹出"渐变填充"对话框，设置角度为-94.6，单击"确定"按钮，效果如图 10-52 所示。

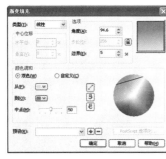

图 10-50　"渐变填充"对话框　　　　　图 10-51　填充渐变色　　　　　　　　图 10-52　填充渐变色

14 运用同样的操作方法为文字添加立体效果，并调整好大小和位置，如图 10-53 所示。

15 选中"春"字，复制文字，单击调色板上的黄色色块，为复制文字填充该颜色，如图 10-54 所示。

16 选择工具箱中的"交互式透明工具" ，拖动鼠标绘制透明，绘制透明效果，如图 10-55 所示。

图 10-53　调整文字　　　　　　图 10-54　复制文字　　　　　　图 10-55　添加透明效果

17 运用同样的操作方法，为文字"迎"添加同样的效果，如图 10-56 所示。

3.　绘制高光

01 选择工具箱中的"三点曲线工具" ，沿着文字，绘制图形，如图 10-57 所示。

02 单击调色板上的白色色块，为图形填充该颜色。鼠标右键单击调色板上的 按钮，去掉轮廓线，效果如图 10-58 所示。

图 10-56　添加透明效果　　　　图 10-57　绘制图形　　　　　　图 10-58　填充颜色

03 选择工具箱中的"交互式透明工具" ，拖动鼠标绘制透明效果，如图 10-59 所示。

04 运用同样的操作方法，绘制高光效果，如图 10-60 所示。

05 执行"文件"|"导入"命令，本书配套光盘中"第 10 章\10.3\星星.cdr"文件，调整好大小，并放置到合适的位置，效果如图 10-61 所示。

图 10-59　添加透明效果　　　　图 10-60　绘制高光　　　　　　图 10-61　导入素材

10.4 立体文字——三人篮球

文字是人们交流信息的载体。随着社会的发展，人们在阅读、浏览文字时，不仅仅希望获得所需的信息，还会注重视觉体现，以及版式的美感。

主要工具： 吸引工具、文本工具、填充工具、交互式立体化工具和交互式封套工具

视频文件： mp4\第 10 章\10.4.mp4

难易程度： ★★★

➡ 操作步骤：

⭐ **1. 添加文字**

01 启动 CorelDRAW X6，执行"文件"|"新建"命令，新建一个默认为 A4 大小的空白文档。

02 执行"文件"|"导入"命令，导入本书配套光盘中"第 10 章\10.4\背景素材.jpg"文件，如图 10-62 所示。

03 选择工具箱中的"文本工具" 字，在绘图页面单击鼠标，输入文字，如图 10-63 所示。

04 按下 Ctrl+A 快捷键，选中文字，在属性栏中设置字体为"方正超粗黑简体"，字体大小为 120，如图 10-64 所示。

图 10-62　导入素材

图 10-63　输入文字

图 10-64　设置字体

⭐ **2. 填充渐变色**

01 选择工具箱中的"选择工具" ▨，单击并选中文字。选择工具箱中的"填充工具" ▨，在隐藏的工具组中选择"渐变填充"选项，弹出"渐变填充"对话框，在自定义颜色中设置起点位置颜色为红色（C0、M100、Y100、K0），49%位置设置颜色为橘黄色（C0、M60、Y100、K0），终点位置设置颜色为黄色（C0、M0、Y100、K0），角度设置为 90，如图 10-65 所示。

02 单击"确定"按钮，为文字填充渐变色，效果如图 10-66 所示。

03 选中文字，并拖动到合适的位置。单击鼠标右键，复制文字。单击调色板上的白色色块，为图形填充该颜色，如图 10-67 所示。

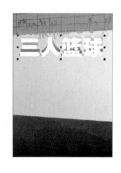

图 10-65　"渐变填充"对话框　　　　图 10-66　填充渐变色　　　　图 10-67　复制文字

04 按下 Ctrl+PageDown 快捷键，调整图层，并放置到合适的位置，效果如图 10-68 所示。

05 同样的操作方法，复制文字，为其填充红色。调整图层，效果如图 10-69 所示。

3. 添加立体效果

01 选中红色的文字，选择工具箱中的"交互式立体化工具" ，在绘图页面拖动鼠标绘制立体效果，如图 10-70 所示。

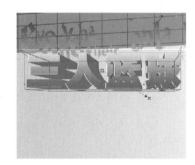

图 10-68　调整图层　　　　　　图 10-69　复制文字　　　　　　图 10-70　绘制立体效

02 在属性栏的"立体化类型"下拉列表中选择 类型，单击"立体化颜色"按钮，在"颜色"下拉列表中单击"使用纯色"按钮，选择黑色，效果如图 10-71 所示。

4. 添加变形效果

01 选择工具箱中的"选择工具"，选中所有文字。按下 Ctrl+Q 快捷键，将文字转换为曲线。选择工具箱中的"吸引工具"，在属性栏中设置"笔尖半径"为 120，"速度"为 10，放在文字中间。按住左键不放，效果如图 10-72 所示。

02 在虚线框上按下并拖动鼠标，绘制变形效果，如图 10-73 所示。

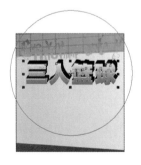

图 10-71　立体化颜色　　　　图 10-72　交互式封套工具　　　　图 10-73　变形效果

03 选择工具箱中的"选择工具" ，调整文字的大小，并放置到合适的位置,选中最上层文字，按+键，复制一层，填充黄色，按 Ctrl+K 快捷键，打散曲线，删去不要的部分，填充黄色，如图 10-74 所示。

04 选择工具箱中的"交互式透明工具" ，拖动鼠标分别给黄色图层添加透明效果，如图 10-75 所示。

图 10-74　绘制图形

图 10-75　透明效果

05 选择工具箱中的"文本工具" ，在属性栏中设置字体为 vineta BT，字体大小为 40。在绘图页面单击鼠标输入文字，如图 10-76 所示。

06 单击调色板上的白色色块，为文字填充该颜色，如图 10-77 所示。

07 选中文字，移动到合适的位置。单击鼠标右键，复制文字。单击调色板上的蓝色色块，为复制文字填充该颜色，如图 10-78 所示。

图 10-76　输入文字

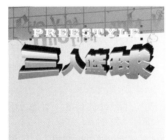
图 10-77　填充颜色

图 10-78　复制文字

08 同样的操作方法，复制文字并填充颜色，调整好图层顺序，效果如图 10-79 所示。

09 选中绘制的字母和复制的字母，按下 Ctrl+G 快捷键，群组文字。选择工具箱中的"交互式封套工具" ，调整文字的形状，将文字放置到合适的位置，如图 1080 所示。

10 执行"文件"|"导入"命令，导入本书配套光盘中"第 10 章\10.4\篮球.cdr"文件，放置到合适的位置，并调整好图层顺序，效果如图 10-81 所示。

图 10-79　复制文字

图 10-80　调整文字形状

图 10-81　导入篮球素材

11 运用同样的操作方法，将本书配套光盘中"第 10 章\10.4\人物.cdr 文件"导入进来，如图 10-82

所示。

01 选择工具箱中的"矩形工具" ▢，拖动鼠标在绘图页面绘制矩形，如图 10-83 所示。

02 选择工具箱中的"形状工具" ◣，将鼠标放置到矩形的顶点上，拖动鼠标绘制圆角矩形，如图 10-84 所示。

图 10-82　导入人物素材　　　　　图 10-83　绘制矩形　　　　　图 10-84　绘制圆角矩形

03 选择工具箱中的"选择工具" ◣，单击调色板上的白色色块，为矩形填充该颜色。鼠标右键单击调色板上的 70% 灰，为轮廓线填充该颜色，如图 10-85 所示。

04 选择工具箱中的"文本工具" 字，在绘图页面拖动鼠标绘制文本框，输入文字。选中文字改变文字的大小和字体，效果如图 10-86 所示。

05 选中文字，复制文字，调整大小，放置到合适的位置，效果如图 10-87 所示。

图 10-85　填充颜色　　　　　图 10-86　输入文字　　　　　图 10-87　复制文字

01 选择工具箱中的"椭圆形工具" ◯，按住 Ctrl 键，在绘图页面拖动鼠标，绘制正圆。按下 Shift+F11 快捷键，弹出"均匀填充"对话框，在该对话框中设置颜色为黄色（C0、M20、Y60、K20），单击"确定"按钮，为圆形填充该颜色，并去掉轮廓线，效果如图 10-88 所示。

02 选择工具箱中的"文本工具" 字，运用同样的操作方法，绘制文字效果，如图 10-89 所示。

03 选择工具箱中的"两点直线工具" ，在圆形上拖动鼠标绘制直线，如图 10-90 所示。

图 10-88　绘制正圆

图 10-89　文字效果

图 10-90　绘制直线

04 鼠标右键单击调色板上的白色色块，为直线填充该颜色。在属性栏宽度下拉列表中选择 0.5mm，效果如图 10-91 所示。

05 选中直线，拖动鼠标到合适的位置。单击鼠标右键，复制直线，效果如图 10-92 所示。

06 执行"文件"|"导入"命令，将星星素材导入到绘图页面，并调整好大小，放置到合适的位置，效果如图 10-93 所示。

图 10-91　填充轮廓线

图 10-92　复制直线

图 10-93　导入素材

10.5 装饰画类——时尚百合花纹

本实例绘制了一款百合纹样，色调优雅清新，令人心情舒畅。

🖌 **主要工具：** 椭圆形工具、三点曲线工具

🎬 **视频文件：** mp4\第 10 章\10.5.mp4

🕐 **难易程度：** ★★★☆☆

➡ **制作提示：**

01 构思图形的操作流程；

02 新建大小为 A4 的空白文档；

03 首先选择"椭圆形工具" 在绘图页面绘制圆形，再执行"合并"命令，完善图形。最后，绘制环形，复制环形；

04 选择"三点曲线工具"绘制花纹图形，添加装饰；

05 导入素材，放置到合适的位置，完成绘制；保存文件。

10.6 卡通类——可爱娃娃

本实例绘制一款可爱娃娃插画，背景简单，活泼颜色衬托着娃娃的年龄，同时体现着儿童内心的纯洁。造型可爱，表情生动，充分展现出儿童的单纯和好奇心理。

🖌 **主要工具：** 椭圆形工具、填充工具、三点曲线工具

🎬 **视频文件：** mp4\第 10 章\10.6.mp4

🕐 **难易程度：** ★★★★☆

➡ **制作提示：**

01 构思图形的操作流程；

02 新建大小为 A4 的空白文档；

03 首先选择"椭圆形工具" 在绘图页面绘制圆形，再镜像复制圆形，完成脑袋的绘制；

04 选择"三点曲线工具"绘制身体上身，再绘制胳膊和腿，将其镜像复制；

05 选择"填充工具"填充不同的颜色，完成可爱娃娃的绘制；保存文件。

10.7 立体文字——冬季购物海报

本实例制作的是冬季购物海报，其以橙色为主色调，给人温暖的感觉，述说着冬季的缤纷故事。

主要工具： 文本工具、交互式调和工具、导入命令

视频文件： mp4\第 10 章\10.7.mp4

难易程度： ★★★☆☆

➡ 制作提示：

01 构思海报的操作流程；

02 新建大小为 A4 的空白文档，改变纸张方向；

03 导入背景素材；

04 选择"椭圆形工具"绘制椭圆形，并选择"交互式透明工具"添加高光效果；

05 选择"文本工具"输入文字，填充渐变色，复制两次文字，分别填充颜色为橘红色和黑色；

06 选择"交互式调和工具"为复制的两个文字层添加调和效果，再将渐变文字放置到合适的位置，完成海报的绘制；保存文件。

第 11 章

海报设计

本章导读：

　　海报设计是呈现现实生活的一种视觉表达形式，个性张扬又具创意，具有时代的象征意义。海报是融于生活的，它可以让人们表达生活所赋予艺术与哲学的内涵。

本章重点：

- ◆ 食品类海报——蛋挞宣传海报
- ◆ 娱乐类海报——汽车模特大赛宣传海报
- ◆ 科技类户外广告——电脑户外广告
- ◆ 家居类——木地板户外广告
- ◆ 生活类—国庆购物海报
- ◆ 运动类——趣味篮球赛海报
- ◆ 生活类——超市广告

11.1 食品类——蛋挞宣传海报

本实例绘制的是一款蛋挞的宣传海报，其采用黄绿色为主色调，以食品图片直接表明主题，起到极佳的促销效果。

🛠 **主要工具**：矩形工具、贝赛尔工具、3点曲线工具、透明度工具和文本工具

🎬 **视频文件**：mp4\第 11 章\11.1.mp4

🕐 **难易程度**：★★★

➡ 操作步骤：

1. 绘制海报背景

01 启动 CorelDRAW X6，执行"文件"|"新建"命令，新建一个默认为 A4 大小的空白文档。

02 选择工具箱中的"矩形工具" ▱，在绘图页面拖动鼠标绘制矩形，如图 11-1 所示。

03 选择工具箱中的"填充工具" ◈，在隐藏的工具组中选择"渐变填充"对话框，在弹出的"渐变填充"对话框中设置颜色为从浅绿色（C40、M0、Y100、K0）到浅黄色（C0、M0、Y70、K0）的线性渐变，角度设置为 270，如图 11-2 所示。

04 单击"确定"按钮，为矩形填充渐变色。鼠标右键打击调色板上的☒按钮，去掉轮廓线，效果如图 11-3 所示。

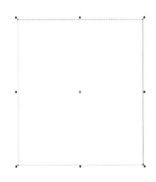

图 11-1 绘制矩形

图 11-2 "渐变填充"对话框

图 11-3 填充渐变色

05 选择工具箱中的"贝赛尔工具" ✎，在绘图页面拖动鼠标绘制图形，如图 11-4 所示。

06 运用同样的操作方法为图形填充从浅绿色到浅黄色的线性渐变色，设置角度为 0，去掉轮廓线，如图 11-5 所示。

07 复制图形，选择工具箱中的"轮廓笔工具" ✒，在隐藏的工具组中选择"轮廓笔"选项，在弹出的"轮廓笔"对话框中设置"宽度"为细线，"颜色"为浅绿色（C50、M0、Y100、K0），如图 11-6 所示。

08 单击"确定"按钮，为图形填充轮廓线。鼠标左键单击调色板上的☒按钮，去掉填充色，如图 11-7 所示。

图 11-4　绘制图形　　　　　　图 11-5　填充渐变色　　　　　图 11-6　"轮廓笔"对话框

09 按下 F11 键，弹出"渐变填充"对话框，在自定义颜色中设置起点颜色为浅黄色，50%位置设置颜色也为浅黄色，58%位置设置颜色为浅绿色，终点位置设置颜色也为浅绿色，单击"确定"按钮，效果如图 11-8 所示。

10 选择工具箱中的"矩形工具"，拖动鼠标绘制矩形。单击调色板上的红色色块，为图形填充该颜色，去掉轮廓线，效果如图 11-9 所示。

图 11-7　填充轮廓线　　　　　图 11-8　填充渐变色　　　　　图 11-9　绘制矩形

11 选择工具箱中的"椭圆形工具"，按住 Ctrl 键拖动鼠标绘制正圆。按下 Shift+F11 快捷键，弹出"均匀填充"对话框，在此对话框中设置颜色为绿色（C75、M0、Y100、K0），如图 11-10 所示。

12 单击"确定"按钮，为正圆填充颜色为绿色，去掉轮廓线，效果如图 11-11 所示。

13 选择工具箱中的"透明度工具"，在属性栏中设置透明度类型为"标准"，效果如图 11-12 所示。

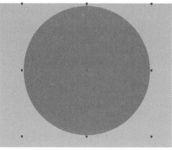

图 11-10　"均匀填充"对话框　　　图 11-11　填充颜色　　　　图 11-12　添加透明效果

14 运用同样的操作方法，绘制正圆，为其填充浅绿色（C50、M0、Y100、K0），添加标准透明效果，

284

如图 11-13 所示。

15 运用同样的操作方法，绘制正圆。单击调色板中的黄色色块，为图形填充该颜色，添加标准透明效果，如图 11-14 所示。

16 选择工具箱中的"选择工具" ▨ ，分别选中正圆进行多个复制，效果如图 11-15 所示。

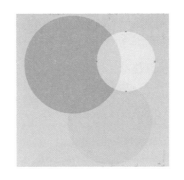

图 11-13　绘制正圆　　　　　图 11-14　绘制正圆　　　　　图 11-15　复制圆形

2. 设计海报主体

01 选中绘制的所有圆形按下 Ctrl+G 快捷键，将其群组。执行"文件"|"导入"命令，导入本书配套光盘中"第 11 章\11.1\蛋挞.cdr，如图 11-16 所示。

02 执行"排列"|"顺序"|"置于此对象后"命令，此时，光标变为 ➡ ，如图 11-17 所示。

03 在绘制的图形上单击鼠标，将素材放置到其后，调整好素材的位置，如图 11-18 所示。

图 11-16　导入素材　　　　　图 11-17　调整图层顺序　　　　　图 11-18　调整好图层顺序

04 运用同样的操作方法，将绘制的圆形放置到素材后面，效果如图 11-19 所示。

05 选择工具箱中的"矩形工具" ▢ ，绘制一个矩形，选择工具箱中的"排斥工具" ▨ ，放置到矩形上按住左键不放，变换图形，如图 11-20 所示。

06 选择状态栏中的"轮廓笔工具" ▨ ，弹出"轮廓笔"对话框，在此对话框中设置"宽度"为 3.5mm，"颜色"为绿色（C90、M30、Y95、K30），如图 11-21 所示。

07 单击"确定"按钮，为图形添加轮廓效果，如图 11-22 所示。

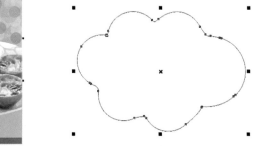

图 11-19 调整图层顺序   图 11-20 绘制图形   图 11-21 "轮廓笔"对话框

08 按下 F11 快捷键，弹出"渐变填充"对话框，在此对话框中设置颜色为从浅绿色（C40、M0、Y100、K0）到浅黄色（C0、M0、Y70、K0）的线性渐变，如图 11-23 所示。

09 单击"确定"按钮，为图形填充渐变色，效果如图 11-24 所示。

图 11-22 添加轮廓线效果   图 11-23 "渐变填充"对话框   图 11-24 填充渐变色

10 选中图形，按住 Shift 键缩小图形到合适的位置。单击鼠标右键，复制图形，填充颜色为白色，去掉轮廓线，效果如图 11-25 所示。

11 选择工具箱中的"2 点线工具" ，在绘图页面拖动鼠标绘制直线，设置轮廓线的颜色为绿色，宽度为 1.8mm，如图 11-26 所示。

图 11-25 复制图形   图 11-26 绘制直线

3. 添加文字效果

01 执行"文件"｜"导入"命令，导入"艺术文字"素材，放置到合适位置，效果如图 11-27 所示。

02 选中文字，复制一份，如图 11-28 所示。

图 11-27　调整文字形状

图 11-28　复制文字

03 选中最上面一层的文字，选择状态栏中的"轮廓笔工具" ，弹出"轮廓笔"对话框，在此对话框中设置"颜色"为橘黄色（C0、M50、Y100、K0），"宽度"为 0.5mm，如图 11-29 所示。

04 单击"确定"按钮，为文字填充轮廓效果。按下 F11 快捷键，弹出"渐变填充"对话框，在此对话框的自定义中设置起点颜色为橘黄色（C0、M32、Y82、K0），34%位置设置颜色为橘红色（C0、M52、Y100、K20），68%位置设置颜色为黄色，终点位置设置颜色为橘黄色（C0、M42、Y90、K14），角度设置为 90，如图 11-30 所示。

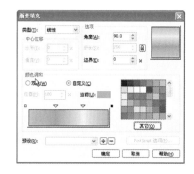

图 11-29　"轮廓笔"对话框

图 11-30　"渐变填充"对话框

05 单击"确定"按钮，效果如图 11-31 所示。

06 运用同样的操作方法，绘制其他文字效果，如图 11-32 所示。

图 11-31　文字效果

图 11-32　最终效果

11.2 娱乐类——汽车模特大赛宣传海报

本实例绘制一款汽车模特大赛的宣传海报。画面中醒目的文字，突出了广告的主题，使整个构图更加饱满。

🔧 **主要工具**：钢笔工具、3 点曲线工具、文本工具、填充工具、轮廓笔工具

🎬 视频文件：mp4\第 11 章\11.2.mp4

⚙ 难易程度：★★★★★

➡ **操作步骤：**

1. 绘制海报背景

01 启动 CorelDRAW X6，执行"文件"|"新建"命令，新建一个默认为 A4 大小的空白文档。

02 选择工具箱中的 "矩形工具" 🔲，拖动鼠标绘制矩形，如图 11-33 所示。

03 执行"文件"|"导入"命令，导入本书配套光盘中"第 11 章\11.2\背景.cdr，并调整好素材的大小，放置到合适的位置，如图 11-34 所示。

04 选中素材，执行"效果"|"图框精确剪裁"|"置于图文框内部"命令，待光标变为 ➡ 时，单击绘制的矩形，将素材放置到矩形内部，效果如图 11-35 所示。

图 11-33 绘制矩形

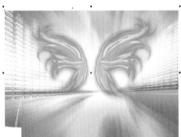

图 11-34 导入素材

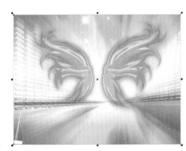

图 11-35 放置在矩形中

05 选择工具箱中的"钢笔工具" 🖊，在绘图页面绘制图形，如图 11-36 所示。

06 按下 Shift+F11 快捷键，在弹出的"渐变填充"对话框中设置颜色为紫色（C40、M100、Y0、K0），如图 11-37 所示。

07 单击"确定"按钮，为图形填充颜色。鼠标右键单击调色板上的 ☒ 按钮，去掉轮廓线，效果如图 11-38 所示。

08 选择工具箱中的"3 点曲线工具" 🖊，在绘图页面拖动鼠标绘制图形。单击调色板上的黄色色块，为图形填充该颜色，去掉轮廓线，效果如图 11-39 所示。

09 运用同样的操作方法绘制其他图形，效果如图 11-40 所示。

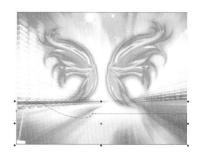

图 11-36　绘制图形　　　　　　图 11-37　"均匀填充"对话框　　　　　图 11-38　绘制图形

10 选中绘制的图形，按下 Ctrl+G 快捷键，群组图形。选中图形，拖动鼠标到合适的位置。单击鼠标右键，复制图形，效果如图 11-41 所示。

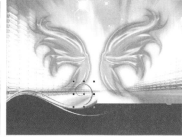

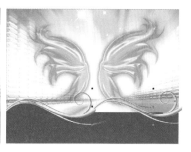

图 11-39　绘制图形　　　　　　图 11-40　绘制图形　　　　　　图 11-41　复制图形

2. 设计海报主体

01 执行"文件"|"导入"命令，导入本书配套光盘中"第 11 章\11.2\人物及车素材.cdr，并调整好素材的大小，放置到合适的位置，效果如图 11-42 所示。

02 选中导入的人物素材，执行"效果"|"图框精确剪裁"|"置于图文框内部"命令，将人物素材放置在矩形中，效果如图 11-43 所示。

03 运用同样的操作方法将绘制的所有图形也放置在矩形中，效果如图 11-44 所示。

图 11-42　导入素材　　　　　图 11-43　置于图文框内部　　　　　图 11-44　置于图文框内部

3. 添加文字效果

01 选择工具箱中的"文本工具" 字 ，在属性栏中设置字体为"方正粗倩简体"，字体大小为 60。单击需要插入文字的位置，输入文字，如图 11-45 所示。

01
02
03
04
05
06
07
08
09
10
11
12
13
14

02 选择工具箱中的"选择工具" ，再选择工具箱中的"填充工具" ，在隐藏的工具组中选择"渐变填充"选项，弹出的"渐变填充"对话框，在自定义颜色中设置起点位置的颜色为粉色（C0、M41、Y0、K0），15%位置设置颜色为红紫色（C0、M96、Y0、K0），60%位置设置颜色为深红色（C34、M100、Y0、K0），终点位置设置颜色为（C52、M100、Y21、K0），设置角度为-90，如图11-46所示。

03 单击"确定"按钮，为文字填充渐变色，效果如图11-47所示。

图 11-45　输入文字　　　　　　　　　图 11-46　"渐变填充"对话框　　　　　　　图 11-47　填充渐变色

04 选择工具箱中的"轮廓笔工具" ，在隐藏的工具组中选择"轮廓笔"选项，在弹出的"轮廓笔"对话框中设置"宽度"为1.5mm，"颜色"为白色，并勾选"后台填充"选项，如图11-48所示。

05 单击"确定"按钮，为文字添加轮廓线效果，如图11-49所示。

06 选择工具箱中的"阴影工具" ，在文字上拖动鼠标绘制阴影效果。在属性栏中设置透明度为80，羽化值为5，按下 Enter 键，效果如图11-50所示。

图 11-48　"轮廓笔"对话框　　　　　　　图 11-49　填充轮廓线　　　　　　　图 11-50　添加阴影效果

07 运用同样的操作方法输入其他文字，并调整好文字的位置，效果如图11-51所示。

08 执行"文件"|"导入"命令，导入素材，放置到合适的位置，效果如图11-52所示。

图 11-51　输入文字　　　　　　　　　　　　图 11-52　最终效果

11.3 科技类——电脑户外海报

本实例绘制的是一款电脑的户外广告，画面干净清爽，整个广告以图片为画面的主要表达对象，突出广告的主题，增加了整个画面动感和活力。

主要工具： 椭圆形工具、填充工具、星形工具、轮廓笔工具、导入和精确裁剪命令

视频文件： mp4\第 11 章\11.3.mp4

难易程度： ★★★★★

➡ 操作步骤：

1. 绘制广告背景

01 启动 CorelDRAW X6，执行"文件"|"新建"命令，新建一个默认为 A4 大小的空白文档。单击属性栏中的"横向"按钮□，改变纸张的方向。

02 选择工具箱中的"矩形工具"□，在绘图页面拖动鼠标绘制矩形。选择工具箱中的"填充工具"，在隐藏的工具组中选择"均匀填充"选项，在弹出的"均匀填充"对话框中设置颜色为粉色（C2、M76、Y12、K0），如图 11-53 所示。

03 单击"确定"按钮，为绘制的矩形填充颜色为粉色，效果如图 11-54 所示。

04 执行"文件"|"导入"命令，导入本书配套光盘中"第 11 章\11.3\放射.jpg"，并调整好素材的大小，放置到合适的位置，效果如图 11-55 所示。

图 11-53 "均匀填充"对话框

图 11-54 填充颜色

图 11-55 导入素材

05 执行"效果"|"图框精确剪裁"|"置于图文框内部"命令，待光标变为 ➡ 时，将光标放置到绘制的矩形上，如图 11-56 所示。

06 单击鼠标左键，将导入的素材放置在矩形中，效果如图 11-57 所示。

07 选择工具箱中的"椭圆形工具"○，按住 Ctrl 键不放，在绘图页面拖动鼠标绘制正圆，效果如图 11-58 所示。

图 11-56 置于图文框内部   图 11-57 置于图文框内部   图 11-58 绘制正圆

08 单击调色板上的橘黄色色块，为图形填充该颜色。鼠标右键单击调色板上的☒按钮，去掉轮廓线，效果如图 11-59 所示。

09 选择工具箱中的"选择工具"，按住 Shift 键不放，缩小图形到合适的位置。单击鼠标右键，复制圆形。单击调色板上的黄色色块，为图形填充该颜色，效果如图 11-60 所示。

10 运用同样的操作方法，复制圆形，并填充不同的颜色，效果如图 11-61 所示。

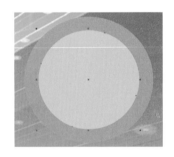

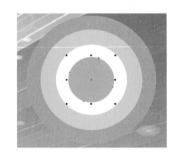

图 11-59 填充颜色   图 11-60 复制图形   图 11-61 复制图形

11 运用同样的操作方法，绘制其他图形，效果如图 11-62 所示。

12 选中绘制的所有圆形，按下 Ctrl+G 快捷键，群组圆形，再将圆形放置到矩形中。执行"文件" | "导入"命令，导入本书配套光盘中"第 11 章\11.3\星星.cdr"，效果如图 11-63 所示。

13 选中素材，按住 Ctrl 键不放，拖动鼠标复制图形。单击属性栏中"水平镜像"按钮，镜像图形，效果如图 11-64 所示。

图 11-62 绘制图形   图 11-63 导入素材   图 11-64 水平镜像

2. 绘制户外广告主体

01 执行"文件" | "导入"命令，导入本书配套光盘中"第 11 章\11.3\电脑.cdr"，放置到合适的位置，

效果如图 11-65 所示。

02 选择工具箱中的"折线工具" ⬚，在绘图页面拖动鼠标绘制折线，如图 11-66 所示。

03 单击调色板上的玫红色色块，为图形填充该颜色，如图 11-67 所示。

图 11-65　导入素材　　　　　　　图 11-66　绘制折线　　　　　　　图 11-67　填充颜色

04 选择工具箱中的"轮廓笔工具" ⬚，在隐藏的工具组中选择"轮廓笔"选项，在弹出的"轮廓笔"对话款中设置"颜色"为黄色，"宽度"为 1.8mm，并勾选"后台填充"和"按图像比例显示"选项，如图 11-68 所示。

05 单击"确定"按钮，效果如图 11-69 所示。

图 11-68　"轮廓笔"对话框

图 11-69　填充轮廓效果

06 选择工具箱中的"星形工具" ⬚，在绘图页面拖动鼠标绘制星形，在属性栏中设置锐度为 27，如图 11-70 所示。

07 双击状态栏中的"轮廓笔"图标⬚，在弹出的"轮廓笔"对话框中设置"颜色"为白色，"宽度"为 1.8mm，单击"确定"按钮，效果如图 11-71 所示。

08 单击调色板上的蓝色色块，为图形填充该颜色，如图 11-72 所示。

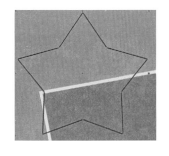

图 11-70　绘制星形　　　　　　　图 11-71　填充轮廓色　　　　　　　图 11-72　填充颜色

09 按住 Shift 键，拖动鼠标放大图形到合适的位置。单击鼠标右键，复制图形。按下 Ctrl+PageDown 快捷键，调整图层顺序，效果如图 11-73 所示。

10 在属性栏"轮廓宽度"下拉列表中选择"无"，效果如图 11-74 所示。

11 选中绘制的图形，按下 Ctrl+G 快捷键，将其群组。选择工具箱中的"选择工具" ，单击绘制的图形，使其处于旋转状态。拖动鼠标旋转图形，效果如图 11-75 所示。

图 11-73 复制图形

图 11-74 填充轮廓色

图 11-75 调整图形角度

12 运用同样的操作方法，绘制其他图形，效果如图 11-76 所示。

3. 添加文字效果

01 选择工具箱中的"文本工具" ，在绘图页面单击鼠标输入文字，在属性栏中设置字体为"方正大黑简体"，字体大小为 87，调整文字的角度，效果如图 11-77 所示。

图 11-76 绘制图形

图 11-77 输入文字

02 选择工具箱中的"填充工具" ，在隐藏的工具组中选择"渐变填充"选项，在弹出的"渐变填充"对话框中设置颜色为从玫红色到白色的线性渐变，参数设置如图 11-78 所示。

03 单击"确定"按钮，为文字填充渐变色，效果如图 11-79 所示。

图 11-78 "渐变填充"对话框

图 11-79 填充渐变色

04 选择状态栏中的"轮廓笔工具" ，在弹出的"轮廓笔"对话框中设置"宽度"为 1.2mm，"颜色"为黄色，参数设置如图 11-80 所示。

05 单击"确定"按钮，为文字添加轮廓线效果，如图 11-81 所示。

图 11-80　"轮廓笔"对话框

图 11-81　添加轮廓线

06 运用同样的操作方法，输入其他文字，效果如图 11-82 所示。

07 执行"文件"|"导入"命令，导入导入本书配套光盘中"第 11 章\11.3\文字.cdr"文件，调整好大小和角度，放置到合适的位置，效果如图 11-83 所示。

图 11-82　输入文字

图 11-83　导入素材

11.4　家居类——木地板户外海报

本实例绘制的是一款圣象木地板的户外宣传广告，色彩温暖清朗，画面富有层次感，具有较好的宣传效果。

🔧 **主要工具：** 导入命令、折线工具、填充工具、轮廓笔工具和文本工具

🎬 **视频文件：** mp4\第 11 章\11.4.mp4

🕐 **难易程度：** ★★★★★

➡️ 操作步骤：

1. 绘制广告背景

01 启动 CorelDRAW X6，执行"文件"|"新建"命令，新建一个默认为 A4 大小的空白文档。单击属性栏中的"横向"按钮 ⬚，改变纸张的方向。

02 双击工具箱中的"矩形工具" ⬚，绘制一个与页面大小相等的矩形，如图 11-84 所示。

03 执行"文件"|"导入"命令，导入导入本书配套光盘中"第 11 章\11.4\背景.cdr"，并调整好大小，放置到合适的位置，如图 11-85 所示。

2. 绘制图形

01 选择工具箱中的"椭圆形工具" ⬚，在绘图页面拖动鼠标，绘制图圆形，如图 11-86 所示。

图 11-84　绘制矩形　　　　　　图 11-85　导入素材　　　　　　图 11-86　绘制椭圆形

02 选择工具箱中的"填充工具" ⬚，在隐藏的工具组中选择"渐变填充"选项，弹出的"渐变填充"对话框，在自定义中设置起点颜色为绿色，60%位置设置颜色为黄绿色（C40、M0、Y100、K0），终点位置设置颜色为淡黄色（C20、M0、Y60、K0），参数设置如图 11-87 所示。

03 单击"确定"按钮，填充渐变色，效果如图 11-88 所示。

04 复制椭圆形，调整好大小并放置到合适的位置，如图 11-89 所示。

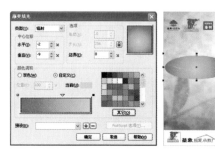

图 11-87　"渐变填充"对话框　　　图 11-88　填充渐变色　　　　　图 11-89　复制图形

05 选择工具箱中的"折线工具" ⬚，在绘图页面拖动鼠标绘制折线。单击调色板上的黄色色块，为图形填充该颜色，如图 11-90 所示。

06 选择工具箱中的"轮廓笔工具" ⬚，在隐藏的工具组中选择"轮廓笔"选项，在弹出的"轮廓笔"对话框中设置"颜色"为红色，"宽度"为 0.3mm，参数设置如图 11-91 所示。

07 单击"确定"按钮，为绘制的图形添加轮廓效果，如图 11-92 所示。

08 运用同样的操作方法绘制其他图形，如图 11-93 所示。

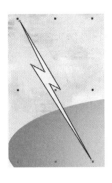

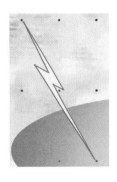

图 11-90　复制图形　　　　　　图 11-91　"轮廓笔"对话框　　　　图 11-92　添加轮廓效果

09 选择工具箱中的"矩形工具"□，在绘图页面拖动鼠标绘制矩形，填充颜色为土红色（C0、M100、Y60、K34），如图 11-94 所示。

10 运用同样的操作方法绘制矩形，为其填充白色，如图 11-95 所示。

图 11-93　绘制图形　　　　　　图 11-94　绘制矩形　　　　　　图 11-95　绘制矩形

3. 添加文字效果

01 选择工具箱中的"文本工具"字，在属性栏中设置字体为"方正超粗黑简体"，字体大小为 120，在绘图页面单击鼠标，输入文字，如图 11-96 所示。

02 单击调色板上的黄色色块，为图形填充该颜色，如图 11-97 所示。

图 11-96　输入文字　　　　　　　　　　　　图 11-97　填充颜色

03 选择工具箱中的"轮廓笔工具"，在隐藏的工具组中选择"轮廓笔"选项，在弹出的"轮廓笔"对话框中设置"颜色"为红色，"宽度"为 3.0mm，单击"确定"按钮，为文字添加轮廓效果，如图 11-98 所示。

04 运用同样的操作方法，输入其他文字，效果如图 11-99 所示。

图 11-98　添加轮廓效果　　　　　　　　　　图 11-99　输入文字

11.5 生活类—国庆购物海报

本实例是一张迎国庆的海报的设计，视觉冲击力强，给人无穷回味。

🔧 主要工具：3 点矩形工具、添加透视命令

🎬 视频文件：mp4\第 11 章\11.5.mp4

⏱ 难易程度：★★★★★

➡ **制作提示：**

01 构思海报的操作流程；

02 新建大小为 A4 的空白文档，改变纸张方向；

03 选择"三点矩形工具"绘制矩形，再复制多个矩形，分别填充不同颜色；

04 执行"添加透视"命令，添加透视效果，复制绘制的图形，完成背景的绘制；

05 选择"文本工具"输入文字，复制文字，填充不同颜色，制作出立体效果；

06 导入素材，将页面所有图形放置在矩形中，完成海报的绘制；

07 保存文件。

11.6 运动类——趣味篮球赛海报

本实例设计的是一款趣味篮球赛海报，色调轻松明快，主题鲜明。

🔧 主要工具：钢笔工具、导入命令、文本工具

🎬 视频文件：mp4\第 11 章\11.6.mp4

⏱ 难易程度：★★★★☆

➡️ **制作提示：**

01 构思海报的操作流程；

02 新建大小为 A4 的空白文档；

03 选择"矩形工具"绘制背景；

04 选择"钢笔工具"绘制曲线；

05 导入素材，放置到合适的位置；

06 选择"文本工具"输入文字，完成海报的绘制；保存文件。

11.7 生活类——超市海报

本实例设计的是一款商场宣传海报，颜色清新，图案美丽，文字造型美观，创造出浓厚的销售气氛，吸引消费者的视线。

📖 **主要工具：** 矩形工具、折线工具、文本工具

🎬 **视频文件：** mp4\第 11 章\11.7.mp4

🕐 **难易程度：** ★★★★

➡️ **制作提示：**

01 构思广告的操作流程；

02 新建大小为 A3 的空白文档，改变纸张方向；

03 选择"矩形工具"绘制背景；

04 选择"折线工具"绘制发散状图形，并将其放置在矩形中；

05 导入素材，放置到合适的位置；

06 选择"文本工具"输入文字，完成广告的绘制；

07 保存文件。

第 章 广告设计

本章导读：

　　广告设计是平面设计的重要组成部分，广告的种类很多，这一章主要是以杂志广告和报纸广告为例，详细介绍广告的特性。如选用的图片要视觉冲击力很强，色彩明快，艺术欣赏性高，还要注意与产品的关联性和情感因素的调用，充分吸引视线。

本章重点：

- ◆ 科技类广告——F5 手机杂志广告
- ◆ 生活类广告——家福购物广场广告
- ◆ 电子类——联通报纸宣传广告
- ◆ 科技类——联想电脑报纸宣传广告
- ◆ 美容类——完美晶装护肤品
- ◆ 服装类——中都百货报纸宣传广告

12.1 科技类——F5 手机杂志广告

本实例绘制的是一款 F5 手机的杂志广告，画面以浅绿色为主色调，手机位于画面正中，深浅不同的颜色使上下两部分形成了明显的层次感。

主要工具：矩形工具、3 点曲线工具、螺纹工具、填充工具、轮廓笔工具、透明度工具和置于图文框内部命令

视频文件：mp4\第 12 章\12.1.mp4

难易程度：★★★★★

➡ **操作步骤：**

1. 绘制广告背景

01 启动 CorelDRAW X6，执行"文件"|"新建"命令，新建一个默认为 A4 大小的空白文档。

02 选择工具箱中的 "矩形工具" □，拖动鼠标绘制矩形。选择工具箱中的"填充工具" ◈，在隐藏的工具组中选择"均匀填充"选项，在弹出的"均匀填充"对话框中，设置颜色为浅绿色（C29、M2、Y29、K0），如图 12-1 所示。

03 单击"确定"按钮，为绘制的矩形填充浅绿色。鼠标右键单击调色板上的 ☒ 按钮，去掉轮廓线，效果如图 12-2 所示。

04 选择工具箱中的"螺纹工具" ◉，在属性栏中单击"对数螺纹"按钮 ◎，设置螺纹回圈数值为 20，螺纹扩展参数为 10。将光标放置到矩形的中心位置，按住 Shift 键，拖动鼠标绘制以矩形中心为中心的螺纹，效果如图 12-3 所示。

图 12-1 "均匀填充"对话框

图 12-2 填充颜色

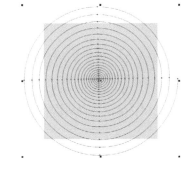

图 12-3 绘制螺纹

05 选择工具箱中的"轮廓笔工具" ◈，在隐藏的工具组中选择"轮廓笔"选项，在弹出的"轮廓笔"对话框中设置轮廓线的"颜色"为白色，"宽度"为 1.5mm，如图 12-4 所示。

06 单击"确定"按钮，为螺纹设置轮廓线，效果如图 12-5 所示。

07 选择工具箱中的"透明度工具" ☲，在属性栏中设置透明度类型为"标准"，开始透明度为 78，

效果如图 12-6 所示。

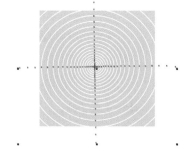

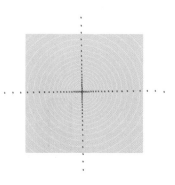

图 12-4 　"轮廓笔"对话框　　　　　　图 12-5 　填充轮廓效果　　　　　　图 12-6 　添加透明效果

08 执行"效果"|"图框精确剪裁"|"置于图文框内部"命令，将螺纹图形放置到绘制的矩形中，效果如图 12-7 所示。

09 选择工具箱中的"矩形工具" □，绘制矩形，为其填充绿色（C57、M18、Y69、K0），去掉轮廓线，效果如图 12-8 所示。

2. 设计广告主体

01 选择工具箱中的"3 点曲线工具" □，在绘图页面，拖动鼠标绘制图形，如图 12-9 所示。

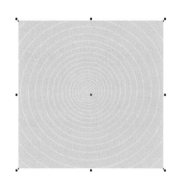

图 12-7 　置于图文框内部　　　　　　图 12-8 　绘制矩形　　　　　　　　图 12-9 　绘制图形

02 单击调色板上的绿色色块，为图形填充该颜色，去掉轮廓线，效果如图 12-10 所示。

03 复制图形，为其填充白色，效果如图 12-11 所示。

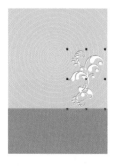

图 12-10 　填充颜色　　　　　　　　图 12-11 　复制图形　　　　　　　　图 12-12 　添加透明效果

04 选择工具箱中的"透明度工具"，在属性栏设置透明度类型为"标准"，开始透明度为 35，按下 Enter 键，效果如图 12-12 所示。

05 运用同样的操作方法绘制其他图形，效果如图 12-13 所示。

06 执行"文件"|"导入"命令，导入本书配套光盘中"第 12 章\12.13\手机.cdr"文件，如图 12-14 所示。

07 选中导入的星星素材，执行"效果"|"图框精确剪裁"|"置于图文框内部"命令，将其放置到绘制的浅绿色矩形中，效果如图 12-15 所示。

图 12-13　绘制图形　　　　图 12-14　导入素材　　　　图 12-15　置于图文框内部

08 选择工具箱中的"椭圆形工具"，按住 Ctrl 键，在绘图页面绘制正圆。按下 F11 快捷键，弹出的"渐变填充"对话框，在自定义颜色中设置起点颜色为大红色（C0、M100、Y100、K0），82%位置设置颜色为黄色（C0、M0、Y100、K0），终点位置设置颜色也为黄色，在"类型"下拉列表中选择"辐射"，如图 12-16 所示。

09 单击"确定"按钮，为圆形填充渐变色，去掉轮廓线，效果如图 12-17 所示。

10 选择工具箱中的"椭圆形工具"，拖动鼠标绘制椭圆形。单击调色板上的白色色块，为图形填充该颜色，去掉轮廓线，效果如图 12-18 所示，

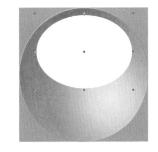

图 12-16　"渐变填充"对话框　　　图 12-17　填充渐变色　　　图 12-18　绘制椭圆形

11 选择工具箱中的"透明度工具"，拖动鼠标绘制透明效果，如图 12-19 所示。

12 选择"椭圆形工具"和"折线工具"，绘制图形，填充轮廓线为白色，效果如图 12-20 所示。

13 选中绘制的图形，按下 Ctrl+G 快捷键，将其群组。按住 Ctrl 键，拖动鼠标到合适的位置。单击鼠标右键复制图形。单击属性栏中的"水平镜像"按钮，镜像图形，效果如图 12-21 所示。

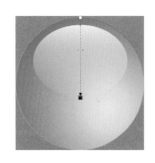

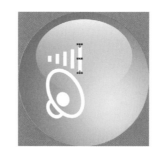

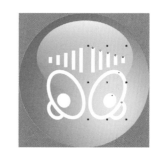

图 12-19　添加透明效果　　　　　图 12-20　绘制图形　　　　　图 12-21　水平镜像

14 运用同样的操作方法绘制其他图形，效果如图 12-22 所示。

3. **添加文字效果**

01 选择工具箱中的"文本工具" 字，在属性栏中设置字体为"方正超粗黑简体"，字体大小为 72，如图 12-23 所示。

图 12-22　绘制图形　　　　　　　　　　　　　图 12-23　输入文字

02 按下 Shift+F11 快捷键，在弹出的"均匀填充"对话框中设置颜色为绿色（C57、M18、Y69、K0），单击"确定"按钮，为文字填充该颜色，效果如图 12-24 所示。

03 选择工具箱中的"阴影工具" ▣，在文字上拖动鼠标绘制阴影效果，在属性栏中设置透明度为 90，羽化值为 3，按下 Enter 键，效果如图 12-25 所示。

04 运用同样的操作方法，输入其他文字，效果如图 12-26 所示。

图 12-24　填充颜色　　　　　　　图 12-25　添加阴影效果　　　　　图 12-26　输入文字

12.2 生活类——家福购物广场广告

本实例绘制的是一款家福购物广场的促销广告，卡通豆人物表情生动、形象活泼，为画面的重点，体现出了促销活动的力度和规模。

主要工具：矩形工具、3 点曲线工具、填充工具、轮廓笔工具、透明度工具和文本工具

视频文件：mp4\第 12 章\12.2.mp4

难易程度：★★★★★

➡ 操作步骤：

1. 绘制广告背景

01 启动 CorelDRAW X6，执行"文件"|"新建"命令，新建一个默认为 A4 大小的空白文档。

02 选择工具箱中的 "矩形工具" ，在绘图页面拖动鼠标绘制矩形。选择工具箱中的"填充工具"，在隐藏的工具组中选择"均匀填充"选项，在弹出的"均匀填充"对话框中设置颜色为绿色（C40、M0、Y100、K0），如图 12-27 所示。

03 单击"确定"按钮，为矩形填充绿色，效果如图 12-28 所示。

图 12-27 均匀填充参数

图 12-28 填充颜色

04 执行"文件"|"导入"命令，导入本书配套光盘中"第 12 章\12.2\花纹.cdr"文件，如图 12-29 所示。

05 执行"效果"|"图框精确剪裁"|"置于图文框内部"命令，将素材放到绘制的矩形内部，效果如图 12-30 所示。

06 选择工具箱中的"钢笔工具" ，拖动鼠标绘制图形。单击调色板上的白色色块，为图形填充该颜色，效果如图 12-31 所示。

| 图 12-29　导入素材 | 图 12-30　置于图文框内部 | 图 12-31　绘制图形 |

07 复制绘制的图形，在复制的图形下面的控制点上拖动鼠标以调整大小，并填充蓝色（C93、M75、Y0、K0），如图 12-32 所示。

08 按住 Shift 键，选中蓝色和白色图形。鼠标右键单击调色板上的⊠按钮，去掉轮廓线，效果如图 12-33 所示。

09 选择工具箱中的"星形工具"⊠，在绘图页面拖动鼠标绘制星形，填充蓝色（C78、M53、Y0、K0），去掉轮廓线，效果如图 12-34 所示。

| 图 12-32　复制图形 | 图 12-33　去掉轮廓线 | 图 12-34　绘制星形 |

10 运用同样的操作方法，绘制其他星形，效果如图 12-35 所示。

11 运用上述操作方法，绘制其他图形，效果如图 12-36 所示。

2. 设计广告主体

01 选择工具箱中的"椭圆形工具"○，按住 Ctrl 键，拖动鼠标绘制正圆，在属性栏中设置轮廓线宽度为 4.5mm，如图 12-37 所示。

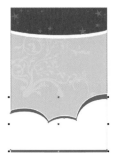
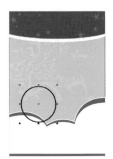

| 图 12-35　绘制星形 | 图 12-36　绘制图形 | 图 12-37　绘制正圆 |

02 选择工具箱中的"3点曲线工具" ，拖动鼠标绘制曲线，如图 12-38 所示。

03 按下 Shift+F11 快捷键，在弹出的"均匀填充"对话框中设置颜色为黄色（C13、M0、Y94、K0），如图 12-39 所示。

04 选择工具箱中的"B 样条工具"绘制图形，填充白色。选择工具箱中的"透明度工具" ，为图形添加透明效果，去掉轮廓线，效果如图 12-40 所示。

图 12-38　绘制曲线　　　　　　　图 12-39　填充颜色　　　　　　　图 12-40　绘制图形

05 运用同样的操作方法，绘制其他图形，效果如图 12-41 所示。

06 运用上述操作方法绘制图形，如图 12-42 所示。

07 选中绘制的图形，按下 Ctrl+G 快捷键，群组图形，再进行复制，调整好大小，放置到合适的位置，并调整好图层顺序，效果如图 12-43 所示。

图 12-41　绘制图形　　　　　　　图 12-42　绘制图形　　　　　　　图 12-43　复制图形

08 选中所有笑脸，按下 Ctrl+G 快捷键，将其群组。执行"排列"|"顺序"|"置于此对象后"命令，单击绘制的红色图形，效果如图 12-44 所示。

09 执行"文件"|"导入"命令，导入本书配套光盘中"第 12 章\12.2\素材.cdr"文件，放置到合适的位置，效果如图 12-45 所示。

3. 添加文字效果

01 选择工具箱中的"文本工具" ，在绘图页面单击鼠标输入文字，设置文字的字体为"黑体"，字体大小为 72，填充颜色为白色，效果如图 12-46 所示。

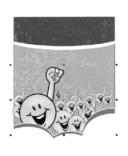

图 12-44　调整图层顺序

图 12-45　导入素材

图 12-46　输入文字

02 选择工具箱中的"轮廓笔工具" ![icon]，在隐藏的工具组中选择"轮廓笔"选项，在弹出的"轮廓笔"对话框中设置"颜色"为绿色（C91、M37、Y98、K5），"宽度"为 5.0mm，并勾选"后台填充"选项，如图 12-47 所示。

03 单击"确定"按钮，为文字添加轮廓效果，如图 12-48 所示。

04 按下 Ctrl+K 快捷键，打散文字，如图 12-49 所示。

图 12-47　设置轮廓线

图 12-48　文字效果

图 12-49　打散文字

05 分别选中文字，修改文字进行大小和形状，效果如图 12-50 所示。

06 选中文字，群组文字。选择工具箱中的"阴影工具" ![icon]，在绘图页面拖动鼠标绘制阴影效果，在属性栏中设置透明度为 60，羽化值为 8，颜色为黄色，效果如图 12-51 所示。

07 运用同样的操作方法，输入其他文字，效果如图 12-52 所示。

图 12-50　调整文字

图 12-51　添加阴影效果

图 12-52　打散文字

08 执行"效果"|"添加透视"命令，会出现红色的虚线框，如图 12-53 所示。

09 拖动鼠标为文字添加透视效果，如图 12-54 所示。

图 12-53　添加透视

图 12-54　最终效果

12.3　电子类——联通报纸宣传广告

本实例绘制的是一款联通的报纸宣传广告，以红色为主色调，以手机为画面主体，直接表明了广告的主题和内容。

主要工具：折线工具、填充工具、矩形工具、轮廓笔工具、文本工具

视频文件：mp4\第 12 章\12.3.mp4

难易程度：★★★★★

➡ 操作步骤：

1. 绘制广告背景

01 启动 CorelDRAW X6，执行"文件"|"新建"命令，新建一个默认为 A4 大小的空白文档。单击属性栏中的"横向"按钮□，改变纸张的方向。

02 双击工具箱中的"矩形工具"□，绘制一个与页面大小相等的矩形。选择工具箱中的"填充工具"◇，在隐藏的工具组中选择"均匀填充"选项，在弹出的"均匀填充"对话框中设置颜色为红色（C16、M100、Y100、K5），如图 12-55 所示。单击"确定"按钮，为绘制的矩形填充颜色，效果如图 12-56 所示。

图 12-55　"均匀填充"对话框

图 12-56　填充颜色

03 选择工具箱中的“折线工具”，绘制折线图形，如图 12-57 所示。

04 单击调色板上的黄色色块，为图形填充该颜色为。鼠标右键单击调色板上的按钮，去掉轮廓线，效果如图 12-58 所示。

05 选择工具箱中的“选择工具”，在图形上单击鼠标，使图形处于旋转状态，将中心的圆点拖动到顶端，如图 12-59 所示。

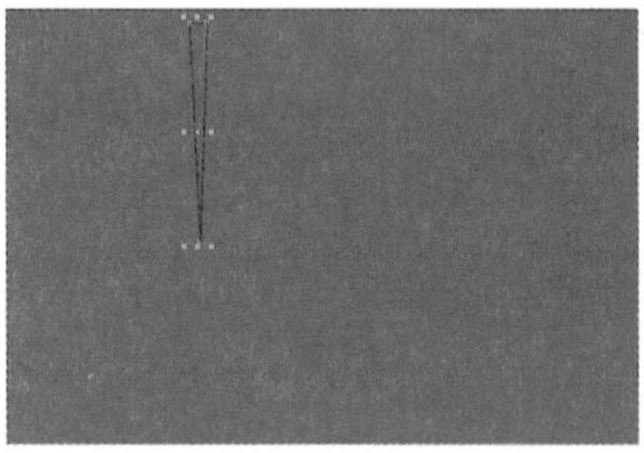

图 12-57　绘制图形

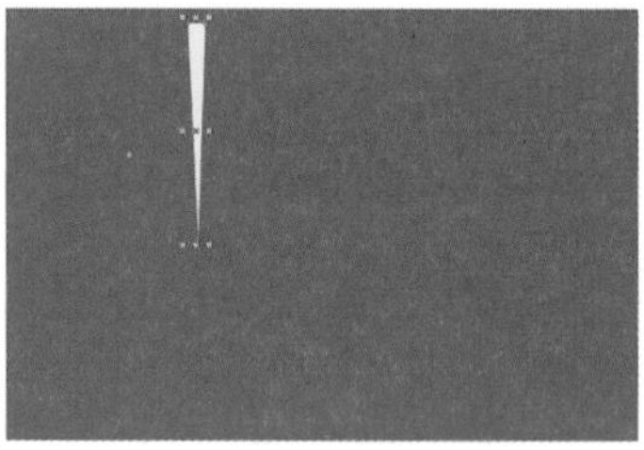

图 12-58　填充颜色

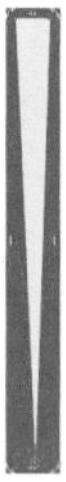

图 12-59　调整旋转点

06 将光标移动到顶端，当光标变为时，拖动鼠标旋转图形，到合适的位置时单击鼠标右键，复制图形，如图 12-60 所示。

07 多次按下 Ctrl+D 快捷键，复制多个图形，效果如图 12-61 所示。

08 选中复制的所有图形，按下 Ctrl+G 快捷键，将其群组。选择工具箱中的“透明度工具”，在属性栏中设置透明度类型为“标准”，效果如图 12-62 所示。

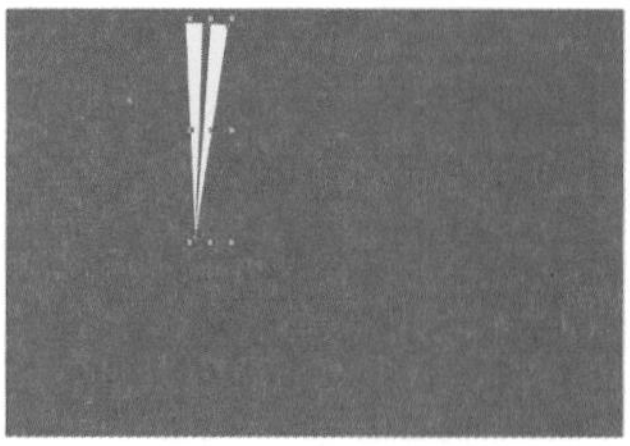

图 12-60　复制图形

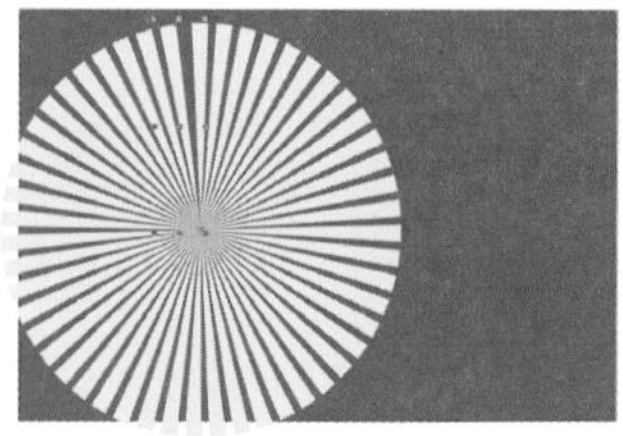

图 12-61　再次复制图形

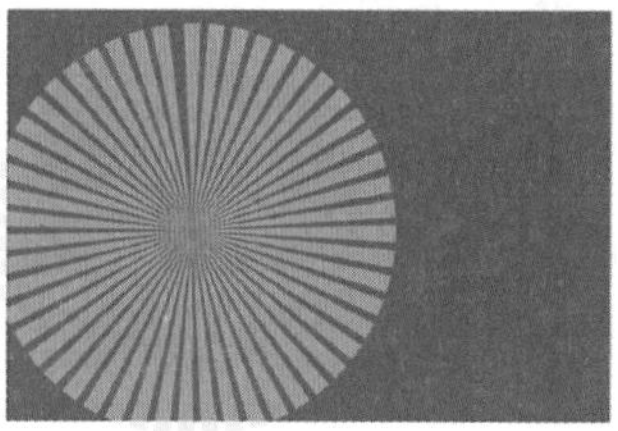

图 12-62　添加透明效果

09 按下+快捷键，复制图形。选择工具箱中的“透明度工具”，在属性栏中设置透明度类型为“辐射”，旋转图形到合适的位置，效果如图 12-63 所示。

10 选中并群组所有图形，执行“效果”|“图框精确剪裁”|“置于图文框内部”命令。当光标变为时，单击绘制的矩形，效果如图 12-64 所示。

11 单击鼠标右键，在弹出的快捷菜单中选择“编辑 PowerClip”选项，如图 12-65 所示。

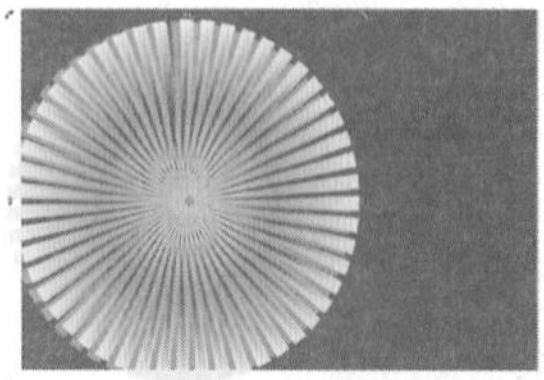

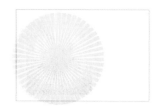

图 12-63　复制图形

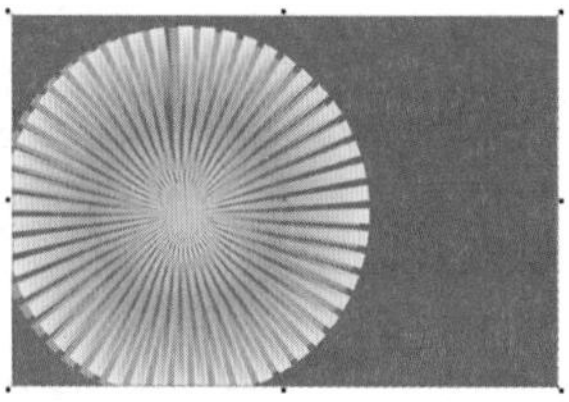

图 12-64　置于图文框内部

图 12-65　编辑内容

12 选中图形，并对其进行调整。调整完成后，单击鼠标右键，在弹出的快捷菜单中选择"结束编辑"选项，效果如图 12-66 所示。

13 双击工具箱中的"矩形工具" ，绘制与页面大小相等的矩形。按下 F11 键，在弹出的"渐变填充"对话框中设置颜色为从黄色到红色的线性渐变，如图 12-67 所示。

14 单击"确定"按钮，为矩形填充渐变色，去掉轮廓线，效果如图 12-68 所示。

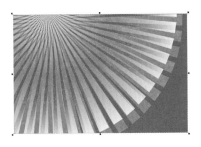
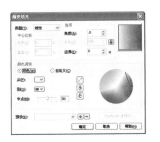

图 12-66　结束编辑　　　　　图 12-67　"渐变填充"对话框　　　　　图 12-68　结束编辑

15 选择工具箱中的"透明度工具" ，在属性栏中设置透明度类型为"标准"，如图 12-69 所示。

16 运用同样的操作方法绘制其他图形，效果如图 12-70 所示。

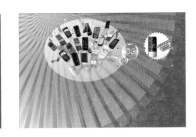

图 12-69　添加透明效果　　　　　图 12-70　绘制图形　　　　　图 12-71　导入素材

2. 绘制广告主体

01 执行"文件"|"导入"命令，导入本书配套光盘中"第 12 章\12.3\rt 手机.cdr"文件，将素材放置到合适的位置，如图 12-71 所示。

02 选择工具箱中的"钢笔工具" ，绘制图形，如图 12-72 所示。

03 单击调色板上的白色色块，为图形填充该颜色，去掉轮廓线，效果如图 12-73 所示。

04 选择工具箱中的"透明度工具" ，在绘图页面拖动鼠标绘制透明效果，如图 12-74 所示。

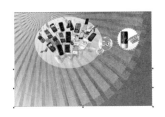

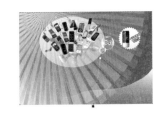

图 12-72　绘制图形　　　　　图 12-73　填充颜色　　　　　图 12-74　添加透明效果

05 运用同样的操作方法绘制其他图形，效果如图 12-75 所示。

06 选择工具箱中的"折线工具" 📐，拖动鼠标绘制折线。单击调色板上的白色色块，为图形填充该颜色，去掉轮廓线，效果如图 12-76 所示。

07 执行"文件"|"导入"命令，导入本书配套光盘中"第 12 章\12.3\人物.cdr"文件，放置到合适的位置，调整好图层顺序，效果如图 12-77 所示。

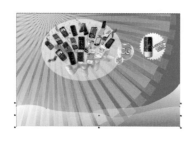

图 12-75　绘制图形

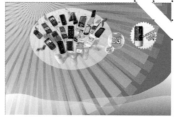

图 12-76　绘制图形

图 12-77　导入素材

3. 添加文字效果

01 选择工具箱中的"文本工具" 字，在属性栏中设置字体为"方正大黑简体"，字体大小为 36。在绘图页面单击鼠标，输入文字。单击调色板上的白色色块，为图形填充该颜色，如图 12-78 所示。

02 选择工具箱中的"轮廓笔工具" 🖊，在隐藏的工具组中选择"轮廓笔"选项，在弹出的"轮廓笔"对话框中设置"宽度"为 1.2mm，"颜色"为红色（C0、M100、Y100、K41），如图 12-79 所示。单击"确定"按钮，为文字添加轮廓效果，如图 12-80 所示。

图 12-78　输入文字

图 12-79　"轮廓笔"对话框

图 12-80　输入文字

03 选择工具箱中的"封套工具" 📐，此时，在文字的周围出现虚线框，拖动鼠标改变文字形状，效果如图 12-81 所示。

04 运用同样的操作方法，输入其他文字，效果如图 12-82 所示。

图 12-81　调整文字形状

图 12-82　输入文字

12.4 科技类——联想电脑报纸宣传广告

本实例绘制的是一款联想电脑的报纸宣传广告，创意新颖，构图巧妙；电影胶片式的图片排列，使整个广告充满动感，视觉冲击力强。

主要工具：折线工具、3 点曲线工具、填充工具、轮廓笔工具、位图转换命令和模糊命令

视频文件：mp4\第 12 章\12.4.mp4

难易程度：★★★☆☆

➡ **操作步骤：**

① 绘制广告背景

01 启动 CorelDRAW X6，执行"文件"|"新建"命令，新建一个默认为 A4 大小的空白文档。

02 双击工具箱中的"矩形工具" 🔲，绘制一个与页面大小相等的矩形，如图 12-83 所示。

03 再选择工具箱中的"矩形工具" 🔲，拖动鼠标绘制矩形，如图 12-84 所示。

04 选择工具箱中的"填充工具" 🖌，在隐藏的工具中选择"渐变填充"选项，在弹出的"渐变填充"对话框中设置颜色为从绿色（C100、M40、Y62、K0）到蓝色（C75、M18、Y35、K2）的线性渐变，角度为 15，如图 12-85 所示。

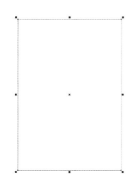

图 12-83　绘制矩形

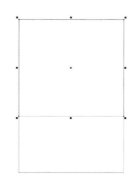

图 12-84　绘制矩形

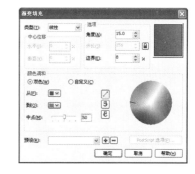

图 12-85　"渐变填充"对话框

05 单击"确定"按钮，为图形填充渐变色，去掉轮廓线，效果如图 12-86 所示。

06 执行"文件"|"导入"命令，导入本书配套光盘中"第 12 章\12.4\绿地.jpg"文件，调整好大小放置到合适的位置，如图 12-87 所示。

07 选择工具箱中的"透明度工具" 🔲，在绘图页面拖动鼠标为素材添加透明效果，如图 12-88 所示。

<table>
<tr><td>图 12-86　填充渐变色</td><td>图 12-87　导入素材</td><td>图 12-88　添加透明效果</td></tr>
</table>

2. 绘制广告主体

01 运用同样的操作方法，导入本书配套光盘中 "第 12 章\12.4\电视.cdr" 文件素材，放置到合适的位置，如图 12-89 所示。

02 选择工具箱中的 "折线工具" ![图标]，在页面绘制图形，为其填充黑色，如图 12-90 所示。

03 执行 "文件" ｜ "导入" 命令，导入本书配套光盘中 "第 12 章\12.4\女孩.jpg" 文件素材。执行 "效果" ｜ "图框精确剪裁" ｜ "置于图文框内部" 命令，将素材放置到绘制的图形中，调整好位置，效果如图 12-91 所示。

<table>
<tr><td>图 12-89　导入电视素材</td><td>图 12-90　绘制图形</td><td>图 12-91　置于图文框内部</td></tr>
</table>

04 选择工具箱中的 "3 点曲线工具" ![图标]，绘制曲线，如图 12-92 所示。

05 选中绘制的曲线，选择状态栏中的 "轮廓笔工具" ![图标]，在弹出的 "轮廓笔" 对话框中设置 "宽度" 为 3.0mm，"颜色" 为白色，如图 12-93 所示。

06 单击 "确定" 按钮，为绘制的曲线添加轮廓效果，如图 12-94 所示。

<table>
<tr><td>图 12-92　导入素材</td><td>图 12-93　设置轮廓线</td><td>图 12-94　添加轮廓效果</td></tr>
</table>

07 按下 Ctrl+G 快捷键，群组曲线图形。执行"位图"|"转换为位图"命令，弹出"转换为位图"对话框，如图 12-95 所示。单击"确定"按钮，如图 12-96 所示。

08 执行"位图"|"模糊"|"放射式模糊"命令，在弹出的"放射式模糊"对话框中设置"数量"为6，如图 12-97 所示。

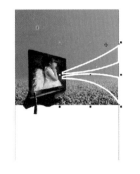

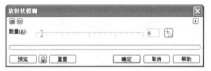

图 12-95　转换为位图　　　　　图 12-96　转换为位图　　　　　图 12-97　设置模糊参数

09 单击"确定"按钮，效果如图 12-98 所示。

10 选择工具箱中"3 点曲线工具"，绘制图形，并为其填充白色，去掉轮廓线，效果如图 12-99 所示。

11 执行"文件"|"导入"命令，导入本书配套光盘中"第 12 章\12.4\照片.cdr"文件素材。执行"效果"|"图框精确剪裁"|"置于图文框内部"命令，调整好素材的大小，放置到合适的位置，效果如图 12-100 所示。

12 运用同样的操作方法，绘制其他图形，如图 12-101 所示。

图 12-98　模糊效果　　　　　图 12-99　绘制图形　　　　　图 12-100　导入素材

13 选择工具箱中的"椭圆形工具"，按住 Ctrl 键，拖动鼠标绘制正圆，如图 12-102 所示。

14 选择工具箱中的"填充工具"，在隐藏的工具组中选择"渐变填充"选项，在弹出的"渐变填充"对话框中设置颜色为从绿色（C63、M0、Y100、K0）到白色，在"类型"下拉列表中选择"辐射"选项，如图 12-103 所示。

图 12-101　绘制图形

图 12-102　绘制正圆

图 12-103　"渐变填充"对话框

15 单击"确定"按钮，为绘制的正圆填充渐变色，去掉轮廓线，效果如图 12-104 所示。

16 选择工具箱中的"透明度工具" ，在属性栏中设置透明度类型为"辐射"，效果如图 12-105 所示。

17 选中图形，拖动图形到合适的位置。单击鼠标右键，复制图形，并调整好大小，如图 12-106 所示。

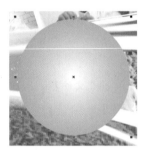

图 12-104　填充渐变色

图 12-105　添加透明效果

图 12-106　复制图形

3. 添加文字效果

01 选择工具箱中的"文本工具" ，在属性栏中设置字体为"方正水黑简体"，字体大小为 65，在绘图页面单击鼠标，输入文字，如图 12-107 所示。

02 单击调色板上的白色色块，为图形填充该颜色，如图 12-108 所示。

03 运用同样的操作方法，输入文字，如图 12-109 所示。

图 12-107　输入文字

图 12-108　填充颜色

图 12-109　输入文字

04 按下 Ctrl+K 快捷键，打撒文字，如图 12-110 所示。选中"享"字，单击调色板上的橘黄色色块，为其填充该颜色。在属性栏中设置字体为"方正行楷简体"，字体大小为 161，效果如图 12-111 所示。

05 运用同样的操作方法，输入其他文字效果，如图 12-112 所示。

图 12-110 拆分文字

图 12-111 设置文字

图 12-112 输入文字

06 执行"文件"|"导入"命令，导入本书配套光盘中"第 12 章\12.4\电脑.cdr"文件，放置到合适的位置，如图 12-113 所示。

07 选择工具箱中的"2 点直线工具" ，绘制直线，如图 12-114 所示。

图 12-113 导入素材

图 12-114 绘制直线

12.5 美容类——完美晶装护肤品广告

本实例设计的是完美晶装的护肤品杂志广告，运用绿色为主色调，突出了产品的特性：自然、清新和环保健康。

主要工具：矩形工具、导入命令、2 点线工具

视频文件：mp4\第 12 章\12.5.mp4

难易程度：★★★★★

⮕ **制作提示：**

01 构思杂志广告的操作流程；

02 新建大小为 A4 的空白文档；

03 选择"矩形工具"绘制背景；

04 选择"两点直线工具"绘制广告主体的背景图；

05 导入素材，放置在合适的位置；

06 选择"文本工具"输入文字，完成杂志广告的绘制；

07 保存文件。

12.6 服装类——中都百货报纸宣传广告

本实例设计的是一款中都百货报纸宣传广告报纸广告，以女性钟爱的粉红色调为主，迎合了消费群体的喜好。

主要工具： 矩形工具、折线工具、导入命令、文本工具

视频文件： mp4\第 12 章\12.6.mp4

难易程度： ★★★★★

⮕ **制作提示：**

01 构思报纸广告的操作流程；

02 新建大小为 A4 的空白文档；

03 选择"矩形工具"绘制背景；

04 选择"折线工具"绘制发散状图形，再将其放置到矩形中；

05 导入素材，放置在合适的位置；

06 选择"文本工具"输入文字，完成报纸广告的绘制；

07 保存文件。

12.7 健康类——杂志广告设计

本实例是一款杂志广告的设计，生动活泼的文字和图片版式，直接表达了广告主题，令人印象深刻。

主要工具：矩形工具、图纸工具、置于图文框内部命令

视频文件：mp4\第 12 章\12.7.mp4

难易程度：★★★★★

制作提示：

01 构思杂志广告的操作流程；

02 新建大小为 A4 的空白文档；

03 选择"矩形工具"绘制广告背景；

04 选择"图纸工具"绘制广告中的网格；

05 选择"文本工具"输入文字；

06 导入素材，放置在合适的位置；

07 绘制圆形，将素材放置在绘制的圆形中，完成杂志广告的制作；

08 保存文件。

01
02
03
04
05
06
07
08
09
10
11
12
13
14

第 章

折页设计

本章导读：

宣传折页是一种常见的信息传播工具，与我们现在的生活有着密切的联系。它可以实现其他媒体达不到的效果，可以通过具体的、生动的形式来向对方传递信息。在设计制作过程中，设计师的思路必须清晰，创意和理念要丰富。本章以 DM 单和画册为例，详细介绍其制作方法和技巧。

本章重点：

- ◆ 生活类——新世界百货时尚广场 DM 单
- ◆ 生活类——超市购物 DM 单设计
- ◆ 美容类——美容院宣传画册内页
- ◆ 房产类——天泽·一方街宣传画册
- ◆ 生活类——鲜花礼仪模特公司折页
- ◆ 商业类——桔子商业街招商折页
- ◆ 企业类—大众全媒传播机构画册内页

13.1 生活类——新世界百货时尚广场 DM 单

本实例绘制的是一款新世界百货时尚广场的 DM 单，运用了对比鲜明的颜色，醒目的图形与文字，很好地传达了主题信息。

🛠 **主要工具**：矩形工具、形状工具、填充工具、轮廓笔工具、文本工具

🎬 **视频文件**：mp4\第 13 章\13.1.mp4

⏰ **难易程度**：★★★★

➡ **操作步骤**：

1. 绘制 DM 单背景

01 启动 CorelDRAW X6，执行"文件"|"新建"命令，新建一个默认为 A4 大小的空白文档。

02 选择工具箱中的"矩形工具"□，在绘图页面拖动鼠标绘制矩形，如图 13-1 所示。

03 选择工具箱中的"填充工具"◇，在隐藏的工具组中选择"均匀填充"选项，在弹出的"均匀填充"对话框中设置颜色为橘黄色（C0、M60、Y80、K0），如图 13-2 所示。

04 单击"确定"按钮，为矩形橘黄色。鼠标右键单击调色板上的☒按钮，去掉轮廓线，效果如图 13-3 所示。

图 13-1 绘制矩形　　　　图 13-2 "均匀填充"对话框　　　　图 13-3 填充颜色

05 选择工具箱中的"矩形工具"□，绘制矩形。单击调色板上的白色色块，为矩形填充该颜色，去掉轮廓线，如图 13-4 所示。

06 选择工具箱中的"形状工具"⬦，单击白色矩形的一个顶点，再拖动鼠标绘制圆角效果，如图 13-5 所示。

07 运用同样的操作方法，绘制其他矩形，效果如图 13-6 所示。

08 选择工具箱中的"填充工具"◇，在隐藏的工具组中选择"渐变填充"选项，弹出的"渐变填充"对话框中，在自定义颜色中设置起点颜色为浅绿色（C40、M0、Y100、K0），54%位置颜色为白色，终点位置设置颜色为浅蓝色（C40、M0、Y0、K0），如图 13-7 所示。

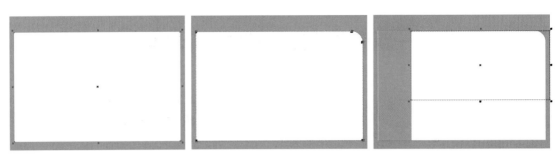

图 13-4　绘制矩形　　　　　　　　图 13-5　绘制圆角矩形　　　　　　　图 13-6　绘制矩形

09 单击"确定"按钮，为矩形填充渐变色，去掉轮廓线，效果如图 13-8 所示。

10 执行"效果"|"图框精确剪裁"|"置于图文框内部"命令，单击白色矩形，将渐变矩形放置到白色矩形中，效果如图 13-9 所示。

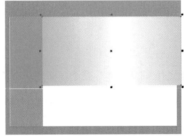

图 13-7　"渐变填充"对话框　　　　图 13-8　填充渐变色　　　　　　　图 13-9　置于图文框内部

11 执行"文件"|"导入"命令，导入本书配套光盘中"第 13 章\13.1\水果.cdr"文件，放置到合适的位置，效果如图 13-10 所示。

2. 绘制 DM 单主体

01 选择工具箱中的"3 点曲线工具" ，在绘图页面拖动鼠标绘制图形，填充颜色为深蓝色（C100、M100、Y0、K0），去掉轮廓线，效果如图 13-11 所示。

02 运用同样的操作方法绘制图形。按下 F11 键，在弹出的"渐变填充"对话框中设置颜色为从深黄色（C0、M40、Y100、K0）到黄色（C0、M0、Y100、K0），在"类型"下拉列表中选择"正方形"，如图 13-12 所示。

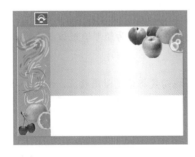
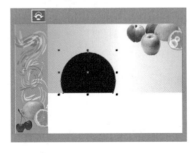

图 13-10　导入素材　　　　　　　图 13-11　绘制图形　　　　　　　图 13-12　"渐变填充"对话框

03 单击"确定"按钮,为绘制的图形填充渐变色,去掉轮廓线,效果如图 13-13 所示。

04 选择工具箱中的"3 点曲线工具" 🔩,绘制图形,为其填充白色。选中图形,按下 Ctrl+G 快捷键,将其群组,如图 13-14 所示。

05 选择工具箱中的"透明度工具" 🔄,在属性栏中设置透明度类型为"标准",去掉轮廓线,效果如图 13-15 所示。

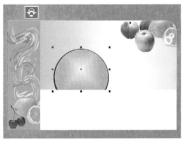
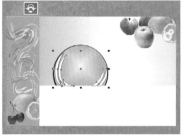
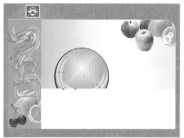

图 13-13 填充渐变色   图 13-14 绘制图形   图 13-15 添加透明效果

06 复制图形,将图形放置到合适的位置,效果如图 13-16 所示。

07 选择工具箱中的"矩形工具" ▢,在绘图页面绘制圆角矩形,为其填充白色,并运用上述方法添加透明效果,如图 13-17 所示。

08 选择工具箱中的"轮廓笔工具" 🖊,在隐藏的工具组中选择"轮廓笔"选项,在弹出的"轮廓笔"对话框中设置"颜色"为白色,"宽度"为 0.4mm,并在"样式"下拉列表中选择虚线样式,如图 13-18 所示。

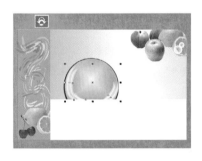
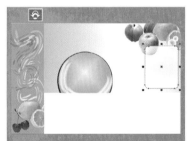
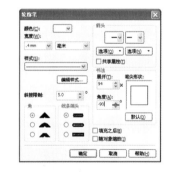

图 13-16 复制图形   图 13-17 绘制圆角矩形   图 13-18 "轮廓笔"对话框

09 单击"确定"按钮,为圆角矩形填充轮廓效果,如图 13-19 所示。

3. 添加文字效果

01 选择工具箱中的"文本工具" 字,在绘图页面单击鼠标输入文字,设置文字字体为"方正康体简体",字体大小为 200,效果如图 13-20 所示。

02 按下 Shift+F11 快捷键,在弹出的"均匀填充"对话框中设置颜色设置为粉色(C0、M100、Y0、K0)。单击"确定"按钮,为文字填充颜色,效果如图 13-21 所示

图 13-19　绘制圆角矩形　　　　图 13-20　输入文字　　　　图 13-21　填充颜色

03 选择状态栏中的"轮廓笔工具" ，在弹出的"轮廓笔"对话框中设置"宽度"为 5.0mm，"颜色"为白色，并勾选"后台填充"选项，单击"确定"按钮，效果如图 13-22 所示。

04 选择工具箱中的"阴影工具" ，在文字上拖动鼠标绘制阴影效果，在属性栏中设置透明度为 85，羽化值为 3，按下 Enter 键，效果如图 13-23 所示。

05 运用同样的操作方法绘制其他文字效果，如图 13-24 所示。

图 13-22　输入文字　　　　图 13-23　添加阴影效果　　　　图 13-24　输入文字

06 选择工具箱中的"折线工具" ，在绘图页面拖动鼠标绘制三角形。单击调色板上的深蓝色色块，为图形填充该颜色，去掉轮廓线，效果如图 13-25 所示。

07 选中三角形，拖动鼠标到合适的位置。单击鼠标右键，复制三角形，并重复该步骤，再次复制三角形，并为其填充白色，效果如图 13-26 所示。

图 13-25　绘制三角形　　　　　　　　　图 13-26　复制图形

08 选择工具箱中的"椭圆形工具" ，按住 Ctrl 键，拖动鼠标，绘制正圆，填充轮廓线颜色为橘黄色（C0、M60、Y100、K0），设置宽度为 1.0mm，效果如图 13-27 所示。

09 选择工具箱中的"选择工具" ，按住 Shift 键，拖动鼠标复制正圆，填充轮廓线为橘黄色（C0、M30、Y100、K0），如图 13-28 所示。

10 运用同样的操作方法，复制图形，填充颜色为橘黄色（C0、M30、Y100、K0），如图 13-29 所示。

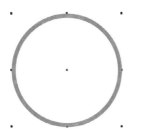

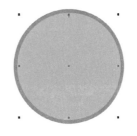

图 13-27　绘制正圆　　　　　　　　图 13-28　复制图形　　　　　　　　图 13-29　填充颜色

11 运用上述同样的操作方法为图形填充透明效果，并绘制高光，如图 13-30 所示。

12 群组图形，并放置到合适的位置，调整好图层顺序，效果如图 13-31 所示。

图 13-30　绘制图形　　　　　　　　　　　　　　　　图 13-31　最终效果

13.2　生活类——超市购物 DM 单设计

本实例绘制的是一款超市购物的 DM 单设计，以别具一格的风格设计诠释了现代社会生活的潮流时尚。

主要工具：矩形工具、填充工具、折线工具、文本工具、导入命令和调整图层顺序命令

视频文件：mp4\第 13 章\13.2.mp4

难易程度：★★★★☆

➡ 操作步骤：

1. 绘制 DM 单背景

01 启动 CorelDRAW X6，执行"文件"|"新建"命令，新建一个默认为 A4 大小的空白文档。

02 选择工具箱中的"矩形工具" □，在绘图页面拖动鼠标绘制矩形。选择工具箱中的"填充工具" ◈，在隐藏的工具组中选择"均匀填充"选项，在弹出的"均匀填充"对话框中设置颜色为黄色（C0、M41、Y85、K0），如图 13-32 所示。

03 单击"确定"按钮，为矩形填充颜色。鼠标右键单击调色板上的⊠按钮，去掉轮廓线，如图 13-33 所示。

04 选择工具箱中的"透明度工具" ，在矩形上拖动鼠标绘制透明效果，如图 13-34 所示。

图 13-32　"均匀填充"对话框　　　　图 13-33　填充颜色　　　　图 13-34　添加透明效果

05 按+键原位复制一个，如图 13-35 所示。

06 选择工具箱中的"矩形工具" ，在绘图页面拖动鼠标绘制矩形。选择工具箱中的"填充工具" ，在隐藏的工具组中选择"均匀填充"选项，在弹出的"均匀填充"对话框中设置颜色为蓝色（C100、M0、Y0、K0）。设置好之后，单击"确定"按钮，去掉轮廓线，效果如图 13-36 所示。

07 选择工具箱中的"透明度工具" ，在蓝色矩形上拖动鼠标绘制透明效果，如图 13-37 所示。

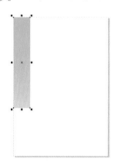

图 13-35　复制图形　　　　　图 13-36　绘制矩形　　　　　图 13-37　添加透明效果

08 同样复制矩形并重合复制的图形与原图形，效果如图 13-38 所示。

09 运用同样的操作方法，绘制其他矩形，效果如图 13-39 所示。

10 选择工具箱中的"折线工具" ，在绘图页面单击鼠标绘制三角图形，如图 13-40 所示。

图 13-38　复制图形　　　　　图 13-39　绘制图形　　　　　图 13-40　绘制图形

11 选择工具箱中的"填充工具"，在隐藏的工具组中选择"均匀填充"选项，在弹出的"均匀填充"对话框中设置颜色为黄色（C5、M50、Y92、K0），如图13-41所示。

12 单击"确定"按钮，去掉轮廓线，如图13-42所示。

13 选择工具箱中的"透明度工具"，在蓝色矩形上拖动鼠标绘制透明效果，如图13-43所示。

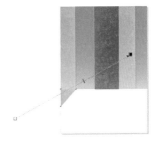

图13-41 "均匀填充"对话框　　　图13-42 去除轮廓线　　　图13-43 添加透明效果

14 复制图形并使复制的图形与原三角形重合，效果如图13-44所示。

15 再选择工具箱中的"折线工具"，运用同样的操作方法，绘制其他图形，效果如图13-45所示。

16 选择工具箱中的"矩形工具"，在绘图页面拖动鼠标绘制矩形，如图13-46所示。

图13-44 复制图形　　　图13-45 绘制图形　　　图13-46 绘制矩形

17 选择工具箱中的"填充工具"，在隐藏的工具组中选择"渐变填充"选项，弹出"渐变填充"对话框，在自定义颜色中设置起点颜色为橘黄色（C0、M30、Y100、K0），35%位置设置颜色为橘红色（C0、M70、Y100、K0），终点设置颜色为橘黄色，角度中设置数值为-90，如图13-47所示。

18 单击"确定"按钮，为矩形填充渐变色，无掉轮廓线，如图13-48所示。

19 选择工具箱中的"2点线工具"，在矩形中拖动鼠标绘制直线，如图13-49所示。

图13-47 "渐变填充"对话框　　　图13-48 填充渐变色　　　图13-49 绘制直线

20 选择工具箱中的"轮廓笔工具" ，在隐藏的工具组中选择"轮廓笔"选项，在弹出的"轮廓笔"对话框中设置"颜色"为黄色，"宽度"为细线，如图 13-50 所示。

21 单击"确定"按钮，为直线填充轮廓色，如图 13-51 所示。

22 选择工具箱中的"2.点线工具" ，运用同样的操作方法绘制其他直线效果，如图 13-52 所示。

图 13-50　"轮廓笔"对话框

图 13-51　填充轮廓线颜色

图 13-52　绘制直线

23 同样的操作方法，绘制矩形，并添加直线效果，如图 13-53 所示。

2. 绘制 DM 单主体

01 执行"文件"|"导入"命令，导入本书配套光盘中"第 13 章\13.2\抽象人物.cdr"文件，调整好大小放置到合适的位置，如图 13-54 所示。

02 选择工具箱中的"选择工具" ，选中绘图页面中的所有图形。按下 Ctrl+G 快捷键，群组图形。运用同样的操作方法，导入本书配套光盘中"第 13 章\13.2\人物.cdr"文件，并调整好大小和位置，效果如图 13-55 所示。

图 13-53　绘制图形

图 13-54　导入素材

图 13-55　导入素材

3. 添加文字效果

01 选择工具箱中的"文本工具" ，在属性栏中设置字体为"方正胖头鱼简体"，字体大小为 36，单击鼠标左键输入文字，如图 13-56 所示。

02 单击调色板上的白色块，为文字填充该颜色。选择工具箱中的"选择工具" ，单击文字，使文字处于旋转状态，调整文字的角度，如图 13-57 所示。

03 运用同样的操作方法输入其他文字，效果如图 13-58 所示。

图 13-56　输入文字　　　　　　图 13-57　调整文字　　　　　　图 13-58　输入文字

04 选择工具箱中的"文本工具" 字，输入文字，设置字体为"方正粗宋简体"，字体大小为 24，调整文字的角度，并复制文字到合适的位置，如图 13-59 所示。

05 选择工具箱中的"轮廓笔工具" ，在隐藏的工具组中选择"轮廓笔"选项，在弹出的"轮廓笔"对话框中设置"颜色"为白色，"宽度"为 4.0mm，如图 13-60 所示。

06 单击"确定"按钮，为文字添加轮廓效果，如图 13-61 所示。

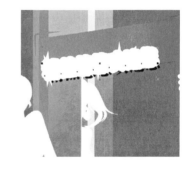

图 13-59　复制文字　　　　　图 13-60　"轮廓笔"对话框　　　　图 13-61　添加轮廓线效果

07 按下 Ctrl+PageDown 快捷键，调整好图层顺序，调整文字到合适的位置和大小，如图 13-62 所示。

08 选中文字，单击调色板上的红色色块，并为文字填充该颜色，效果如图 13-63 所示。

09 单击工具箱中的"矩形工具" ，绘制一个矩形，单击工具箱中的"转动工具" ，在属性栏中设置的笔尖半径大于矩形的长，设置"速度"为 10，将鼠标放置到矩形上，按住左键不放，改变矩形形状，并填充绿色（C34、M0、Y100、K0），去掉轮廓线，效果如图 13-64 所示。

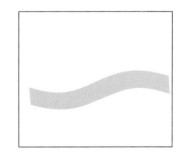

图 13-62　调整图层顺序　　　　图 13-63　填充颜色　　　　　图 13-64　绘制图形

10 单击工具箱中的"形状工具" ，调整图形中间的节点，效果如图 13-65 所示。

11 选中绿色图形，按 Ctrl+PageDown 快捷键，调整到人物图层下面，效果如图 13-66 所示。

12 运用同样的操作方法，调整图层位置，效果如图 13-67 所示。

图 13-65　调整图形　　　　　　　　图 13-66　调整顺序　　　　　　　　图 13-67　最终效果

13.3　美容类——美容院宣传画册内页

　　本实例绘制的是一款美容院的宣传画册的内页，其中图片占了大部分，采用了以图和文的方式来介绍该机构。

主要工具： 矩形工具、贝赛尔工具、透明度工具

视频文件： mp4\第 13 章\13.3.mp4

难易程度： ★★★★★

➡ **操作步骤：**

1. 绘制画册背景

01 启动 CorelDRAW X6，执行"文件"|"新建"命令，新建一个默认为 A4 大小的空白文档。

02 选择工具箱中的"矩形工具" ▢，在绘图页面拖动鼠标绘制矩形，如图 13-68 所示。

03 运用同样的操作方法，绘制矩形，效果如图 13-69 所示。

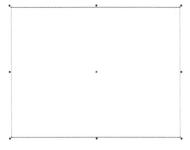 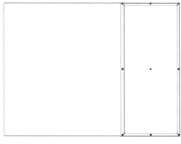 

图 13-68　绘制矩形　　　　　　　　图 13-69　绘制矩形　　　　　　　　图 13-70　"均匀填充"对话框

04 选择工具箱中的"填充工具" ，在隐藏的工具组中选择"均匀填充"选项，在弹出的"均匀填充"对话框中设置颜色为浅粉色（C0、M7、Y0、K0），如图 13-70 所示。单击"确定"按钮，为矩形填充颜色，如图 13-71 所示。

05 选择工具箱中的"贝赛尔工具" ，在绘图页面拖动鼠标绘制图形，如图 13-72 所示。

06 为绘制的图形填充紫红色（C51、M100、Y58、K10）。鼠标右键单击调色板上的 ⊠ 按钮，去掉轮廓线，效果如图 13-73 所示。

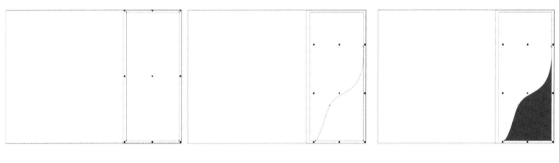

| 图 13-71 填充颜色 | 图 13-72 绘制图形 | 图 13-73 填充颜色 |

07 选中绘制的图形，拖动鼠标到合适的位置。单击鼠标右键，复制图形，调整好大小并放置到合适的位置，填充粉色（C17、M40、Y12、K0），效果如图 13-74 所示。

08 运用同样的操作方法复制图形，效果如图 13-75 所示。

09 运用同样的操作方法复制矩形，效果如图 13-76 所示。

2. 绘制画册主体

01 执行"文件"|"导入"命令，导入本书配套光盘中"第 13 章\13.3\人物.cdr"文件，如图 13-77 所示。

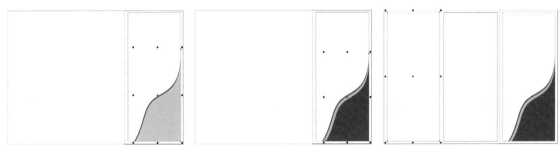

| 图 13-74 复制图形 | 图 13-75 复制图形 | 图 13-76 复制图形 |

02 执行"效果"|"图框精确剪裁"|"置于图文框内部"命令，单击绘制的矩形，将人物素材放置到矩形中，效果如图 13-78 所示。

03 单击鼠标右键，在弹出的快捷菜单栏中选择"编辑 PowerClip"选项。选中素材，调整好位置。单击鼠标右键，在弹出的快捷菜单栏中选择"结束编辑"选项，效果如图 13-79 所示。

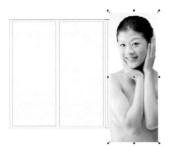

图 13-77　导入素材　　　　　图 13-78　置于图文框内部　　　　　图 13-79　编辑内容

04 运用同样的操作方法，导入本书配套光盘中 "第 13 章\13.3\素材.cdr" 文件，如图 13-80 所示。

05 选择工具箱中的 "矩形工具" ⬜，拖动鼠标绘制矩形，填充颜色为 50%灰色，去掉轮廓线，效果如图 13-81 所示。

06 选择工具箱中的 "透明度工具" ⬛，拖动鼠标绘制透明效果，如图 13-82 所示。

图 13-80　导入素材　　　　　图 13-81　绘制矩形　　　　　图 13-82　添加透明效果

07 运用同样的操作方法，绘制其他矩形效果，如图 13-83 所示。

08 选择工具箱中的 "矩形工具" ⬜，在绘图页面拖动鼠标绘制矩形。选择工具箱中的 "形状工具" ⬛，拖动矩形四角的控制点，对矩形进行圆角，如图 13-84 所示。

09 选择工具箱中的 "轮廓笔工具" ⬛，在隐藏的工具组中选择 "轮廓笔" 选项，在弹出的 "轮廓笔" 对话框中设置 "颜色" 为白色，"宽度" 为 0.3mm。单击 "确定" 按钮，为矩形填充轮廓效果，如图 13-85 所示。

图 13-83　绘制矩形　　　　　图 13-84　绘制图形　　　　　图 13-85　设置轮廓线

10 执行 "文件" | "导入" 命令，导入本书配套光盘中 "第 13 章\13.3\机器.cdr" 文件。执行 "效果" | "图框精确剪裁" | "置于图文框内部" 命令，将素材放置到绘制的圆角矩形中，效果如图 13-86 所示。

11 运用同样的操作方法，绘制其他效果，如图 13-87 所示。

12 选择工具箱中的"矩形工具" ▢，绘制矩形。单击调色板上的玫红色，为图形填充该颜色，去掉轮廓线。运用上述方法为矩形添加透明效果，如图 13-88 所示。

图 13-86　导入素材

图 13-87　绘制图形

图 13-88　绘制矩形

3. 添加文字效果

01 选择工具箱中的"文本工具" 字，在属性栏中单击"将文本更改为垂直方向"按钮 ⫿⫿，并设置字体为"方正粗圆简体"，字体大小为 15，在绘图页面单击鼠标输入文字，如图 13-89 所示。

02 单击调色板上的橘黄色色块，为文字填充该颜色，效果如图 13-90 所示。

03 运用同样的操作方法，输入其他文字，效果如图 13-91 所示。

图 13-89　输入文字

图 13-90　填充颜色

图 13-91　输入文字

04 选择工具箱中的"文本工具" 字，在绘图页面拖动鼠标绘制文本框，在属性栏中设置字体为"方正细圆简体"，字体大小为 7.5，并在文本框中输入文字，如图 13-92 所示。

05 运用同样的操作方法，输入其他文字，效果如图 13-93 所示。

06 执行"文件"|"导入"命令，导入本书配套光盘中"第 13 章\13.3\标志.cdr"文件，效果如图 13-94 所示。

图 13-92　添加段落文本

图 13-93　输入文字

图 13-94　导入标志素材

07 选择工具箱中的"折线工具" ，在绘图页面绘制箭头形状，如图 13-95 所示。

08 单击调色板上的橘黄色色块，为箭形填充该颜色，去掉轮廓线，最终效果，如图 13-96 所示。

图 13-95　绘制图形

图 13-96　最终效果

13.4 房产类——天泽·一方街宣传画册

本实例绘制的是一款天泽·一方街的宣传画册，设计风格独特，色彩充满活力，使人过目不忘。

主要工具：矩形工具、钢笔工具、填充工具、3 点曲线工具和文本工具

视频文件：mp4\第 13 章\13.4.mp4

难易程度：★★★★★

➡️ **操作步骤：**

1. 绘制画册背景

01 启动 CorelDRAW X6，执行"文件"|"新建"命令，新建一个默认为 A4 大小的空白文档。

02 选择工具箱中的"矩形工具" ，在绘图页面拖动鼠标绘制矩形，如图 13-97 所示。

03 选择工具箱中的"填充工具" ，在隐藏的工具组中选择"均匀填充"选项，在弹出的"渐变填充"对话框中设置颜色为（C7、M5、Y5、K0），如图 13-98 所示。

04 单击"确定"按钮，为矩形填充颜色。鼠标右键单击调色板上的 按钮，去掉轮廓线，效果如图 13-99 所示。

05 选择工具箱中的"钢笔工具" ，在矩形中绘制图形，如图 13-100 所示。

06 按下 Shift+F11 快捷键，在弹出的"均匀填充"对话框中设置颜色为灰色（C20、M15、Y15、K0）。单击"确定"按钮，为图形填充灰色，并去掉轮廓线，效果如图 13-101 所示。

图 13-97　绘制矩形　　　　　　　图 13-98　"均匀填充"对话框　　　　　图 13-99　填充颜色

07 选择工具箱中的"透明度工具" ，在属性栏中设置透明度类型"标准"，效果如图 13-102 所示。

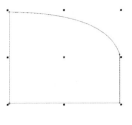

图 13-100　绘制图形　　　　　　　图 13-101　填充颜色　　　　　　图 13-102　添加透明效果

08 运用同样的操作方法，绘制其他图形，效果如图 13-103 所示。

09 选择工具箱中的"3 点曲线工具" ，绘制图形，如图 13-104 所示。

10 按下 Shift+F11 快捷键，在弹出的"均匀填充"对话框中设置颜色为玫红色（C0、M95、Y27、K0），单击"确定"按钮，为图形填充该颜色，并去掉轮廓线，效果如图 13-105 所示。

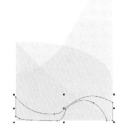

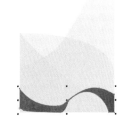

图 13-103　绘制图形　　　　　　　图 13-104　绘制图形　　　　　　图 13-105　填充颜色

11 运用同样的操作方法，绘制其他图形，效果如图 13-106 所示。

12 选择工具箱中的"椭圆形工具" ，按住 Ctrl 键，拖动鼠标绘制正圆，填充粉色（C0、M95、Y27、K0），并去掉轮廓线，效果如图 13-107 所示。

13 按住 Shift 键缩小图形，到合适的位置时单击鼠标右键，复制图形。单击调色板上的黄色色块，为图形填充该颜色，如图 13-108 所示。

图 13-106　绘制图形　　　　　图 13-107　绘制正圆　　　　　图 13-108　复制图形

14 运用同样的操作方法复制图形，如图 13-109 所示。

15 再选择工具箱中的"椭圆形工具" ⃝，按住 Ctrl 键，绘制正圆，如图 13-110 所示。

16 选择工具箱中的"轮廓笔工具" ✒，在隐藏的工具组中选择"轮廓笔"选项，在弹出的"轮廓笔"对话框中设置"颜色"为绿色（C60、M0、Y55、K0），"宽度"为 0.75mm，如图 13-111 所示。

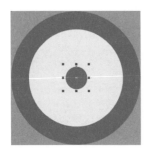

图 13-109　复制图形　　　　　图 13-110　绘制正圆　　　　　图 13-111　轮廓笔参数

17 单击"确定"按钮，为圆形填充轮廓效果，如图 13-112 所示。

18 按住 Shift 键，缩小圆形到合适的位置。单击鼠标右键，复制圆形，如图 13-113 所示。

19 运用同样的操作方法绘制其他图形，效果如图 13-114 所示。

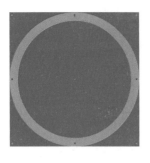

图 13-112　填充轮廓效果　　　　图 13-113　复制正圆　　　　　图 13-114　绘制图形

20 选择工具箱中的"折线工具" ⃝，在绘图页面绘制图形，为其填充粉色，并去掉轮廓线，效果如图 13-115 所示。

21 运用同样的操作方法绘制图形，如图 13-116 所示。

22 运用同样的操作方法绘制其他图形，效果如图 13-117 所示。

图 13-115　绘制图形　　　　　　　　　　图 13-116　绘制图形　　　　　　　　　图 13-117　绘制图形

23 执行"文件"|"导入"命令，导入本书配套光盘中"第 13 章\13.4\背景.cdr"文件，放置到合适的位置，效果如图 13-118 所示。

2. 绘制画册主体

执行"文件"|"导入"命令，导入本书配套光盘中"第 13 章\13.4\汽球.cdr"文件，放置到合适的位置，如图 13-119 所示。

3. 添加文字效果

01 选择工具箱中的"文本工具" 字，在绘图页面单击鼠标，输入文字，在属性栏设置字体为"方正小标宋简体"，字体大小为 100，如图 13-120 所示。

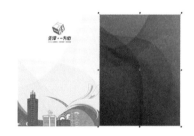

图 13-118　导入素材　　　　　　　　　图 13-119　导入素材　　　　　　　　　图 13-120　输入文字

02 选中文字，选择工具箱中的"填充工具" ，在隐藏的工具组中选择"渐变填充"选项，弹出"渐变填充"对话框，在自定义中设置起点颜色为淡黄色（C4、M11、Y30、K0），35%位置设施颜色为淡黄色（C2、M6、Y20、K0），终点位置设置颜色为白色，角度设置为 90，如图 13-121 所示。

03 单击"确定"按钮，为文字填充渐变色，效果如图 13-122 所示。

04 运用同样的操作方法，输入其他文字，效果如图 13-123 所示。

图 13-121　"渐变填充"对话框　　　　　图 13-122　填充渐变色　　　　　　　　图 13-123　输入文字

13.5 生活类——鲜花礼仪模特公司折页

本实例制作的是一款鲜花礼仪模特公司宣传单折页，色彩优雅大方，构图巧妙。

🔧 主要工具：椭圆形工具、贝塞尔工具、文本工具

🎬 视频文件：mp4\第 13 章\13.5.mp4

⏱ 难易程度：★★★★☆

➡ **制作提示：**

01 构思折页的操作流程；

02 新建大小为 A4 的空白文档，改变纸张方向；

03 选择"矩形工具"绘制折页背景；

04 选择"贝塞尔工具"和"椭圆形工具"绘制图形；

05 导入素材，将素材放置在绘制的图形中；

06 选择"文本工具"输入文字，完成折页的绘制；

07 保存文件。

13.6 商业类——桔子商业街招商折页

本实例设计的是一款商场宣传单，色彩鲜亮，版式组合新颖，矢量人物剪影营造出一种时尚氛围，令人耳目一新。

🔧 主要工具：矩形工具、填充工具、文本工具

🎬 视频文件：mp4\第 13 章\13.6.mp4

⏱ 难易程度：★★★★★

➡ **制作提示：**

01 构思折页的操作流程；

02 新建大小为 A4 的空白文档，改变纸张方向；

03 选择"矩形工具"绘制折页背景；

04 导入素材，将素材放置到合适的位置；

05 选择"文本工具"输入文字，完成折页的绘制；

06 保存文件。

13.7 企业类—大众全媒传播机构画册内页

本实例绘制的是一款大众全媒传播机构画册内页，色彩丰富，清新亮丽，图文双全地向大家介绍了此机构。

主要工具：矩形工具、椭圆形工具、文本工具

视频文件：mp4\第 13 章\13.7.mp4

难易程度：★★★

➡ **制作提示**：

01 构思画册的操作流程；

02 新建大小为 A4 的空白文档，改变纸张方向；

03 选择"矩形工具"绘制画册背景；

04 选择 "椭圆形工具"绘制图形；

05 导入素材，将素材放置在合适的位置；

06 选择"文本工具"输入文字，完成画册的绘制；之后保存文件。

14 第 章

包装设计

本章导读:

　　包装与人类社会的发展息息相关,它是产品进行市场推广的重要组成部分。包装的好坏对产品的销售起着非常重要的影响。产品的包装仅仅是外表美观是不够的,重要的是透过语言来介绍产品的特色,建立及稳定产品的市场地位,刺激消费者的购买欲望,达到提升销售量的目的。

本章重点:

◆ 食品类——华润月饼盒包装设计

◆ 熟食类——猪肉片包装设计

◆ 教材类——高考先锋封面设计

◆ 杂志类——健康知音杂志封面设计

◆ 科技类—DVD 碟影机包装设计

◆ 教材类——色彩构成封面设计

◆ 教材类——设计管理务实封面设计

14.1 食品类——华润月饼盒包装设计

本实例绘制的是一款月饼的包装盒，在设计中，放入了符合产品主题的素材图像，重点鲜明、有美感、有特色、和谐而统一。

主要工具：矩形工具、三点曲线工具、交互式透明工具、交互式阴影工具、调整图层顺序

视频文件：mp4\第 14 章\14.1.mp4

难易程度：★★★★

操作步骤：

1. 绘制包装的背景

01 启动 CorelDRAW X6，执行"文件"|"新建"命令，新建一个默认为 A4 大小的空白文档。

02 选择工具箱中的"矩形工具" ▢ ，在绘图页面拖动鼠标绘制矩形，如图 14-1 所示。

03 选择工具箱中的"填充工具" ◈ ，在隐藏的工具组中选择"均匀填充"选项，在弹出的"均匀填充"对话框中设置颜色为淡黄色（C0、M18、Y45、K0），如图 14- 2 所示。

04 单击"确定"按钮，为矩形填充淡黄色。鼠标右键单击调色板上的 ⊠ 按钮，去掉轮廓线，如图 14-3 所示。

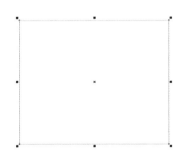

图 14-1　绘制矩形

图 14- 2　"均匀填充"对话框

图 14-3　填充颜色

05 选择工具箱中的"矩形工具" ▢ ，在绘图页面拖动鼠标绘制矩形。单击调色板上的黑色色块，为矩形填充该颜色，如图 14-4 所示。

06 选择工具箱中的"交互式透明度工具" ▧ ，在属性栏中设置透明度类型为"辐射"，透明度操作为"常规"，效果如图 14-5 所示。

07 运用同样的操作方法绘制矩形，填充白色，去掉轮廓线，并添加透明效果，如图 14-6 所示。

08 执行"文件"|"导入"命令，导入本书配套光盘中"第 14 章\14.1\底纹.cdr"文件，调整大小，放置到合适的位置，如图 14-7 所示。

09 运用同样的操作方法绘制矩形，为其填充淡黄色，去掉轮廓线，并添加透明效果，如图 14-8 所示。

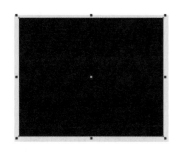

图 14-4　绘制矩形

图 14-5　添加透明效果

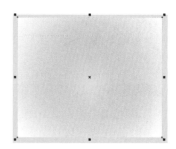

图 14-6　绘制矩形

2. 绘制包装盒的主体

01 选择工具箱中的"矩形工具" □，在绘图页面拖动鼠标绘制矩形，如图 14-9 所示。

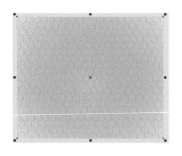

图 14-7　导入素材

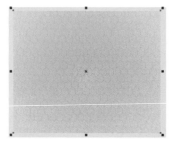

图 14-8　绘制矩形

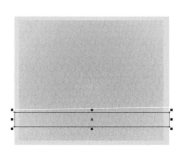

图 14-9　绘制矩形

02 选择工具箱中的"填充工具" ❖，在隐藏的工具组中选择"渐变填充"选项，在弹出的"渐变填充"对话框自定义颜色中，设置起点颜色为深红色（C0、M100、Y100、K50），47%位置设置颜色为橘红色（C0、M60、Y80、K20），终点位置设置颜色为深红色，如图 14-10 所示。

03 单击"确定"按钮，为矩形填充渐变色，去掉轮廓线，效果如图 14-11 所示。

04 选中底纹，按+键复制一层，并填充暗红色（C0，M100，Y100，K55）。执行"效果"|"图框精确剪裁"|"放置在容器中"命令，此时，光标变为 ➡，如图 14-12 所示。

图 14-10　"渐变填充"对话框

图 14-11　填充渐变色

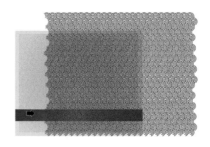

图 14-12　图框精确剪裁

05 单击绘制的矩形图形，将素材放置到矩形中，效果如图 14-13 所示。

06 单击鼠标右键，在弹出的快捷菜单栏中选择"编辑内容"选项，如图 14-14 所示。

07 调整好素材的位置，如图 14-15 所示。

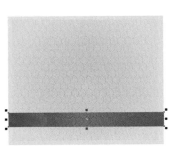
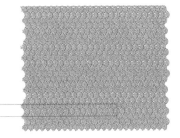
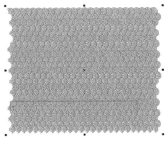

图 14-13 放置在容器中　　　图 14-14 编辑内容　　　图 14-15 调整素材位置

08 调整好之后单击鼠标右键，在弹出的快捷菜单栏中选择"结束编辑"选项，素材将放置到绘制的矩形中，效果如图 14-16 所示。

09 选择工具箱中的"矩形工具" □，在绘图页面拖动鼠标绘制矩形。单击调色板上的白色色块，为图形填充该颜色，去掉轮廓线，如图 14-17 所示。

10 按下 Ctrl+PageDown 快捷键，调整图形的顺序，效果如图 14-18 所示。

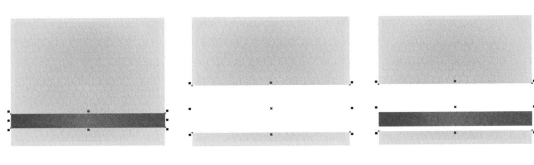

图 14-16 结束编辑　　　图 14-17 绘制矩形　　　图 14-18 调整图层顺序

11 执行"文件"|"导入"命令，导入本书配套光盘中"第 14 章\14.1\月饼.jpg 和标志.cdr"文件，调整好位置，如图 14-19 所示。

③ 添加文字效果

01 选择工具箱中的"文本工具" 字，在绘图页面单击鼠标输入文字，如图 14-20 所示。

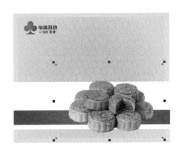

图 14-19 导入素材　　　图 14-20 输入文字　　　图 14-21 设置文字

02 选中文字，在属性栏中设置字体为"方正水柱简体"，字体大小为 36，选择工具箱中的"填充工具" ◈，在隐藏的工具组中选择"均匀填充"选项，在弹出的"均匀填充"对话框中设置颜色为深红色（C0、M100、Y100、K50），单击"确定"按钮，效果如图 14-21 所示。

03 按下 Ctrl+K 快捷键，打散文字，如图 14-22 所示。

04 选择工具箱中的"选择工具" ，按住 Shift 键，选中"月饼"两个字。在属性栏中设置字体为"方正胖娃繁体"，字体大小为 48，并分别调整好选中的文字的位置，如图 14-23 所示。

05 选择工具箱中的"文本工具" ，运用同样的操作方法输入其他文字，如图 14-24 所示。

图 14-22　打散文字　　　　　　　图 14-23　设置文字　　　　　　　图 14-24　输入文字

06 选中文字，复制一份，并调整好文字的大小和顺序，放置到合适的位置，效果如图 14-25 所示。

07 选择工具箱中的"选择工具" ，选中最后一层的矩形。选择工具箱中的"交互式立体工具" ，在矩形上拖动鼠标绘制立体效果，在立体化类型中选择需要的 类型。单击"立体化颜色"按钮 ，在其下拉列表中单击"使用纯色"按钮 ，在"颜色"下拉列表中设置颜色为深红色（C54、M100、Y100、K44），效果如图 14-26 所示。

④. 绘制手提线

01 选择工具箱中的"椭圆形工具" ，在绘图页面拖动鼠标绘制圆形，在属性栏中设置轮廓线宽度为 0.5mm，如图 14-27 所示。

图 14-25　复制文字　　　　　　　图 14-26　添加立体效果　　　　　　图 14-27　绘制圆形

02 选中圆形，按住 Ctrl 键，向右拖动圆形到合适的位置。单击鼠标右键，复制圆形，如图 14-28 所示。

03 选择工具箱中的"三点曲线工具" ，将鼠标放置到圆形上，单击并拖动鼠标，绘制曲线，如图 14-29 所示。

04 选择工具箱中的"轮廓笔工具" ，在隐藏的工具组中选择"轮廓笔"选项，在弹出的"轮廓笔"对话框中设置"颜色"为 60% 灰色，"宽度"为 2.5mm，如图 14-30 所示。

05 单击"确定"按钮，曲线效果如图 14-31 所示。

图 14-28　复制圆形　　　　　　　　图 14-29　绘制曲线　　　　　　　　图 14-30　"轮廓笔"对话框

06 选择工具箱中的"选择工具" ，复制曲线，并调整好大小，放置到合适的位置，如图 14-32 所示。

07 执行"排列"|"顺序"|"置于此对象后"命令，单击深红色的立体图形，效果如图 14-33 所示。

图 14-31　设置轮廓线　　　　　　　图 14-32　复制曲线　　　　　　　　图 14-33　调整曲线的顺序

5. 添加效果

01 选中月饼素材，调整好位置。选中所有图形，按下 Ctrl+G 快捷键，群组图形。选择工具箱中的"交互式阴影工具" ，拖动鼠标绘制阴影效果，如图 14-34 所示。

02 选择工具箱中的"矩形工具" ，拖动鼠标绘制矩形。选择工具箱中的"填充工具" ，在隐藏的工具组中选择"渐变填充"选项，在弹出的"渐变填充"对话框中设置颜色为从黑色到白色，在"类型"下拉列表中选择"辐射"选项，如图 14-35 所示。

03 单击"确定"按钮，为绘制矩形填充渐变色。按下 Shiftl+PageDown 快捷键，调整矩形的顺序，效果如图 14-36 所示。

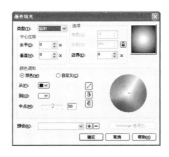

图 14-34　添加阴影效果　　　　　　图 14-35　"渐变填充"对话框　　　　图 14-36　调整矩形的顺序

14.2 熟食类——猪肉片包装设计

本实例绘制的是一款熟食类的包装设计，包装颜色亮丽，视觉冲击力强，文字的添加起到了画龙点睛的作用。

主要工具：钢笔工具、矩形工具、填充工具、轮廓笔工具、文本工具、交互式透明工具

视频文件：mp4\第 14 章\14.2.mp4

难易程度：★★★★★

操作步骤：

1. 绘制包装背景

01 启动 CorelDRAW X6，执行"文件"|"新建"命令，新建一个默认为 A4 大小的空白文档。

02 选择工具箱中的"矩形工具" ，在绘图页面拖动鼠标绘制矩形，如图 14-37 所示。

03 选择工具箱中的"填充工具" ，在隐藏的工具组中选择"渐变填充"选项，弹出"渐变填充"对话框，在自定义颜色中设置起点颜色为红色（C0、M100、Y100、K0），18%位置设置颜色为红色（C0、M100、Y100、K0），75%位置设置颜色为黄色（C0、M0、Y100、K0），终点位置设置颜色为白色，在"类型"下拉列表中选择"辐射"选项，如图 14-38 所示。

04 单击"确定"按钮，为矩形填充渐变色。鼠标右键单击调色板上的 按钮，去掉轮廓线，效果如图 14-39 所示。

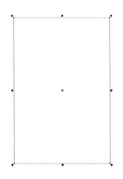

图 14-37　绘制矩形

图 14-38　"渐变填充"对话框

图 14-39　填充渐变色

05 执行"文件"|"导入"命令，导入本书配套光盘中"第 14 章\14.2\纹理.cdr"文件，如图 14-40 所示。

06 执行"效果"|"图框精确剪裁"|"放置在容器中"命令，光标变为 ，如图 14-41 所示。

07 鼠标左键单击绘制的矩形，将素材放置到矩形中，效果如图 14-42 所示。

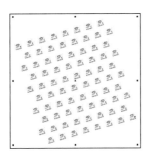

图 14-40　导入素材

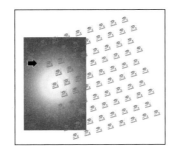

图 14-41　放置在容器中

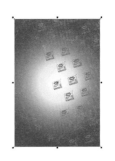

图 14-42　放置在容器中

08 单击鼠标右键，在弹出的快捷菜单中选择"编辑内容"选项，如图 14-43 所示。

09 选中素材，调整大小，放置到合适的位置。单击鼠标右键，在弹出的快捷菜单栏中选择"结束编辑"选项，效果如图 14-44 所示。

2. 绘制包装主体

01 选择工具箱中的"钢笔工具" [🖊]，在绘图页面拖动鼠标绘制图形，如图 14-45 所示。

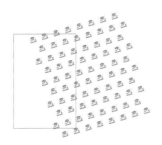

图 14-43　编辑内容

图 14-44　结束编辑

图 14-45　绘制图形

02 选择工具箱中的"填充工具" [🖌]，在隐藏的工具组中选择"渐变填充"选项，弹出"渐变填充"对话框，在自定义颜色中设置起点颜色为橘黄色（C0、M60、Y100、K0），34%位置设置颜色为黄色（C0、M0、Y100、K0），54%位置设置颜色为黄色（C0、M20、Y100、K0），68%位置设置颜色为黄色，终点位置设置颜色为橘黄色，在角度中设置为343.4，如图 14-46 所示。

03 单击"确定"按钮，为图形填充渐变色，去掉轮廓线，效果如图 14-47 所示。

04 运用同样的操作方法，绘制其他图形，并填充白色，去掉轮廓线，如图 14-48 所示。

图 14-46　"渐变填充"对话框

图 14-47　填充渐变色

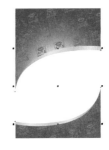

图 14-48　绘制图形

05 选中绘制的图形，按下 Ctrl+G 快捷键，群组图形。运用上述方法将图形放置到矩形中，并调整好位置，如图 14-49 所示。

06 选择工具箱中的"3 点矩形工具" ，在绘图页面拖动鼠标绘制矩形。单击调色板上的白色色块，为图形填充该颜色，如图 14-50 所示

07 选择工具箱中的"形状工具" ，拖动鼠标绘制圆角矩形，效果如图 14-51 所示。

 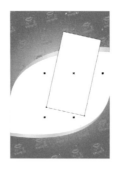 

图 14-49　放置在容器中　　　　　图 14-50　绘制矩形　　　　　图 14-51　绘制圆角矩形

08 选择工具箱中的"粗糙笔刷工具" ，在属性栏中设置笔尖大小为 5.0mm，尖突频率为 1，水分浓度设置为 40，斜移为 45，沿着圆角矩形的边缘绘制粗糙效果，如图 14-52 所示。

09 鼠标右键单击调色板上的⊠按钮，去掉轮廓线。选择工具箱中的"钢笔工具" ，绘制图形。单击调色板上的红色色块，为其填充该颜色，并去掉轮廓线，效果如图 14-53 所示。

③. 添加文字效果

01 选择工具箱中的"文本工具" ，在属性栏中单击"将文本更改为垂直方向"按钮 ，设置字体为"方正琥珀简体"，字体大小为 120，单击鼠标左键输入文字，如图 14-54 所示。

图 14-52　绘制边缘效果　　　　　图 14-53　绘制图形　　　　　图 14-54　输入文字

02 选择工具箱中的"轮廓笔工具" ，在隐藏的工具组中选择"轮廓笔"选项，在弹出的"轮廓笔"对话框中设置"宽度"为 2.5mm，"颜色"为白色，并勾选"后台填充"选项，如图 14-55 所示。

03 单击"确定"按钮，为文字添加轮廓线，效果如图 14-56 所示。

04 按下 Ctrl+K 快捷键，打散文字，如图 14-57 所示。

05 分别选中文字，调整好大小和角度，放置到合适的位置，如图 14-58 所示。

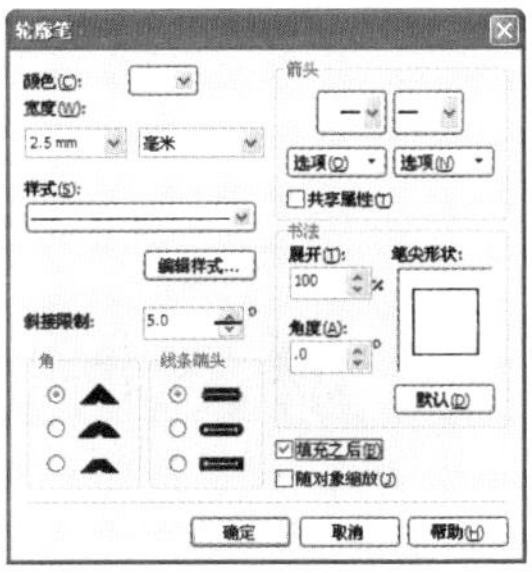

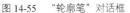

图 14-55　“轮廓笔”对话框

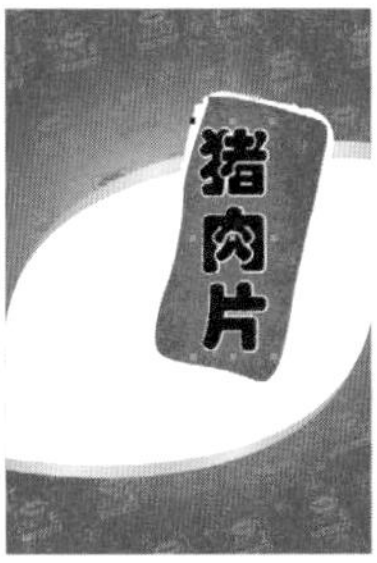

图 14-56　添加轮廓线

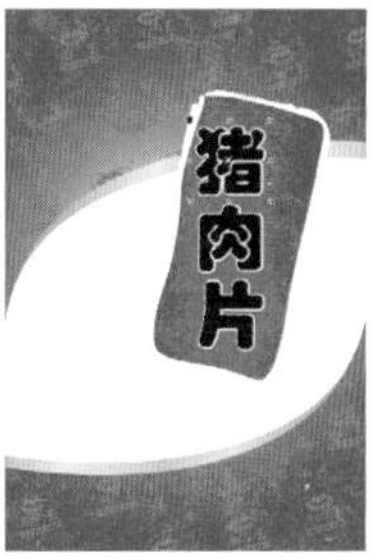

图 14-57　打散文字

06 选择工具箱中的“艺术笔工具”，单击属性栏中的“预设”按钮，设置笔触宽度为 5.0mm。选择笔触，在绘图页面拖动鼠标绘制图形，并填充颜色为白色，效果如图 14-59 所示。

07 选择工具箱中的“椭圆形工具”，按住 Ctrl 键不放，拖动鼠标绘制正圆。单击调色板上的黄色色块，为其填充该颜色，如图 14-60 所示。

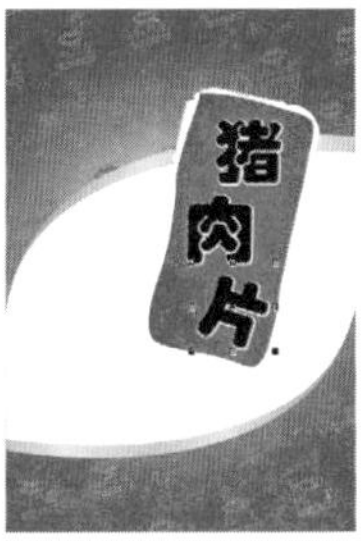

图 14-58　调整文字位置

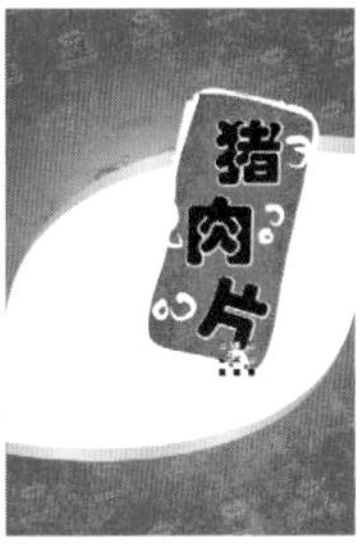

图 14-59　绘制图形

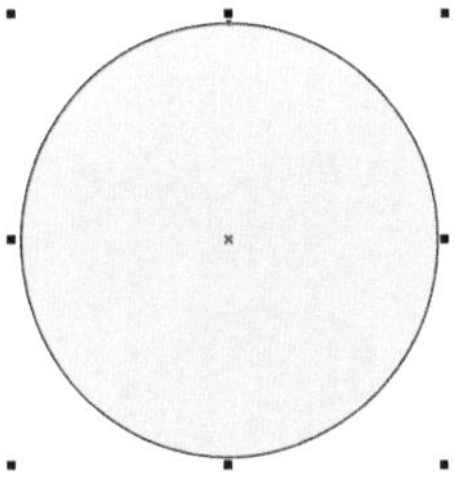

图 14-60　绘制正圆

08 按住 Shift 键不放，缩小圆形到合适的位置。单击鼠标右键，复制圆形，效果如图 14-61 所示。

09 选择工具箱中的“3 点矩形工具”，拖动鼠标绘制矩形，对齐矩形中心与圆形，如图 14-62 所示。

10 选择工具箱中的“填充工具”，在隐藏的工具组中选择“均匀填充”选项，在弹出的“均匀填充”对话框中设置颜色为黄色（C0、M24、Y82、K0），如图 14-63 所示。

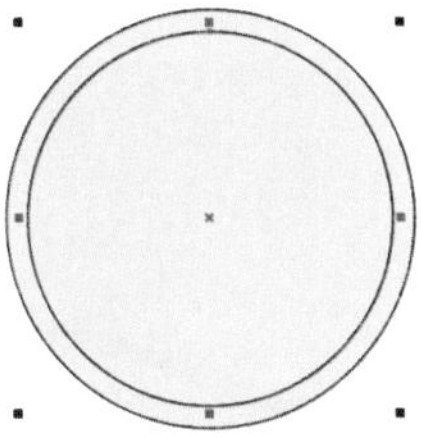

图 14-61　复制图形

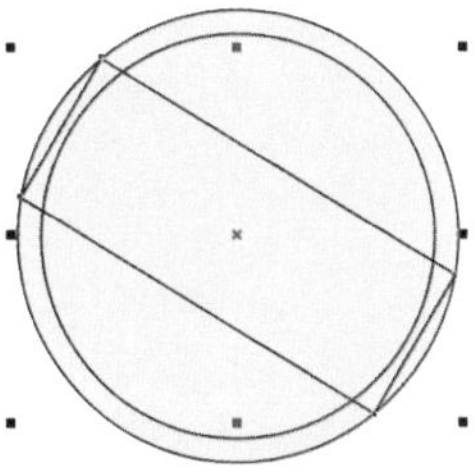

图 14-62　绘制矩形

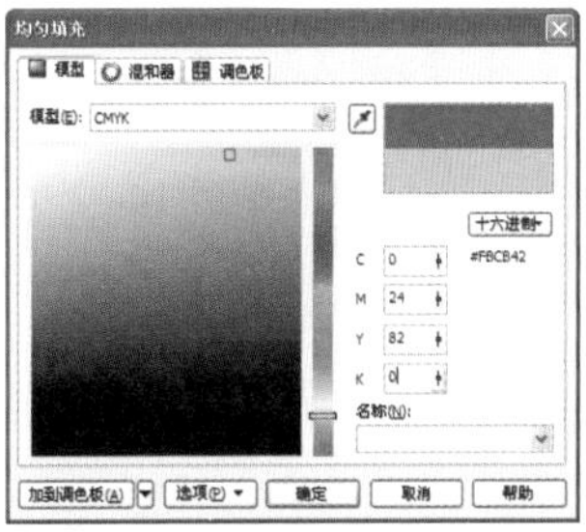

图 14-63　“均匀填充”对话框

11 单击“确定”按钮，为矩形填充颜色，效果如图 14-64 所示。

12 执行“效果”|“图框精确剪裁”|“放置在容器中”命令，待光标变为➡时，单击复制的小圆，效果如图 14-65 所示。

13 选择工具箱中的"文本工具" ，在属性栏中设置字体为"黑体"，字体大小为 33，单击鼠标左键输入文字，如图 14-66 所示。

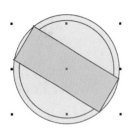
图 14-64　填充颜色

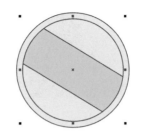
图 14-65　放置在容器中

图 14-66　输入文字

14 选择工具箱中的"选择工具" ，单击文字，使文字处于旋转状态，调整文字的角度，放置到合适的位置，效果如图 14-67 所示。

15 选择工具箱中的"椭圆形工具" ，按住 Ctrl 键，拖动鼠标绘制正圆，在属性栏轮廓宽度的下拉列表中选择 0.5mm，效果如图 14-68 所示。

16 选择工具箱中的"三点曲线工具" ，绘制曲线，设置宽度为 0.6mm。选中绘制的曲线，按下 Ctrl+G 快捷键，群组曲线，效果如图 14-69 所示。

图 14-67　调整文字角度

图 14-68　绘制正圆

图 14-69　绘制曲线

17 选择工具箱中的"贝塞尔工具" ，拖动鼠标绘制曲线，如图 14-70 所示。

18 选择工具箱中的"艺术笔工具" ，在属性栏中选择需要的笔触，绘制的曲线即会变为选择的笔触形状，效果如图 14-71 所示。

19 单击调色板上的黑色色块，为曲线填充该颜色。鼠标右键单击调色板上的白色色块，填充轮廓线颜色为白色，效果如图 14-72 所示。

图 14-70　绘制曲线

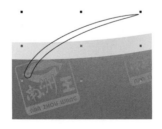
图 14-71　绘制图形

图 14-72　添加轮廓线

20 选择工具箱中的"文本工具"字，在属性栏中设置字体为"方正卡通简体"，字体大小为 24，单击鼠标输入文字，如图 14-73 所示。

21 按下 Ctrl+K 快捷键，打散文字。选择工具箱中的"选择工具"，分别调整文字的位置和角度，效果如图 14-74 所示。

22 运用同样的操作方法输入其他文字，效果如图 14-75 所示。

图 14-73 输入文字　　　　　　　图 14-74 打散文字　　　　　　　图 14-75 输入文字

23 选择工具箱中的"椭圆形工具"，按住 Ctrl 键，绘制正圆，如图 14-76 所示。

24 执行"文件"|"导入"命令，导入本书配套光盘中"第 14 章\14.2 验证标志.cdr"文件，效果如图 14-77 所示。

4. 绘制高光效果

01 选择工具箱中的"矩形工具"，在绘图页面拖动鼠标绘制矩形。单击调色板上的 30%灰色，为其填充该颜色，去掉轮廓线，如图 14-78 所示。

02 选择工具箱中的"形状工具"，拖动鼠标绘制圆角矩形，如图 14-79 所示。

图 14-76 绘制正圆　　　图 14-77 导入素材　　　图 14-78 绘制矩形　　　图 14-79 绘制圆角矩形

03 选择工具箱中的"交互式透明度工具"，拖动鼠标绘制透明效果，如图 14-80 所示。

04 选择工具箱中的"选择工具"，选中绘制的矩形。按住 Ctrl 键向右拖动鼠标，到合适的位置。单击鼠标右键，复制矩形。单击属性栏中的"水平镜像"按钮，镜像图形，效果如图 14-81 所示。

05 运用同样的操作方法绘制包装的背面，效果如图 14-82 所示。

图 14-80　添加透明效果　　　　图 14-81　水平镜像　　　　图 14-82　背面设计

14.3 教材类——高考先锋封面设计

本实例绘制的是一款高考先锋的封面设计，整体色调明快，图案非富，字体活泼，整幅设计有种紧张、急促的感觉。符合高考前学生的状态。

🔧 **主要工具**：钢笔工具、矩形工具、填充工具、轮廓笔工具、文本工具、交互式透明工具

🎬 **视频文件**：mp4\第 14 章\14.3.mp4

🕐 **难易程度**：★★★★★

➡️ **操作步骤：**

⭐ **绘制封面背景**

01 启动 CorelDRAW X6，执行"文件"|"新建"命令，新建一个默认为 A4 大小的空白文档。单击属性栏中的"横向"按钮 ▭ ，改变纸张的方向。

02 选择工具箱中的"矩形工具" ▭ ，在绘图页面拖动鼠标绘制矩形，如图 14-83 所示。

03 选择工具箱中的"填充工具" 🖌 ，在隐藏的工具组中选择"渐变填充"选项，弹出的"渐变填充"对话框，在自定义中设置起点颜色为黄色，65%位置设置颜色为橘黄色（C0、M35、Y100、K0），96%位置设置颜色为橘黄色（C0、M70、Y100、K0），终点位置设置颜色为（C0、M60、Y100、K0），参数设置如图 14-84 所示。

04 单击"确定"按钮，为绘制的矩形填充渐变色。鼠标右键单击调色板上的 ⊠ 按钮，为矩形去掉轮廓线，效果如图 14-85 所示。

05 运用同样的操作方法，绘制其他图形，效果如图 14-86 所示。

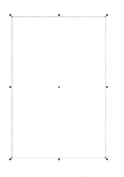

图 14-83　绘制矩形　　　　　　　　　　图 14-84　渐变填充　　　　　　　　图 14-85　填充渐变色

06 选择工具箱中的"椭圆形工具" ⬭，按住 Ctrl 键，拖动鼠标，在绘图页面绘制正圆，如图 14-87 所示。

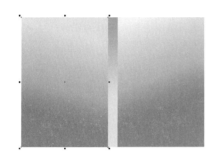

图 14-86　绘制图形　　　　　　　　　　　　　　　图 14-87　绘制正圆

07 选择工具箱中的"轮廓笔工具" ✒，在隐藏的工具组中选择"轮廓笔"选项，在弹出的"轮廓笔"对话框中设置"颜色"为红色（C0、M100、Y100、K30），"宽度"为 0.7mm，"样式"为虚线，如图 14-88 所示。

08 单击"确定"按钮，效果如图 14-89 所示。

09 选择工具箱中的"椭圆形工具" ⬭，按住 Ctrl 键，拖动鼠标，在绘图页面绘制正圆。单击调色板上的白色色块，为其填充该颜色，去掉轮廓线，效果如图 14-90 所示。

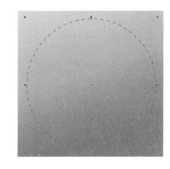

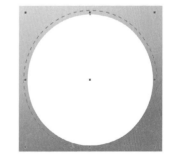

图 14-88　轮廓笔　　　　　　　　图 14-89　填充轮廓效果　　　　　　　图 14-90　绘制正圆

10 选择工具箱中的"选择工具" ▣，按住 Shift 键，缩小图形到合适的位置。单击鼠标右键，复制图形。按下 F11 键，弹出的"渐变填充"对话框，在自定义中设置起点颜色为橘黄色（C2、M49、Y93、K0），3%位置也设置为橘黄色，33%位置设置颜色为黄色（C2、M30、Y84、K0），96%位置设置颜色为黄色（C3、M11、Y75、K0），终点位置也设置为黄色，参数设置如图 14-91 所示。

11 单击 "确定" 按钮，为复制的圆形填充渐变色，效果如图 14-92 所示。

12 选择工具箱中的 "三点曲线工具" 🖉，在绘图页面拖动鼠标，绘制图形，如图 14-93 所示。

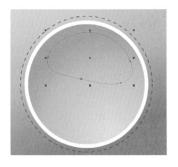

图 14-91 "渐变填充" 对话框　　　　图 14-92 填充渐变色　　　　图 14-93 绘制图形

13 按下 F11 键，在弹出的 "渐变填充" 对话框中设置颜色为从白色到黄色线性渐变，去掉轮廓线，效果如图 14-94 所示。

14 选择工具箱中的 "交互式透明度工具" 🖳，在属性栏中设置透明度类型 "标准"，如图 14-95 所示。

15 选择工具箱中的 "三点曲线工具" 🖉，在绘图页面拖动鼠标绘制图形，如图 14-96 所示。

图 14-94 填充渐变色　　　　图 14-95 添加透明效果　　　　图 14-96 绘制图形

16 单击调色板上的白色色块，为图形填充该颜色，去掉轮廓线，效果如图 14-97 所示。

17 运用同样的操作方法，绘制其他图形，效果如图 14-98 所示。

18 选中绘制的箭头图形，按下 Ctrl+G 快捷键，群组图形。复制图形，调整好大小并放置到合适的位置，效果如图 14-99 所示。

图 14-97 填充颜色　　　　图 14-98 绘制图形　　　　图 14-99 复制图形

19 选择工具箱中的 "星形工具" 🖾，在属性栏中设置点数或边数值为 4，锐度值为 75，拖动鼠标绘制星形，如图 14-100 所示。

20 单击调色板上的白色色块，未图形填充该颜色，去掉轮廓线，效果如图 14-101 所示。

354

中文版 CoreIDRAW X6 从入门到精通

21 运用同样的操作方法绘制星形，并调整好角度，效果如图 14-102 所示。

图 14-100　绘制星形

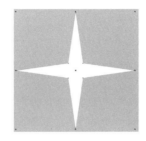
图 14-101　填充颜色

图 14-102　绘制星形

2. 绘制广告主体

01 选择工具箱中的"折线工具" ，在绘图页面拖动鼠标绘制图形，如图 14-103 所示。

02 按下 F11 键，在弹出的"渐变填充"对话框中，设置颜色为从橘黄色到黄色的辐射性渐变。单击"确定"按钮，为绘制的图形填充渐变色，去掉轮廓线，效果如图 14-104 所示。

03 选择工具箱中的"三点曲线工具" ，在绘图页面拖动鼠标绘制图形。单击调色板上的红色色块，为图形填充该颜色，去掉轮廓线，效果如图 14-105 所示。

图 14-103　绘制图形

图 14-104　填充渐变色

图 14-105　绘制图形

04 运用同样的操作方法绘制其他图形，如图 14-106 所示。

05 执行"文件"|"导入"命令，导入本书配套光盘中"第 14 章\14.3\榜带.cdr"文件，放置到合适的位置，效果如图 14-107 所示。

3. 添加文字效果

01 选择工具箱中的"文本工具" ，在属性栏中设置字体为"方正平和简体"，字体大小为 100，在绘图页面单击鼠标，输入文字，效果如图 14-108 所示。

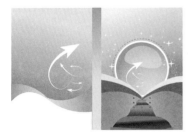
图 14-106　绘制图形

图 14-107　导入素材

图 14-108　输入文字

02 选择工具箱中的"选择工具" ↳，选中文字。按下 F11 键，弹出"渐变填充"对话框，在自定义中设置起点颜色为深红色（C50、M100、Y100、K50），29%位置设置颜色为红色（C30、M100、Y100、K25），53%位置设置颜色为大红色，81%位置设置颜色为红色（C20、M100、Y100、K20），终点位置设置颜色为深红色（C30、M100、Y100、K40），参数设置如图 14-109 所示。

03 单击"确定"按钮，为文字填充渐变色，效果如图 14-110 所示。

图 14-109 "渐变填充"对话框

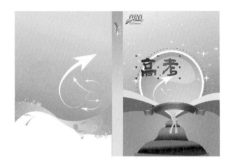

图 14-110 填充渐变色

04 选择工具箱中的"轮廓笔工具" ♦，在隐藏的工具组中选择"轮廓笔"选项，在弹出的"轮廓笔"对话框中设置"颜色"为白色，"宽度"为 2.0mm，参数设置如图 14-111 所示。

05 单击"确定"按钮，为文字添加轮廓效果，如图 14-112 所示。

图 14-111 "轮廓笔"对话框

图 14-112 添加轮廓效果

06 运用同样的操作方法，输入其他文字，效果如图 14-113 所示。

07 执行"文件"|"导入"命令，本书配套光盘中"第 14 章\14.3\条形码.cdr"文件，调整好大小并放置到合适的位置，调整好图层，效果如图 14-114 所示。

图 14-113 输入文字

图 14-114 导入素材

14.4 杂志类——《健康知音》杂志封面设计

本实例绘制的是一款《健康知音》杂志的封面设计，创意大胆，新颖，整体给人以温暖和时尚的感觉。

主要工具：矩形工具、填充工具、三点曲线工具、折线工具和文本工具

视频文件：mp4\第 14 章\14.4.mp4

难易程度：★★★★★

➡ 操作步骤：

1. 绘制封面背景

01 启动 CorelDRAW X6，执行"文件"|"新建"命令，新建一个默认为 A4 大小的空白文档。单击属性栏中的"横向"按钮□，改变纸张的方向。

02 选择工具箱中的"矩形工具"□，在绘图页面拖动鼠标绘制矩形，如图 14-115 所示。

03 运用同样的操作方法绘制矩形，选择工具箱中的"填充工具"◈，在隐藏的工具组中选择"渐变填充"选项，弹出的"渐变填充"对话框在自定义中设置起点颜色为粉色（C14、M100、Y18、K0），28%位置设置颜色为浅粉色（C2、M74、Y0、K0），终点位置设置颜色也为浅粉色，参数设置如图 14-116 所示。

04 单击"确定"按钮，为绘制的矩形填充渐变色。鼠标右键单击调色板上的⊠按钮，去掉轮廓线，效果如图 14-117 所示。

图 14-115　绘制矩形

图 14-116　"渐变填充"对话框

图 14-117　填充渐变色

05 运用同样的操作方法，绘制矩形。单击调色板上的白色色块，为图形填充该颜色，去掉轮廓线，效果如图 14-118 所示。

06 选择工具箱中的"折线工具"◮，在绘图页面单击鼠标绘制图形，效果如图 14-119 所示。

07 选中绘制的所有图形，按下 Ctrl+G 快捷键，将它们群组。单击调色板上的白色色块，为图形填充该颜色，去掉轮廓线，效果如图 14-120 所示。

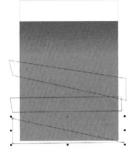

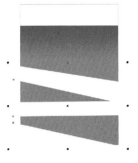

图 14-118　绘制矩形　　　　　图 14-119　绘制图形　　　　　图 14-120　填充渐变色

08 选择工具箱中的"交互式透明度工具" ，在属性栏中设置透明度类型"标准"，开始透明度为 93，效果如图 14-121 所示。

09 执行"效果"|"图框精确剪裁"|"放置在容器中"命令，单击绘制的矩形，将绘制的图形放置到渐变矩形中，效果如图 14-122 所示。

10 运用同样的操作方法，绘制两个矩形，如图 14-123 所示。

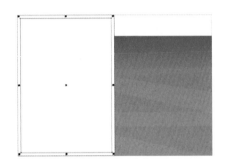

图 14-121　添加透明效果　　　　图 14-122　绘制图形　　　　图 14-123　绘制矩形

11 选择工具箱中的"形状工具" ，在矩形的顶点拖动鼠标绘制出圆角效果，如图 14-124 所示。

12 选中两个矩形，在属性栏中单击"修剪"按钮 。按下 F11 键，在弹出的"渐变填充"对话框中，设置颜色为从玫红色到深粉色（C40、M100、Y0、K0）的线性渐变，设置角度值为 90。单击"确定"按钮，框选绘制的矩形，去掉轮廓线，效果如图 14-125 所示。

13 运用同样的操作方法绘制图形，如图 14-126 所示。

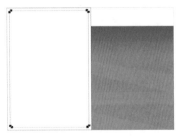

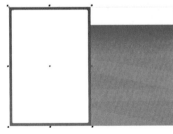

图 14-124　绘制圆角矩形　　　　图 14-125　填充渐变色　　　　图 14-126　绘制图形

14 选择工具箱中的"折线工具" ，在绘图页面单击鼠标绘制图形，如图 14-127 所示。

15 选择工具箱中的"选择工具" ，单击绘制的图形，使其处于旋转状态，将旋转中心移动到底端，如图 14-128 所示。

16 将光标放置到顶端,待光标变为 ○ 时,旋转图形到合适的位置,单击鼠标右键复制图形,如图 14-129 所示。

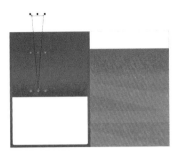
图 14-127　填充渐变色

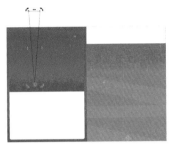
图 14-128　移动旋转点

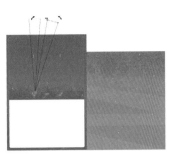
图 14-129　复制图形

17 多次按下 Ctrl+D 快捷键,复制图形,效果如图 14-130 所示。

18 选中复制的图形,将它们群组。按下 F11 键,在弹出的"渐变填充"对话框中设置颜色为从玫红色到白色的线性渐变。单击"确定"按钮,为绘制的图形填充渐变色,去掉轮廓线,效果如图 14-131 所示。

19 选择工具箱中的"交互式透明度工具" ，拖动鼠标,为图形添加透明效果,如图 14-132 所示。

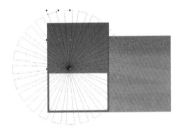
图 14-130　复制图形

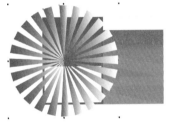
图 14-131　填充渐变色

图 14-132　添加透明效果

20 选择工具箱中的"选择工具" ，将图形放置到绘制的矩形中,效果如图 14-133 所示。

2. 绘制广告主体

01 执行"文件"|"导入"命令,本书配套光盘中"第 14 章\14.4\素材.cdr"文件,效果如图 14-134 所示。

02 选择工具箱中的"钢笔工具" ，在绘图页面拖动鼠标绘制图形。单击调色板上的白色色块,为图形填充该颜色,去掉轮廓线,并调整好图形的顺序,效果如图 14-135 所示。

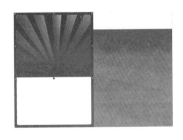

图 14-133　放置在矩形中

图 14-134　导入素材

图 14-135　绘制图形

03 复制图形,并填充不同的颜色,效果如图 14-136 所示。

01
02
03
04
05
06
07
08
09
10
11
12
13
14

04 分别选择工具箱中的"三点曲线工具"  和"椭圆形工具" ，绘制图形，为其填充白色，去掉轮廓线，效果如图 14-137 所示。

3. 添加文字效果

01 选择工具箱中的"文本工具" ，在属性栏中设置字体为"方正超粗黑简体"，字体大小为 55。单击绘图页面，输入文字。单击调色板上的红色色块，为其填充该颜色，效果如图 14-138 所示。

图 14-136　复制图形

图 14-137　绘制图形

图 14-138　输入文字

02 复制文字，分别填充颜色为红色和白色，如图 14-139 所示。

03 选择工具箱中的"交互式调和工具" ，从白色文字上拖动鼠标到红色文字上，产生调和效果，如图 14-140 所示。

04 选择工具箱中的"选择工具" ，选中调和的红色文字，将其移动到合适位置。选中调和的文字并移动到合适的位置，调整好图层顺序，效果如图 14-141 所示。

图 14-139　复制文字

图 14-140　调和效果

图 14-141　调整文字

05 运用同样的操作方法，输入其他文字，效果如图 14-142 所示。

06 执行"文件" | "导入"命令，将素材导入本书配套光盘中"第 14 章\14.4\文字.cdr"文件，放置到合适的位置，效果如图 14-143 所示。

图 14-142　添加文字

图 14-143　导入素材

14.5 科技类——DVD 影碟机包装设计

本实例是一款 DVD 影碟机的包装设计，在设计中，运用了统一的色调，文字彩色也比较突出，且导入的图片较吸引眼球。

主要工具：三点曲线工具、添加透视命令、交互式阴影工具

视频文件：mp4\第 14 章\14.2.mp4

难易程度：★★★★★

➡ **制作提示：**

01 构思影碟机包装的操作流程；

02 新建大小为 A4 的空白文档；

03 选择"矩形工具"绘制背景；

04 选择 "三点曲线工具"绘制图形；

05 导入素材，将素材放置在合适的位置；

06 选择"文本工具"输入文字；

07 将绘制的图形，执行"添加透视"命令，再选择"交互式阴影工具"，制作阴影效果，完成包装制作；

08 保存文件。

14.6 教材类——色彩构成封面设计

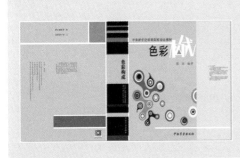

本实例设计的是一款潮流杂志封面设计，合理化安排空间的创意让封面整体给人以美的感受，版面的几何分割则让整体显得不那么拘泥。

主要工具：矩形工具、钢笔工具、椭圆形工具

视频文件：mp4\第 14 章\14.6.mp4

难易程度：★★★★☆

➡ **制作提示：**

01 构思书籍封面的操作流程；

02 新建大小为 A4 的空白文档，改变纸张方向；

03 选择"矩形工具"绘制背景;

04 选择"椭圆形工具"和"钢笔工具"绘制图形;

05 选择"文本工具"输入文字,完成书籍封面的制作;

06 保存文件。

14.7 教材类——设计管理务实封面设计

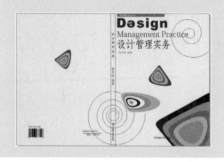

　　本实例设计的是一款设计管理务实封面设计,黄色带给人一种醒目、活力的视觉感,自由的图形使设计更加鲜明动感。

🔧 **主要工具**:矩形工具、填充工具、螺纹工具

🎬 **视频文件**:mp4\第 14 章\14.7.mp4

🕐 **难易程度**:★★★☆☆

➡️ **制作提示**:

01 构思书籍封面的操作流程;

02 新建大小为 A4 的空白文档,改变纸张方向;

03 选择"矩形工具"绘制背景;

04 选择"螺纹工具"和"钢笔工具"绘制图形;

05 选择"文本工具"输入文字,完成书籍封面的制作;

06 保存文件。